职业教育校企合作新形态教材

Windows Server 2012 R2 企业级服务器搭建

主　编：王　浩　张文库　钱　雷
副主编：胡志齐　陈小明　吴潇楠　吕　硕　董捷迎

电子工业出版社
Publishing House of Electronics Industry
北京·BEIJING

内 容 简 介

本书以安装 Windows Server 2012 R2 系统的服务器为核心平台，采用教、学、做相结合的模式，着眼实践应用，从职业岗位分析入手展开教学内容，以企业真实案例为基础，全面系统地介绍网络操作系统在企业中的应用。本书共包含 8 个项目：配置与管理域、磁盘管理、配置 DNS 服务器、配置 DHCP 服务器、配置 WDS 服务器、配置 DFS 服务器、配置 FTP 服务器、配置 HTTPS 服务器及其故障转移群集。

本书结构合理，知识全面且实例丰富，语言通俗易懂。本书采用"项目导向"与"任务驱动"相结合的方式进行讲解，注重知识的实用性和可操作性，强调职业技能训练。本书是培养网络工程师不可或缺的学习工具，适合 Windows Server 2012 R2 初级和中级用户、网络系统管理工程师、网络系统运维工程师、职业院校的学生及社会培训人员等阅读。

未经许可，不得以任何方式复制或抄袭本书之部分或全部内容。
版权所有，侵权必究。

图书在版编目（CIP）数据

Windows Server 2012 R2 企业级服务器搭建 / 王浩，张文库，钱雷主编. —北京：电子工业出版社，2021.12（2025.8 重印）

ISBN 978-7-121-42727-5

Ⅰ.①W… Ⅱ.①王… ②张… ③钱… Ⅲ.①Windows 操作系统－网络服务器－中等专业学校－教材 Ⅳ.①TP316.86

中国版本图书馆 CIP 数据核字（2022）第 014831 号

责任编辑：郑小燕
印　　刷：北京捷迅佳彩印刷有限公司
装　　订：北京捷迅佳彩印刷有限公司
出版发行：电子工业出版社
　　　　　北京市海淀区万寿路 173 信箱　　　邮编　100036
开　　本：880×1230　1/16　　印张：15.75　　字数：354 千字
版　　次：2021 年 12 月第 1 版
印　　次：2025 年 8 月第 6 次印刷
定　　价：48.00 元

凡所购买电子工业出版社图书有缺损问题，请向购买书店调换。若书店售缺，请与本社发行部联系，联系及邮购电话：（010）88254888，88258888。

质量投诉请发邮件至 zlts@phei.com.cn，盗版侵权举报请发邮件至 dbqq@phei.com.cn。
本书咨询联系方式：（010）88254550，zhengxy@phei.com.cn。

前言

Windows Server 网络操作系统的配置与管理是网络系统管理工程师、网络系统运维工程师的典型工作任务，是计算机网络技术高技能人才必须具备的核心技能。

本书的项目来自实际的企业应用案例，通过每一个工作任务的训练让读者快速掌握 Windows Server 网络操作系统的操作技能，并通过举一反三地应用让读者快速地将 Windows Server 2012 R2 所涉及的知识和技能与自身工作联系起来。

1．本书特色

Windows Server 服务器搭建类课程是职业院校计算机网络技术、网络信息安全类专业学生的必修课，动手实践是学好这门课程最好的方法之一。当前，此类课程大多以单项任务实践为主，缺乏企业级综合实训项目。本书以锻炼学生综合实践能力为切入点，以学生视角将企业级服务器搭建项目进行了教学化处理，以一个企业级服务器搭建的实践任务贯穿始终，并配以必要的技能点讲解、经验分享等内容，帮助学生学习实践。

本书共包含 8 个项目，最大的特色是面向实际应用，具体特点如下。

（1）提供细致的项目设计和详尽的网络拓扑图。

（2）提供完善的虚拟化教学环境。

（3）提供大量企业真实案例及经验分享，适用性和实践性都很强。

（4）以一个完整项目贯穿教材始终，涵盖 Windows Server 企业应用的各个方面。

（5）既可作为综合实训课程教材，也可作为企业入职培训的参考教材。

2．课时分配

本书的参考课时为 120 课时，可以根据学生的接受能力与专业需求灵活选择，具体课时分配可参考下面的表格。

课时分配表

项 目	项 目 名	课 时 分 配		
		讲 授	实 训	合 计
1	配置与管理域	4	8	12
2	磁盘管理	4	8	12
3	配置 DNS 服务器	6	12	18

续表

项目	项 目 名	课时分配		
		讲 授	实 训	合 计
4	配置 DHCP 服务器	6	12	18
5	配置 WDS 服务器	4	8	12
6	配置 DFS 服务器	4	8	12
7	配置 FTP 服务器	4	8	12
8	配置 HTTPS 服务器及其故障转移群集	8	16	24

3．教学资源

为了提高学习效率和教学效果，本书配有电子课件和教案等教学资源，请有此需要的读者登录华信教育资源网（http://www.hxedu.com.cn）免费注册后进行下载，如有问题可在网站留言板留言或与电子工业出版社联系（E-mail:hxedu@phei.com.cn）。

4．读者对象

（1）Windows Server 2012 R2 初级和中级用户。

（2）网络系统管理工程师。

（3）网络系统运维工程师。

（4）职业院校的学生及社会培训人员。

5．本书编者

为更好地服务全国职业院校的专业教学，保证编写质量，本书选取企业所需服务器配置的典型工作案例，联合多位参与全国中等职业学校专业教学标准制订的老师共同编写。

北京市信息管理学校王浩、珠海市技师学院张文库、上海信息技术学校钱雷担任本书主编，北京市信息管理学校胡志齐、广东省机械技师学院陈小明、北京市第二十四中学吴潇楠、北京天融信网络安全技术有限公司吕硕、北京市海淀区教师进修学校董捷迎担任本书副主编。钱雷负责编写项目 1、2，张文库负责编写项目 3、4，胡志齐、陈小明、吴潇楠负责编写项目 5，王浩负责编写项目 6~8，吕硕、董捷迎负责全书项目案例的选择和梳理，全书由王浩、张文库负责统稿。

本书由中国职业技术教育学会信息化工作委员会副主任委员、北京市海淀区人民政府教育督导室督学、北京市信息管理学校校长董随东同志担任主审，其对本书的编写体例等方面提出了宝贵建议。

由于编写时间仓促，以及计算机网络技术发展日新月异，书中难免存在一些疏漏和不足之处，敬请各位专家和读者给予批评和指正。联系邮箱：285668@qq.com。

编者

2021 年 6 月

目 录

项目一 配置与管理域 1

    任务 1   将独立服务器升级为域控制器 3

    任务 2   将 Windows 计算机加入域 15

    任务 3   管理域账户 20

    任务 4   设置域安全策略 25

    项目实训 35

项目二 磁盘管理 36

    任务 1   动态磁盘管理 37

    任务 2   卷影副本 51

    项目实训 59

项目三 配置 DNS 服务器 60

    任务 1   配置 DNS 主要区域 62

    任务 2   配置 DNS 辅助区域 77

    任务 3   配置子域、委派域、转发器 82

    项目实训 94

项目四 配置 DHCP 服务器 96

    任务 1   配置 DHCP 服务器 98

    任务 2   配置 DHCP 的故障转移 116

    项目实训 121

项目五 配置 WDS 服务器 122

    任务 1   配置 WDS 服务器 124

任务 2　使用网络引导安装 Windows 系统 136
　　　项目实训 139

项目六　配置 DFS 服务器 140
　　　任务 1　创建命名空间 142
　　　任务 2　创建空间文件夹与复制组 147
　　　项目实训 157

项目七　配置 FTP 服务器 158
　　　任务 1　FTP 站点的基本设置 160
　　　任务 2　建立 FTP 虚拟目录 172
　　　任务 3　FTP 站点的用户隔离设置 176
　　　项目实训 184

项目八　配置 HTTPS 服务器及其故障转移群集 185
　　　任务 1　配置 iSCSI 存储 187
　　　任务 2　配置 iSCSI 的 MPIO 200
　　　任务 3　配置 HTTP 服务器 209
　　　任务 4　配置证书服务器实现 HTTPS 213
　　　任务 5　配置 HTTPS 故障转移群集 231
　　　项目实训 244

参考文献 246

项目一

配置与管理域

项目描述

为了更好地管理网络系统资源,很多企业都采用了集中管理模式。微软公司在 Windows Server 产品中提供了用于集中管理网络环境的目录服务——Active Directory。Active Directory 功能强大,它存储了网络对象的逻辑指向,如计算机、打印机、用户、组、组织单位等,既能够使用容器等对资源进行分配与管理,也能够使用组策略等对计算机与用户进行访问控制。Active Directory 像一本书的目录,存储了网络资源的位置指向与编排方式,可实现对特定对象与服务的快速访问。

相比工作组等松散的管理模式,采用 Active Directory 集中管理公司网络资源具有更高的安全性和可控性。与在本地服务器上建立的用户不同,在 Active Directory 中由域控制器(Domain Controller,DC)负责域用户的建立与认证等操作,域管理员(Domain Admins 组内用户)拥有对资源的最高管理权限。系统中的 Active Directory 域服务(Active Directory Domain Services,AD DS)是实现 Active Directory 的载体,它基于 DNS 服务来定位对象,目录分级也采用类似 DNS 的树形结构。

在本项目中,天驿公司需要对现有网络环境进行调整,使用 Active Directory 集中管理计算机。网络管理员要将一台已安装 Windows Server 2012 R2 系统的独立服务器升级为域控制器,并将其他 Windows Server 服务器、桌面计算机加入公司 Active Directory 域中,对域中的账户进行管理,为市场部、技术部、人力部等员工按公司组织架构建立账户并设置登录时间,然后设置域安全策略限制用户的访问行为。

知识目标

1. 了解工作组与 Active Directory 域的区别。
2. 理解林、域与林根域的概念和作用。
3. 理解组织单位、组与用户的概念和作用。
4. 熟悉域安全策略的作用和配置方法。

能力目标

1．能正确安装 Active Directory 域服务，并将独立服务器升级为域控制器。
2．能将客户机成功加入域。
3．能熟练建立域账户、组织单位和组。
4．能熟练设置域安全策略。

思政目标

1．逐步养成爱岗敬业精神和服务意识，在管理网络系统资源的工作中逐步体会科学管理为用户带来的便利。
2．在管理用户账户、设置安全策略的过程中逐步建立网络安全意识。
3．能自觉使用正版软件，尊重软件知识产权。
4．锻炼交流沟通的能力，逐步养成清晰有序的逻辑思维。
5．具备独立思考的能力，能积极参与工作任务并按需提出优化建议。

思维导图

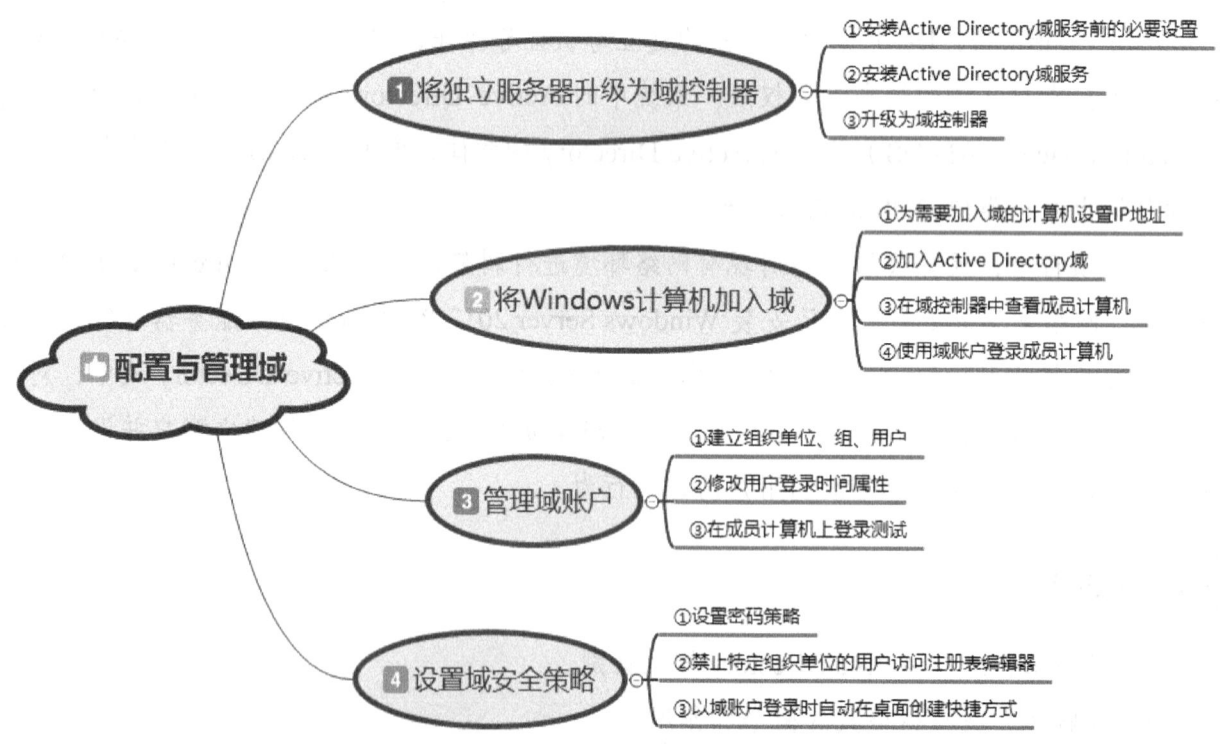

项目拓扑

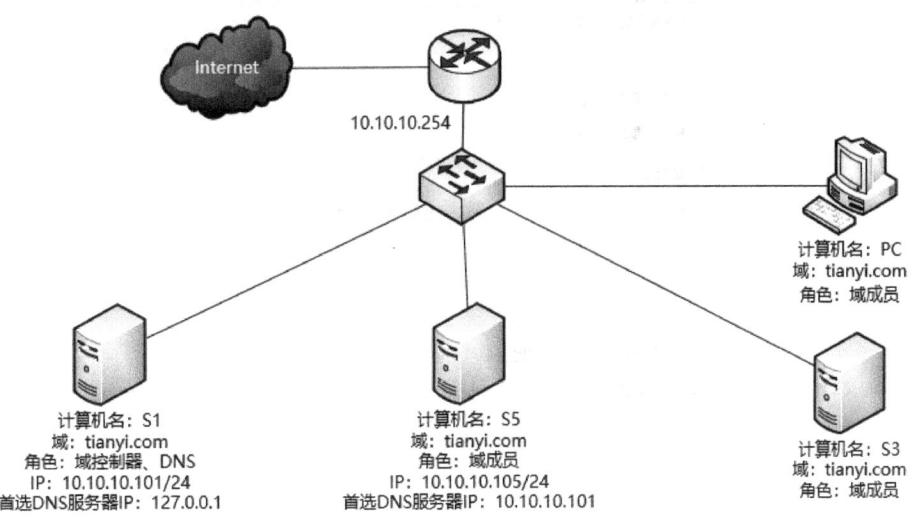

任务 1　将独立服务器升级为域控制器

📖 任务描述

天驿公司网络中的计算机采用工作组模式，经常会出现因员工的误操作而导致计算机系统发生故障的情况。由于网络管理员解决这些问题需要耗费很多的时间，且效果也不理想，因此需要对现有的网络环境进行适当调整，以实现公司计算机资源的集中式管理。

📝 任务分析

天驿公司的网络管理员可采用 Active Directory 技术来对计算机资源进行集中式管理，其操作步骤如下：首先安装 Active Directory 域服务，然后将一台服务器升级为域控制器，这样便可建立公司的 Active Directory 域环境 tianyi.com。

💻 任务实现

1. 安装 Active Directory 域服务前的必要设置

将一台已安装 Windows Server 2012 R2 系统的独立服务器升级为域控制器（该服务器需要具有固定的 IP 地址），为 Administrator 用户设置强密码，并将首选 DNS 服务器的 IP 地址设置为本机 IP 地址。

步骤 1：设置计算机的 IP 地址为 10.10.10.101，设置首选 DNS 服务器 IP 地址为 127.0.0.1，如图 1-1-1 所示。

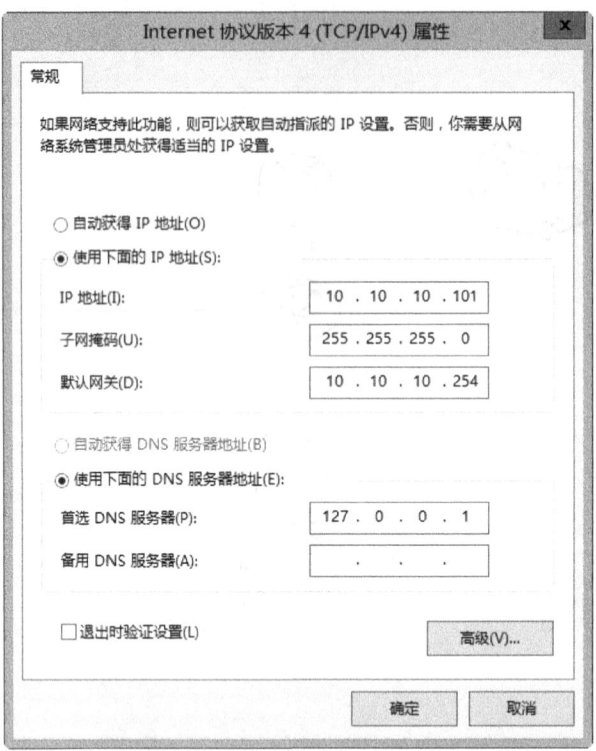

图 1-1-1　设置 IP 地址及首选 DNS 服务器 IP 地址

步骤 2：关闭 Windows 防火墙（或在防火墙中放行相关服务），本地服务器属性如图 1-1-2 所示。

图 1-1-2　本地服务器属性

2. 安装 Active Directory 域服务

步骤 1：在"服务器管理器"窗口中，单击"仪表板"→"快速启动"→"添加角色和功能"链接，打开"添加角色和功能向导"窗口，然后单击"下一步"按钮，安装服务器角色必要任务提示如图 1-1-3 所示。

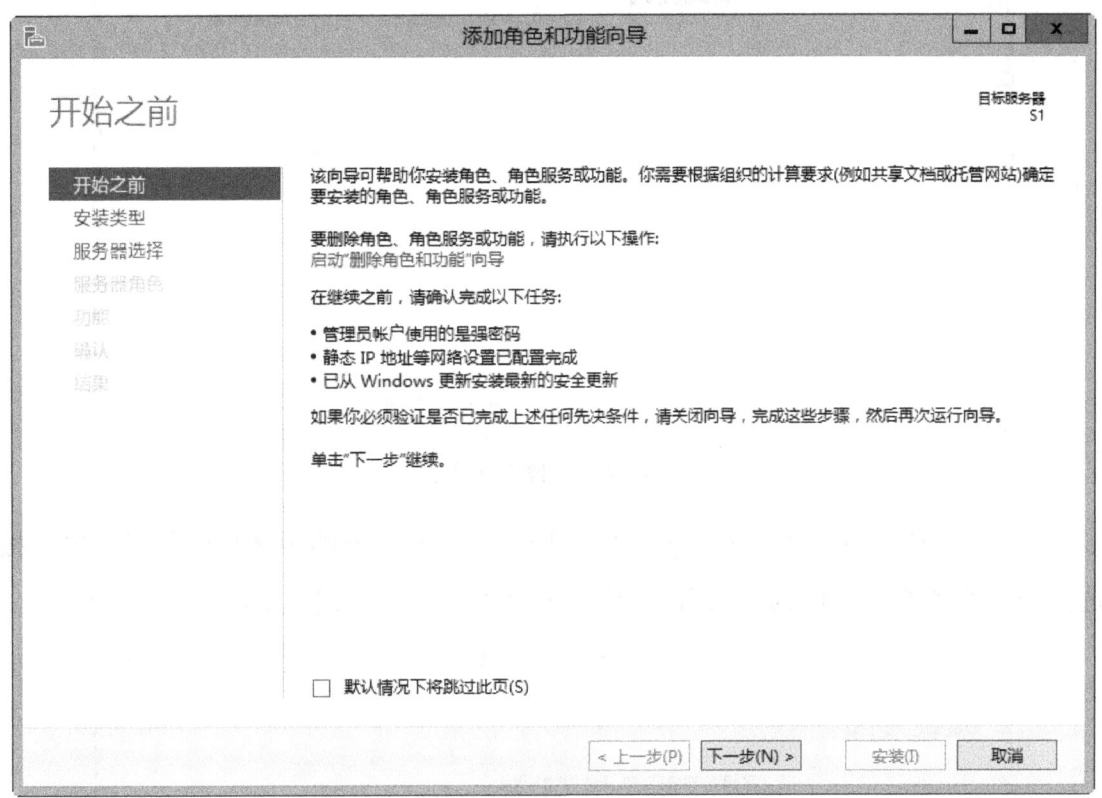

图 1-1-3　安装服务器角色必要任务提示

　　服务器角色是指服务器完成某一类功能的集合，它代表了服务器在当前服务或应用中的身份。例如，DNS 服务器角色、IIS 服务器角色。
　　功能也称为角色服务，是服务器角色中支持具体应用的功能模块或组件。例如，文件服务器中的文件屏蔽、配额等。一个服务器角色可包含多种功能，并可根据新需求添加、删除功能。

步骤 2：在"选择安装类型"界面中，选中"基于角色或基于功能的安装"单选按钮，然后单击"下一步"按钮，如图 1-1-4 所示。

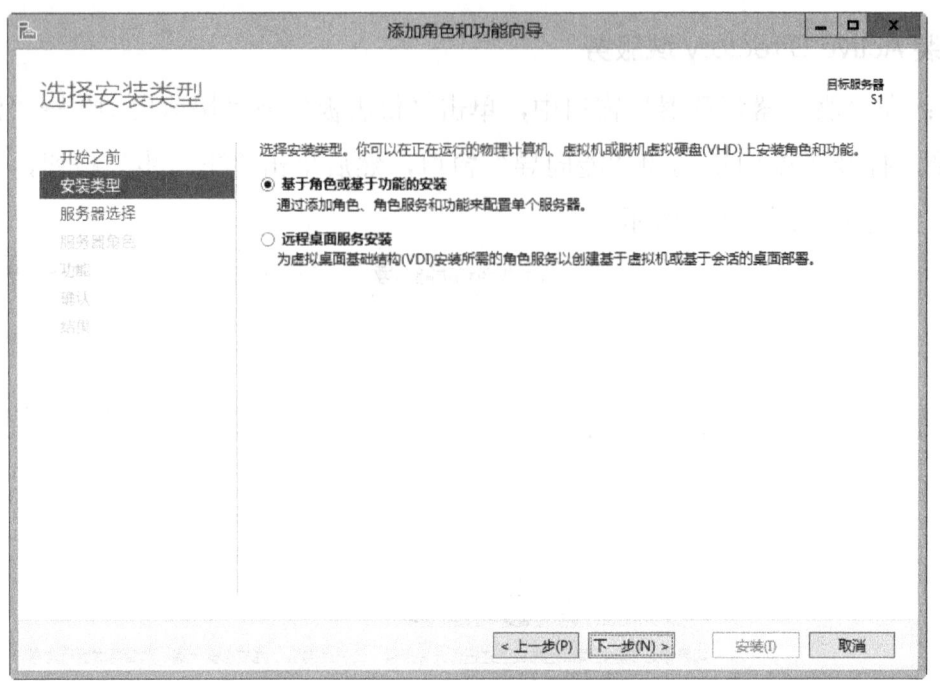

图 1-1-4　选择安装类型

步骤 3：在"选择目标服务器"界面中，选中"从服务器池中选择服务器"单选按钮，然后选择当前服务器，本例为"S1"，最后单击"下一步"按钮，如图 1-1-5 所示。

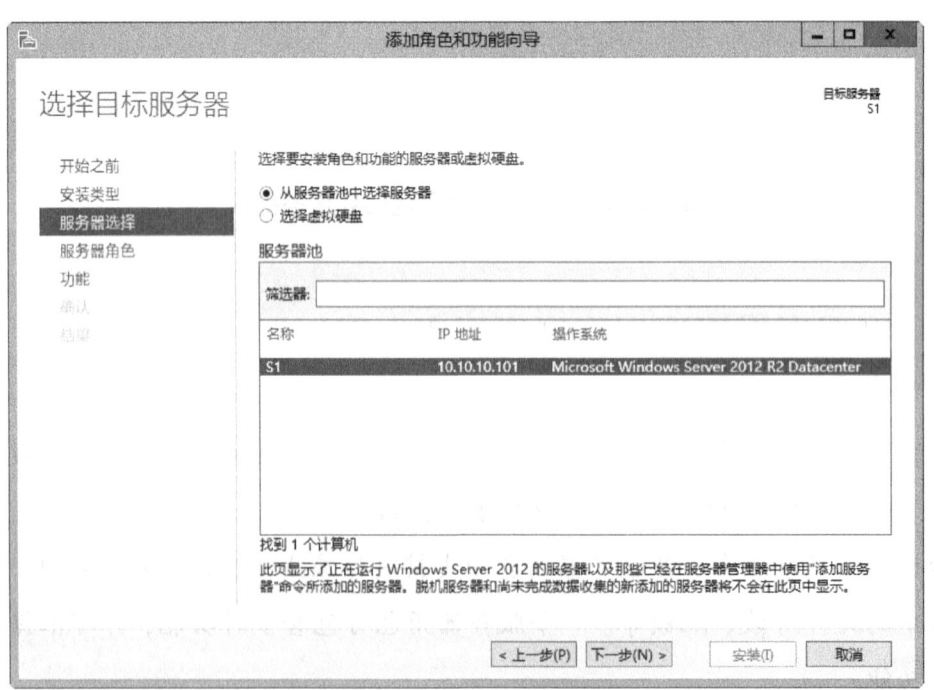

图 1-1-5　选择目标服务器

步骤 4：在"选择服务器角色"界面中，勾选"Active Directory 域服务"和"DNS 服务器"复选框，在两个服务器角色弹出的所需功能对话框中单击"添加功能"按钮，确认两个服务器角色均处于选中状态后单击"下一步"按钮，如图 1-1-6 所示。

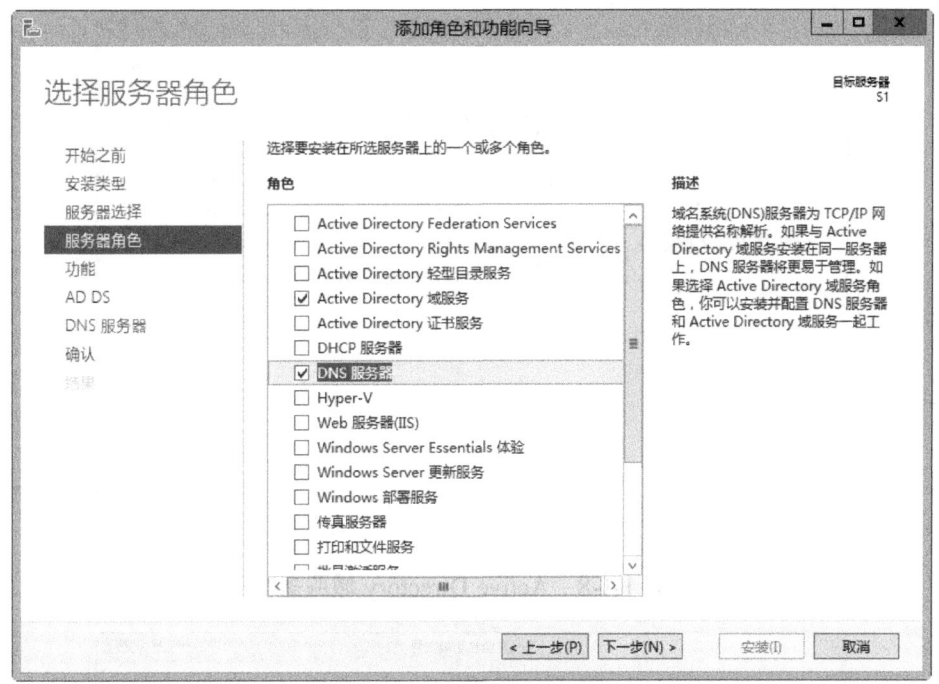

图 1-1-6　选择服务器角色

步骤 5：在"选择功能"界面中，单击"下一步"按钮，如 1-1-7 所示。

步骤 6：在"Active Directory 域服务"界面中，单击"下一步"按钮，如图 1-1-8 所示。

步骤 7：在"DNS 服务器"界面中，单击"下一步"按钮，如图 1-1-9 所示。

步骤 8：在"确认安装所选内容"界面中，单击"安装"按钮，如图 1-1-10 所示。

步骤 9：安装完毕后，在"安装进度"界面中，单击"关闭"按钮，如图 1-1-11 所示。

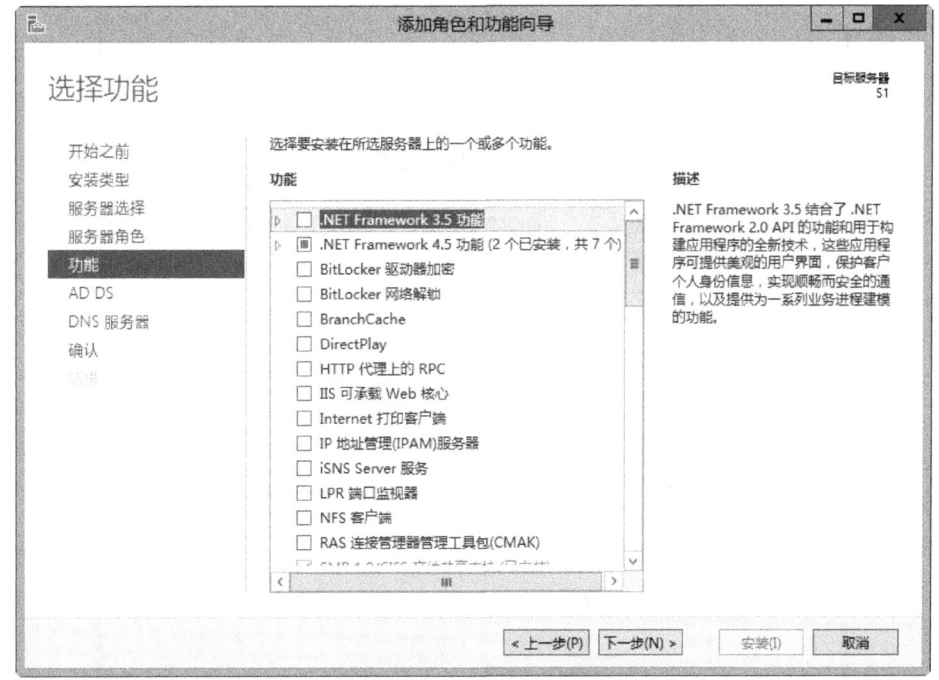

图 1-1-7　选择功能

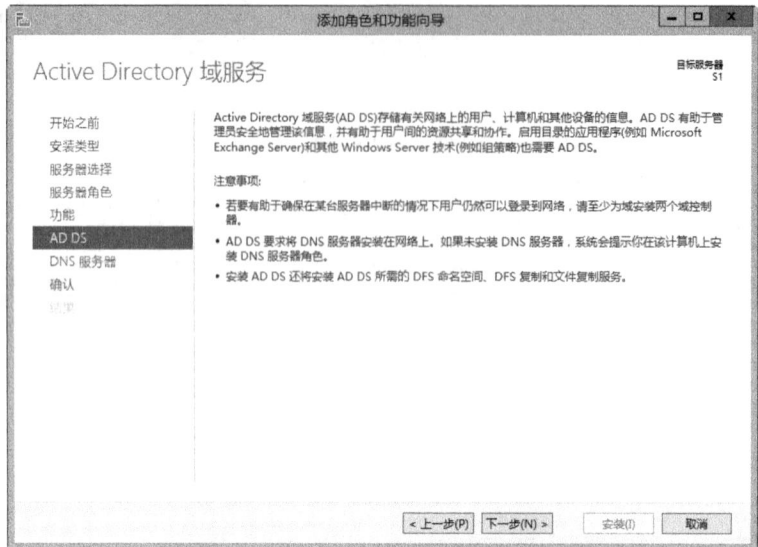

图 1-1-8 Active Directory 域服务

图 1-1-9 DNS 服务器

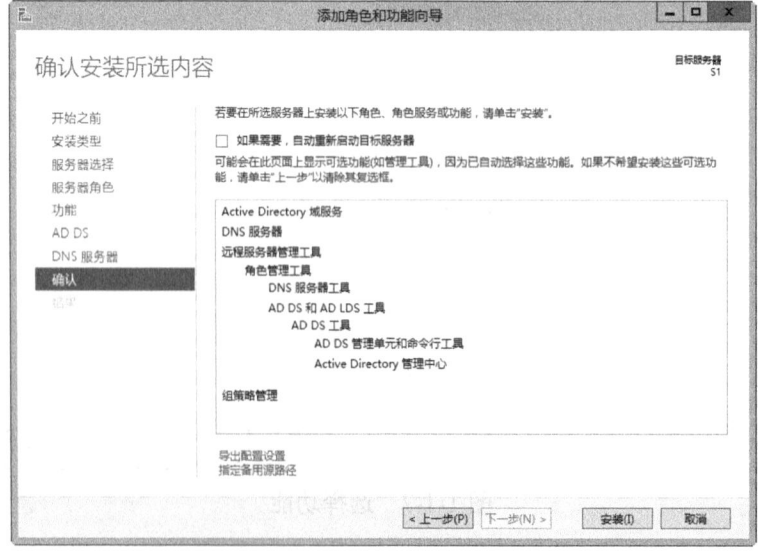

图 1-1-10 确认安装所选内容

项目一　配置与管理域

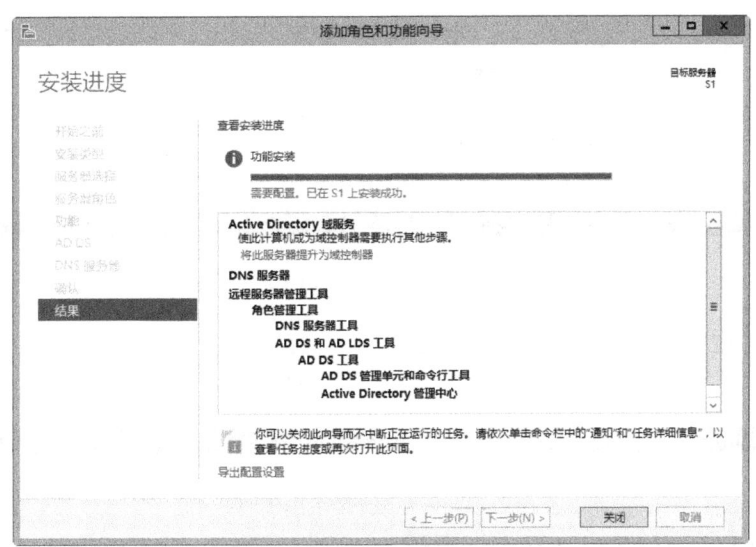

图 1-1-11　安装进度及结果

3．升级为域控制器

步骤 1：打开"服务器管理器"窗口，在窗口左侧功能项中选择"AD DS"角色，然后单击右侧黄色警告中的"更多…"链接，如图 1-1-12 所示。

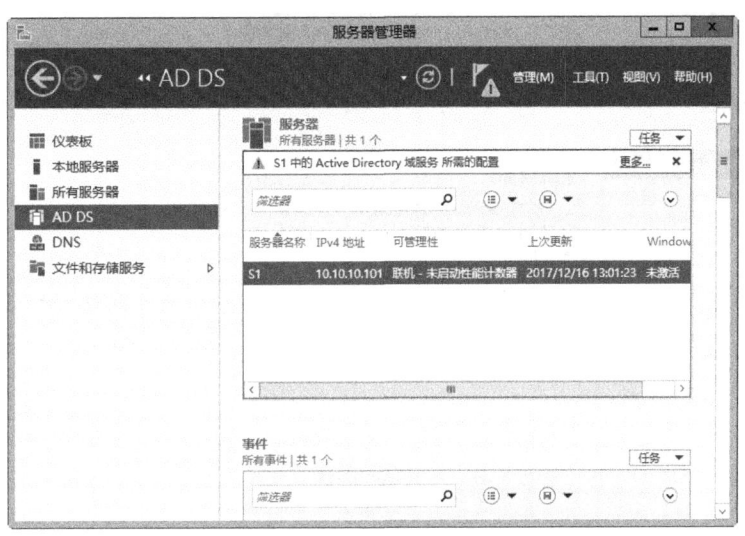

图 1-1-12　服务器管理器

域控制器是安装了 Active Directory 域服务的计算机，它存储了用户账户、计算机位置等目录数据，负责管理用户对访问网络资源的各种权限，包括管理登录域、账户的身份验证，以及访问目录和共享资源等。一个 Active Directory 域中至少有一台域控制器。

步骤 2：在"所有服务器 任务详细信息"窗口中，单击"将此服务器提升为域控制器"链接，如图 1-1-13 所示。

9

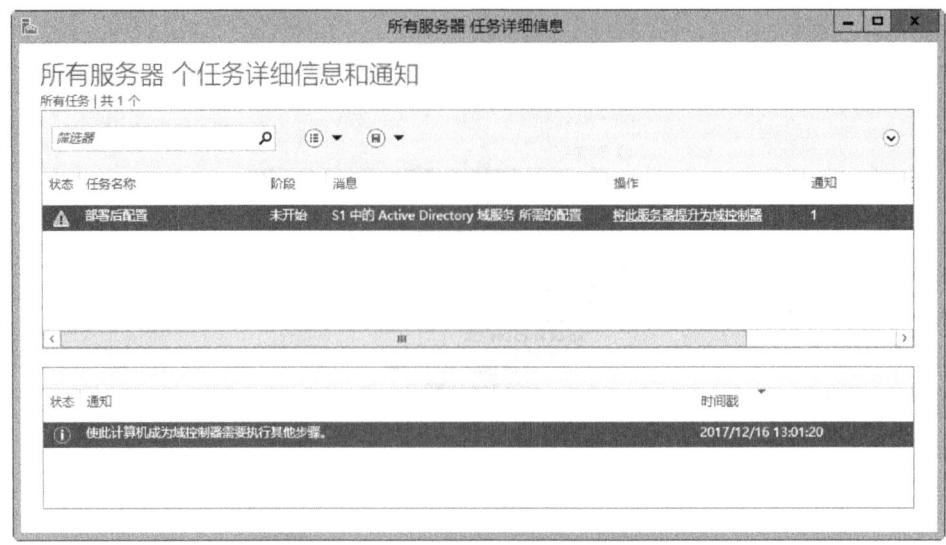

图 1-1-13　所有服务器 任务详细信息

步骤 3：在"部署配置"界面中，选中"选择部署操作"选项组中的"添加新林"单选按钮，然后在"根域名"后的文本框中输入林根域的名字"tianyi.com"，最后单击"下一步"按钮，如图 1-1-14 所示。

图 1-1-14　建立新林及新域

步骤 4：在"域控制器选项"界面中，考虑到公司内部还有几台安装 Windows Server 2008 R2 系统的服务器将作为域成员，故在此设置"林功能级别"和"域功能级别"均为"Windows Server 2008 R2"，然后输入两遍目录服务还原模式的密码，最后单击"下一步"按钮，如图 1-1-15 所示。

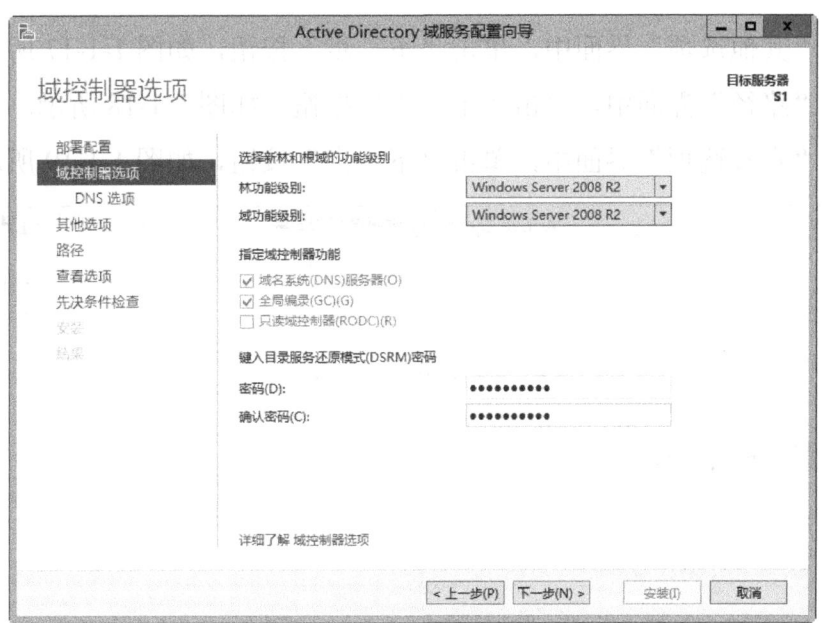

图 1-1-15　域控制器选项

域和林的功能级别是指以何种方式在 Active Directory 域服务环境中启用全域性或全林性功能。功能级别越高，域所支持的功能就越强，但向下兼容性就越差。例如，如果域中有 Windows Server 2008 R2 和 Windows Server 2012 R2 系统的计算机，则可选择 Windows Server 2008 R2 为功能级别；如果系统均为 Windows Server 2012 R2，则可选择 Windows Server 2012 R2 为功能级别。

步骤 5：在"DNS 选项"界面中，单击"下一步"按钮，如图 1-1-16 所示。

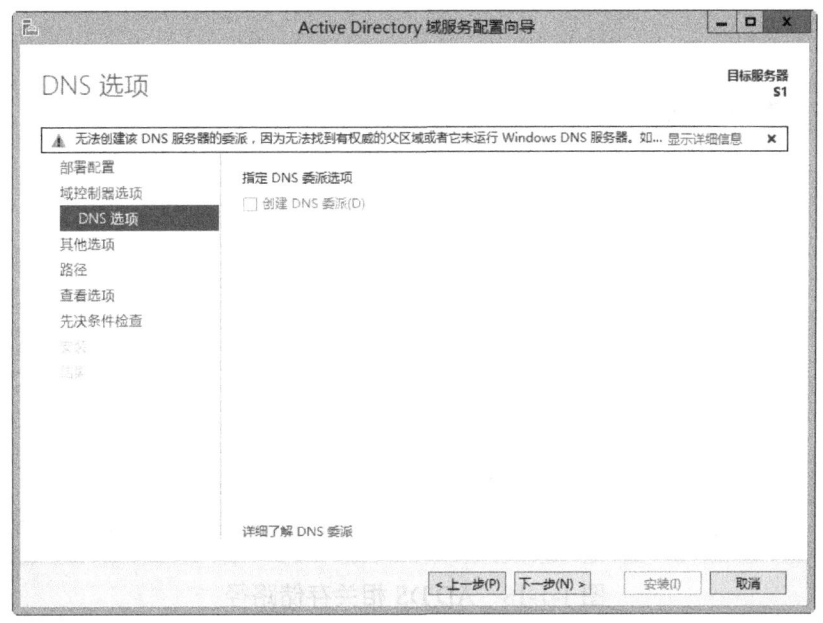

图 1-1-16　DNS 选项

步骤 6：在"其他选项"界面中，单击"下一步"按钮，如图 1-1-17 所示。

步骤 7：在"路径"界面中，单击"下一步"按钮，如图 1-1-18 所示。

步骤 8：在"查看选项"界面中，单击"下一步"按钮，如图 1-1-19 所示。

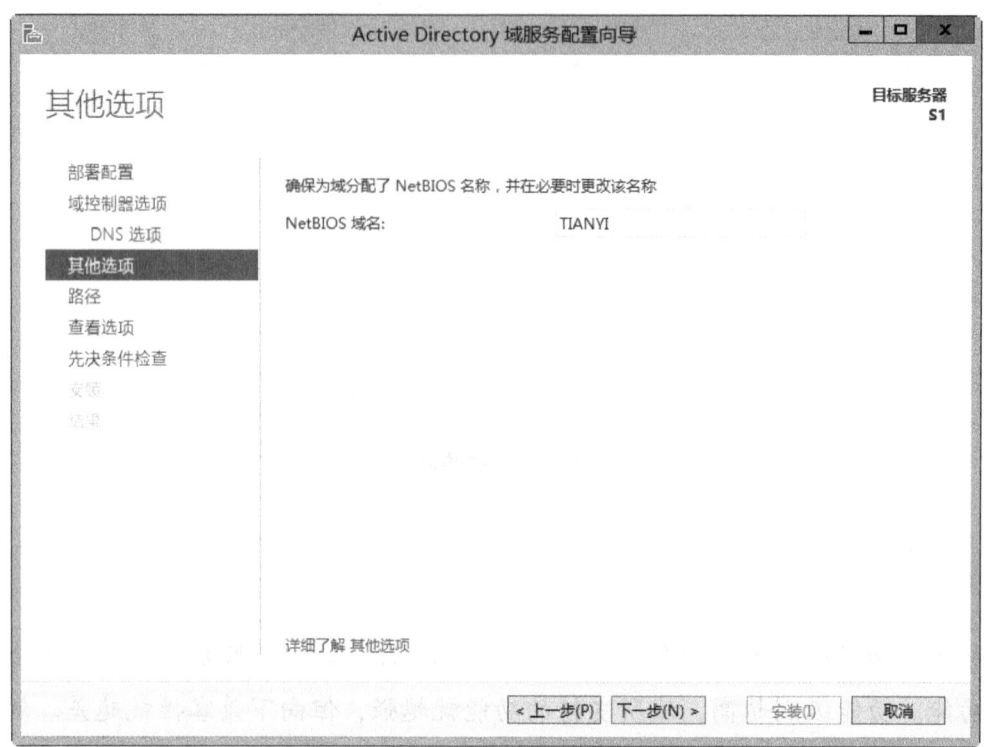

图 1-1-17　其他选项

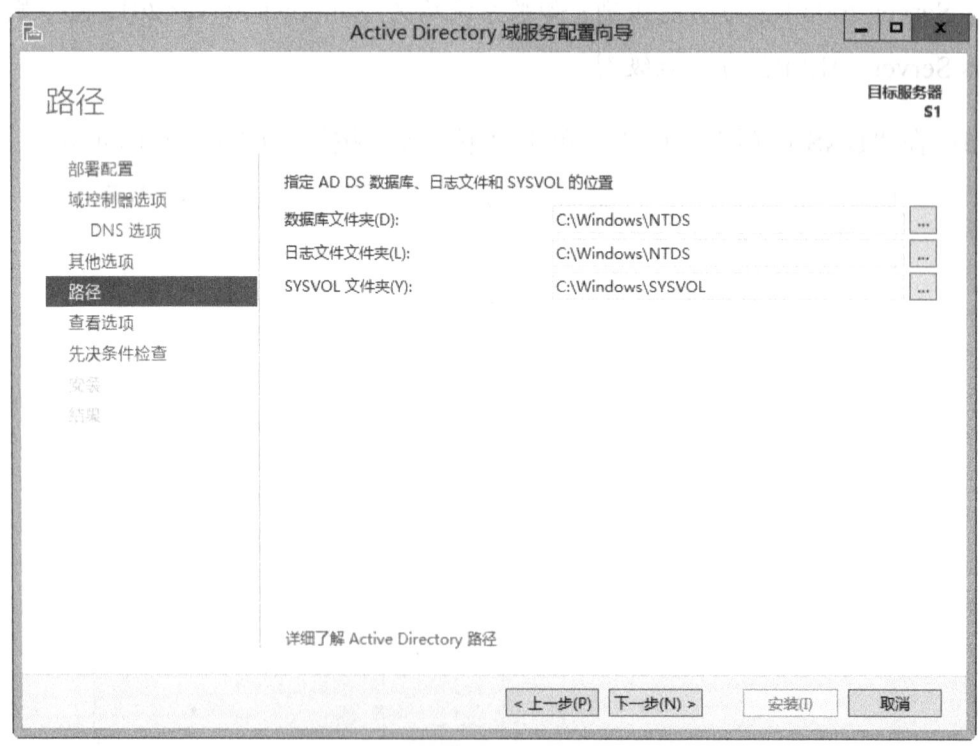

图 1-1-18　AD DS 相关存储路径

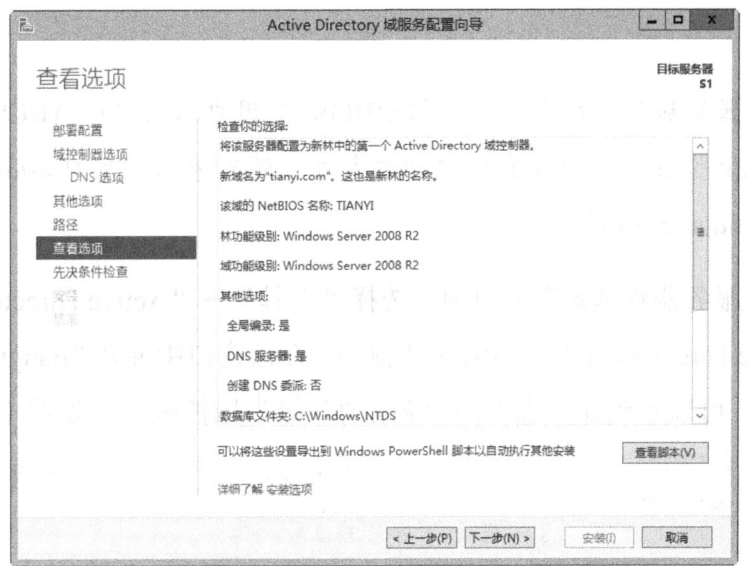

图 1-1-19　创建 Active Directory 域控制器的参数汇总

步骤 9：在"先决条件检查"界面中，若所有先决条件检查都成功通过，则单击"安装"按钮，如图 1-1-20 所示。在安装完毕后重新启动计算机。

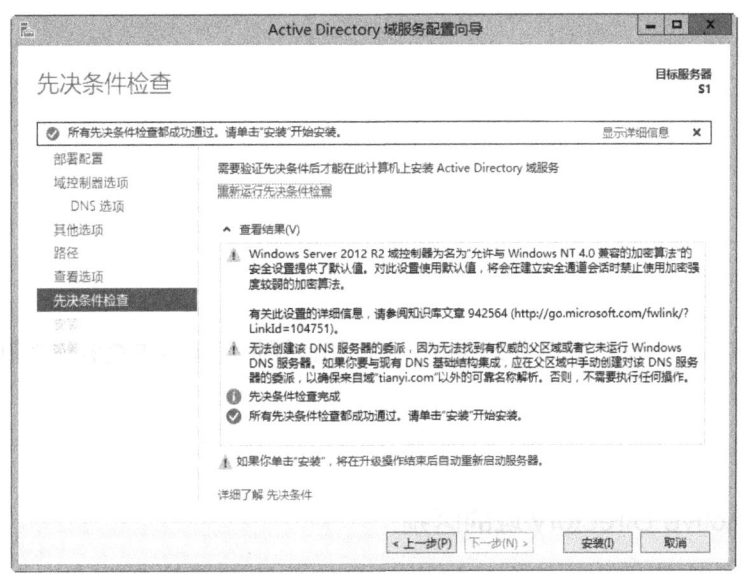

图 1-1-20　先决条件检查

步骤 10：重新启动计算机后按"Ctrl+Alt+Delete"组合键登录系统，可看到登录的用户为域管理员，登录的用户名格式为"TIANYI\Administrator"，如图 1-1-21 所示。

图 1-1-21　登录域控制器

> 小贴士
>
> 登录域控制器的域用户格式为"域 NetBIOS 名\用户名",如"ABC\Administrator"。在域成员计算机上登录时,除可采用这种方式外,还可采用"用户名@域名"的方式,如"administrator@abc.com"。

步骤 11:在"服务器管理器"窗口中,选择"工具"→"Active Directory 用户和计算机"选项,打开"Active Directory 用户和计算机"窗口,在该窗口中展开"tianyi.com"→"Domain Controllers"选项,可以看到服务器 S1 已经成功升级为域控制器,如图 1-1-22 所示。

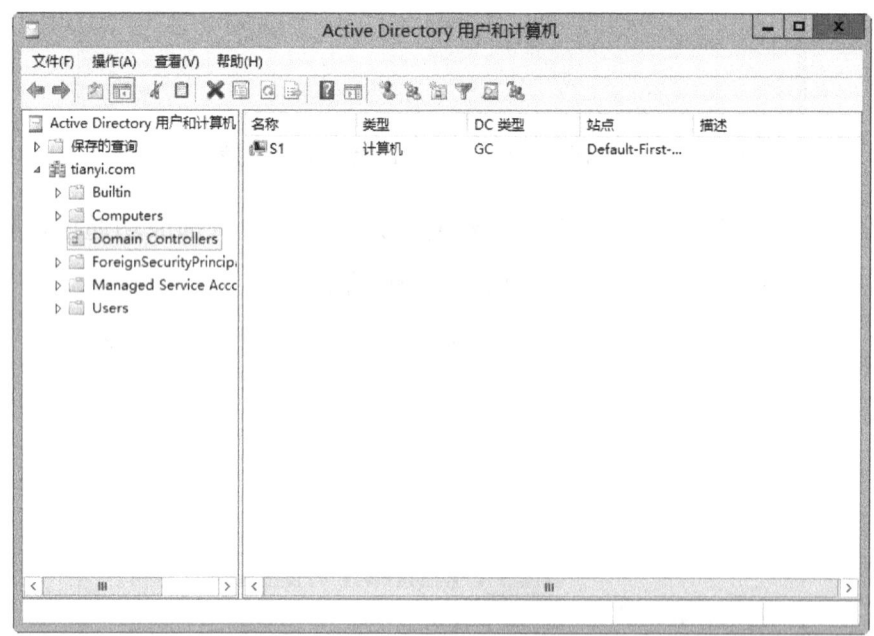

图 1-1-22 在"Active Directory 用户和计算机"窗口中查看域控制器

知识链接

1. 工作组与 Active Directory 域的区别

工作组是一个对等的结构,每台计算机都有独立的登录管理方式,身份验证、资源管理由本地计算机完成。Active Directory 域是一个集中管理网络资源的组织形式,身份验证、资源管理由域控制器完成。

工作组是局域网内的计算机逻辑分组,也是计算机的默认逻辑分组形式,Windows 计算机默认的工作组为 WorkGroup,用户可自由更改所在工作组,工作组不同不影响计算机之间的连通性。Active Directory 域也是计算机的逻辑分组,只要成员计算机能够与域控制器通信就可以加入域,加入和退出域都需要由拥有权限的域用户来完成,Active Directory 域通过"Active Directory 用户和计算机"管理工具来管理域控制器和成员,成员计算机退出域则自动变回原工作组。

2. 林、域、林根域

（1）域是网络对象（用户、组、计算机等）的分组，域中所有的对象都存储在 Active Directory 中，Active Directory 也可以由一个或多个域组成，每个域的身份验证都由域控制器来完成。

（2）林由一个或多个域组成，同一个林中的所有域具有双向可传递信任管理，一般用于企业合并等具有两个域的情境。

（3）在新林中创建的第一个域就是该林的根域，称为林根域。林会以林根域的名字作为林名。

3. 对象和容器

（1）对象是 Active Directory 中的信息实体，也可以是一组属性的集合，如用户、组、计算机、打印机等。

（2）容器是包含其他对象的对象，是一个逻辑实体，一般用来存放对象的分类。在"Active Directory 用户和计算机"管理工具中，Domain Controllers、Computers、Users 等都是容器，分别存储了域中的域控制器、成员计算机、全局组与用户。

任务小结

本任务详细介绍了以向导方式将一台独立服务器升级为域控制器的步骤。

首先，要检查安装 Active Directory 域服务的先决条件。例如，设置服务器的计算机名与 IP 地址，关闭 Windows 防火墙（或在防火墙中放行相关服务），为域管理员用户设置强密码等。

然后，安装 Active Directory 域服务与 DNS 服务器。可将 Active Directory 域服务依托的 DNS 服务器提前安装好，也可在安装 Active Directory 域服务时一并安装。

最后，将服务器升级为域控制器。按照输入林根域的名称、选择域功能级别、设置目录服务还原密码等步骤，可完成 Active Directory 域服务的安装与配置。安装完成后，重新启动计算机并以域管理员身份登录域控制器。

任务 2　将 Windows 计算机加入域

任务描述

天驿公司正逐渐将计算机的工作组管理模式向域模式转换，网络管理员已经将一台安装了 Windows Server 2012 R2 系统的服务器升级为域控制器，接下来需将现有使用 Windows Server 系统的服务器与 Windows 桌面版计算机加入公司域。

在天驿公司的计算机资源中，只有域控制器工作在 Active Directory 模式下，其他计算机依然是工作组模式。由于已有域控制器，因此，网络管理员只需将这些计算机加入公司的 tianyi.com 域即可。

如果公司没有 DHCP 服务器，可为需要加入域的计算机设置静态 IP 地址，将首选 DNS 服务器 IP 地址指向 tianyi.com 的域控制器（该域控制器也是 tianyi.com 的 DNS 服务器），然后修改计算机属性信息，使用域管理员账户将这些计算机加入 tianyi.com 域。

任务实现

1. 为需要加入域的计算机设置 IP 地址

如果计算机需要加入域，应具备两个条件：一是计算机能够与域控制器进行通信，且将首选 DNS 服务器 IP 地址指向域控制器；二是需要一个能够登录 Active Directory 的域账户（首次加入域时可使用域管理员账户完成，后续再为公司员工建立普通身份的域账户）。

本任务将以 Windows Server 2012 R2 作为成员服务器，介绍计算机加入域的通用步骤，如果读者使用其他 Windows 系统，也可参考此步骤。

给需要加入域的计算机设置 IP 地址，并将首选 DNS 服务器 IP 地址指向域控制器，如图 1-2-1 所示。

在一个 Active Directory 域中，如果具有两个域控制器，则可将首选 DNS 服务器 IP 地址指向主域控制器（PDC），将备用 DNS 服务器 IP 地址指向辅域控制器（BDC），以确保主域控制器在停机维护的情况下可以由辅域控制器处理成员计算机的加入域和登录的请求。

2. 加入 Active Directory 域

步骤 1：选择"服务器管理器"→"本地服务器"选项，可看到计算机的服务器属性信息，单击计算机名"WIN-RVK1ADHTP1E"修改其属性，如图 1-2-2 所示。

步骤 2：在"系统属性"对话框的"计算机名"选项卡中，单击"更改"按钮，如图 1-2-3 所示。

步骤 3：首先在"计算机名/域更改"对话框的"隶属于"选项组中选中"域"单选按钮，然后在其下面的文本框中输入天驿公司的域名称"tianyi.com"，最后单击"确定"按钮，如图 1-2-4 所示。

步骤 4：在"Windows 安全"对话框中，输入具有加入域权限的账户"administrator"及其密码，然后单击"确定"按钮，如图 1-2-5 所示。

步骤 5：在弹出的"欢迎加入域"提示框中，单击"确定"按钮，如图 1-2-6 所示。

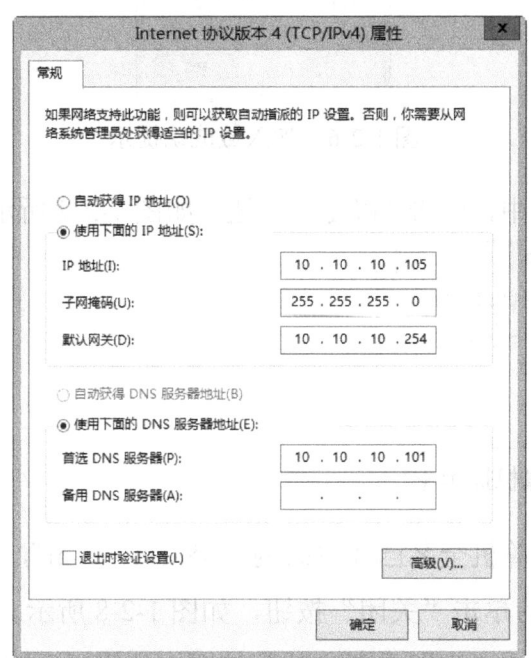

图 1-2-1　给需要加入域的计算机设置 IP 地址

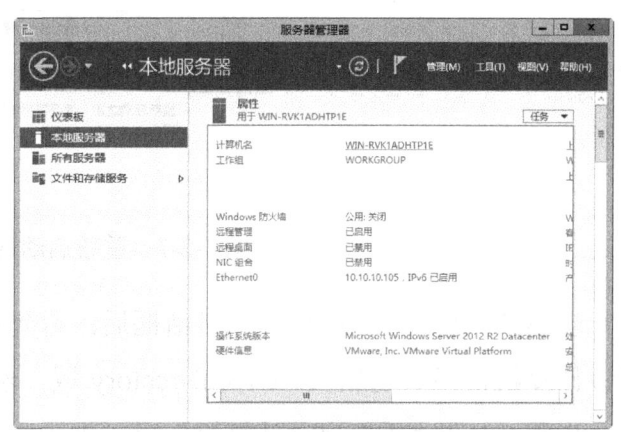

图 1-2-2　服务器属性信息

图 1-2-3　计算机名信息（1）　　　　　　　图 1-2-4　输入域名称

图 1-2-5　输入具有加入域权限的账户名称和密码

图 1-2-6　加入域成功提示

步骤 6：在弹出的"重新启动计算机"提示框中，单击"确定"按钮，如图 1-2-7 所示。

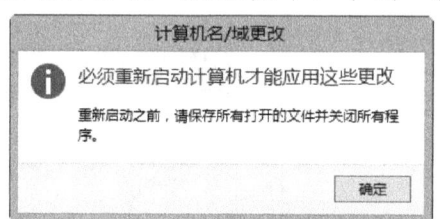

图 1-2-7　重新启动计算机提示（1）

步骤 7：返回"系统属性"对话框后，看到计算机全名已经更改为"S5.tianyi.com"，表明该计算机已经成功加入 Active Directory 域，然后单击"关闭"按钮，如图 1-2-8 所示。

步骤 8：在"重新启动计算机"提示框中，单击"立即重新启动"按钮，计算机再次启动后即完成了加入域的操作，如图 1-2-9 所示。

3．在域控制器中查看成员计算机

在域控制器中打开"Active Directory 用户和计算机"管理工具，在展开的"tianyi.com"域中，双击"Computers"选项即可查看域成员计算机，如图 1-2-10 所示。

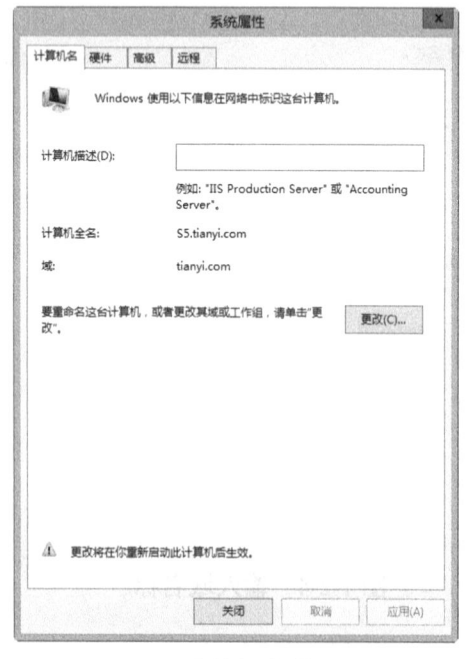

图 1-2-8　计算机名信息（2）

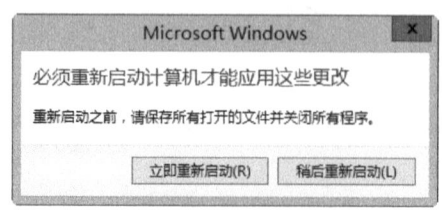

图 1-2-9　重新启动计算机提示（2）

图 1-2-10　查看域成员计算机

小贴士

在域控制器系统版本较低的 Active Directory 环境中,一般需要将域控制器迁移到系统版本较高的服务器中。若因某些情况无法迁移,则可在域控制器上对林、域架构进行升级。以域控制器系统是 Windows Server 2008 R2、成员系统是 Windows Server 2012 R2 的 Active Directory 环境为例,若因某些情况无法迁移,则需要在 Windows Server 2008 R2 域控制器中使用 Windows Server 2012 R2 安装盘中的 adprep 组件升级林、域的架构。

4. 使用域账户登录成员计算机

步骤 1:启动成员计算机,按"Ctrl+Alt+Delete"组合键登录,出现登录用户后单击 按钮,然后单击"其他用户"图标,如图 1-2-11 所示。

步骤 2:在"其他用户"界面中输入域用户名称及对应密码,此处使用域管理员账户登录,输入"TIANYI\administrator"及密码(也可使用"administrator@tianyi.com"格式作为账户名称),在输入完毕后单击 按钮即可登录成员计算机,如图 1-2-12 所示。

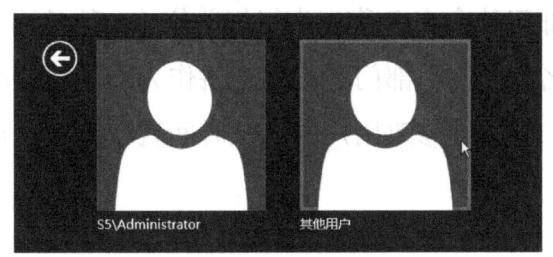
图 1-2-11 选择登录用户

图 1-2-12 使用域管理员账户登录成员计算机

任务小结

本任务以 Windows Server 2012 R2 作为成员服务器,完成了计算机加入域操作的介绍。在工作组模式下的计算机如需加入域,首先需要确保其首选 DNS 服务器 IP 地址指向域控制器(已安装 DNS 服务器并能够解析域的资源记录),以及 DNS 服务器能够正常解析记录;然后修改计算机的属性信息,输入要加入域的名称;最后进行加入域权限的身份验证,在验证通过后需重新启动计算机完成加入域操作。作为域成员的计算机可以继续以本地账户进入系统工作在工作组模式下,也可以使用域账户登录服务器或计算机,其登录用户名称可采用"user@mydomian.com"或"MYDOMAIN\user"两种形式。

Windows Server 2012 R2 企业级服务器搭建

任务3 管理域账户

 任务描述

天驿公司的 Active Directory 域环境已经基本搭建完成,网络管理员已经将部分 Windows Server 系统的服务器,以及市场部、技术部、人力部的一些 Windows 7、Windows 10 系统的计算机加入域中。在执行加入域操作时,使用的是域管理员账户,但考虑到域的安全性,域管理员账户信息不能够透露给公司员工,故需要按照部门建立域账户。为了计算机资源的安全,不允许市场部的员工在非工作时间以域账户登录。

 任务分析

天驿公司的网络管理员需要为具有域登录需求的部门建立域账户,并对这些账户进行必要的逻辑分组以便于管理。网络管理员决定使用部门的中文名称作为组织单位(一种对域中用户、组、成员计算机进行逻辑分组的容器)的名称,使用部门名称的全拼作为用户组的名称,使用部门名称的拼音简写加数字作为用户名。可通过修改用户的登录时间属性来实现市场部的员工只能在工作时间登录的需求。

 任务实现

1. 建立组织单位、组、用户

步骤1:在域控制器中打开"Active Directory 用户和计算机"管理工具,右击"tianyi.com"选项,在弹出的快捷菜单中选择"新建"→"组织单位"命令,如图1-3-1所示。

组织单位(Organization Unit,OU)是一个用来反映企业部门等组织结构的容器,它可包括用户和组,一般以部门名称或工作小组来命名。

步骤2:在"新建对象-组织单位"对话框中,输入组织单位名称"市场部",然后单击"确定"按钮(使用同样的方法创建技术部、人力部的组织单位),如图1-3-2所示。

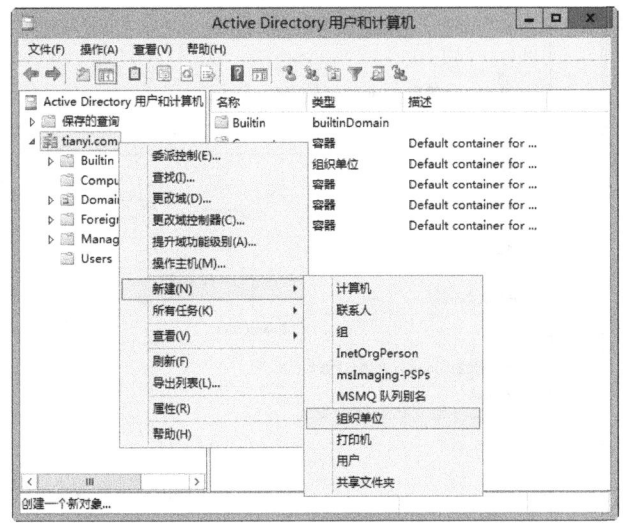 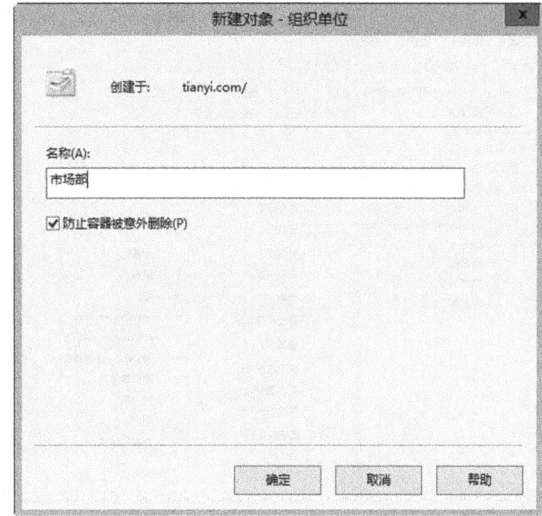

图 1-3-1　新建组织单位　　　　　图 1-3-2　输入组织单位名称

步骤 3：右击"Active Directory 用户和计算机"管理工具下的"市场部"选项，在弹出的快捷菜单中选择"新建"→"组"命令，如图 1-3-3 所示。

步骤 4：在"新建对象-组"对话框中，输入组名"shichangbu"，然后单击"确定"按钮（使用同样的方法分别在技术部、人力部的组织单位中创建对应的组），如图 1-3-4 所示。

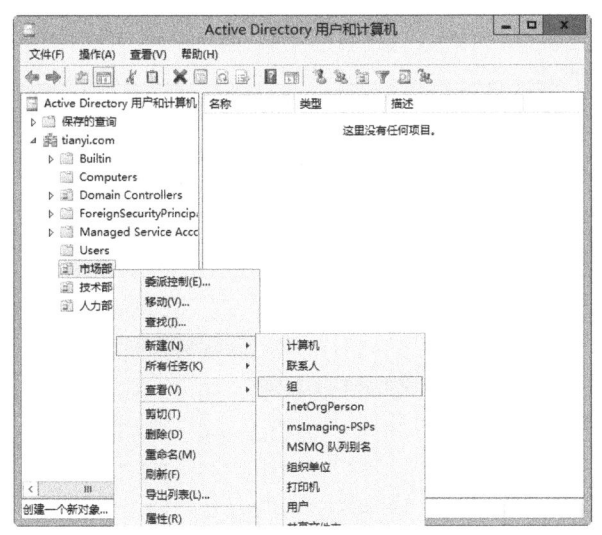 

图 1-3-3　新建组　　　　　图 1-3-4　在新建组中输入组名

步骤 5：右击"Active Directory 用户和计算机"管理工具下的"市场部"选项（或右击"市场部"选项右侧内容区域的空白处），在弹出的快捷菜单中选择"新建"→"用户"命令，如图 1-3-5 所示。

步骤 6：在"新建对象-用户"对话框中，输入"姓名"和"用户登录名"，此处均输入"sc1"，然后单击"下一步"按钮，如图 1-3-6 所示。

图 1-3-5 新建用户

图 1-3-6 输入"姓名"和"用户登录名"

步骤 7：在"新建对象-用户"对话框中，输入两次用户的登录密码。为了便于管理，取消勾选"用户下次登录时须更改密码"复选框，勾选"用户不能更改密码"和"密码永不过期"复选框，然后单击"下一步"按钮，如图 1-3-7 所示。

步骤 8：再次核对用户账户信息，然后单击"完成"按钮，如图 1-3-8 所示。可使用同样的方法完成其他用户的创建。

图 1-3-7 设置用户密码属性

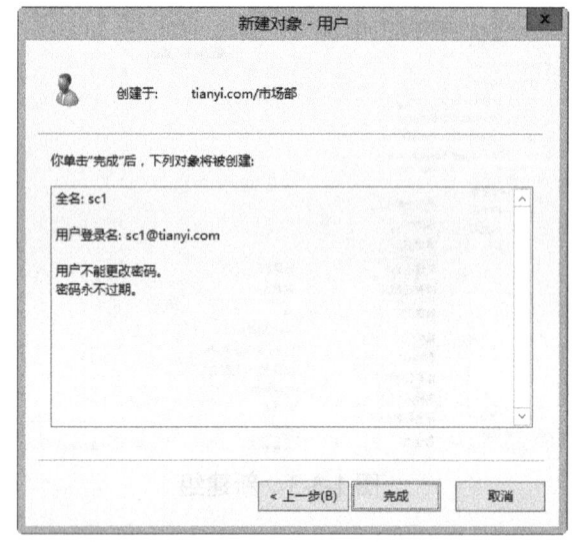

图 1-3-8 创建用户

步骤 9：将用户划分到组。选择用户"sc1"和"sc2"，然后右击，在弹出的快捷菜单中选择"添加到组"命令，如图 1-3-9 所示。

步骤 10：在"选择组"对话框中，输入这两个用户需要加入的组名"shichangbu"（或单击"高级"→"立即查找"按钮，选择"shichangbu"），然后单击"确定"按钮，如图 1-3-10 所示。

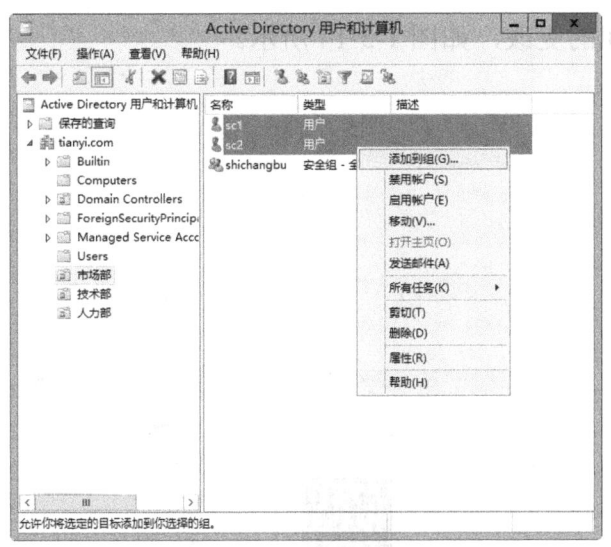 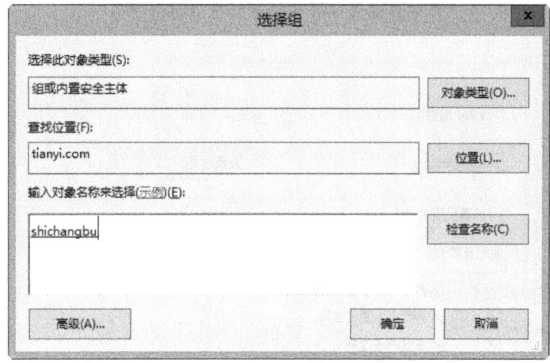

图 1-3-9　将用户添加到组　　　　　　图 1-3-10　输入组名

步骤 11：在弹出完成提示框后，再次单击"确定"按钮，如图 1-3-11 所示。

2. 修改用户登录时间属性

用户账户的"登录时间"的默认属性是不限制登录时间，但为实现本任务需求，需要将市场部用户的登录时间修改为：星期一至星期五从 9:00 到 17:00。

步骤 1：选择市场部用户"sc1"和"sc2"，然后右击，在弹出的快捷菜单中选择"属性"命令，如图 1-3-12 所示。

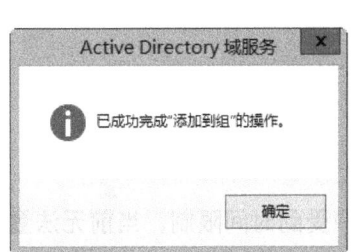 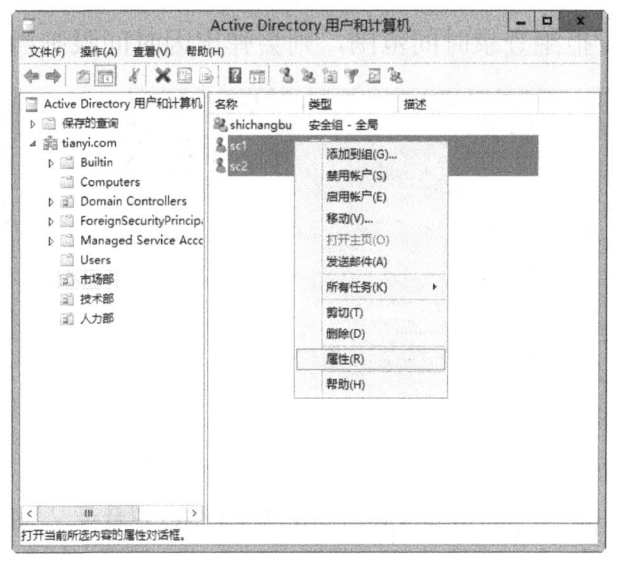

图 1-3-11　完成提示　　　　　　图 1-3-12　修改用户属性

步骤 2：在"多个项目属性"对话框的"账户"选项卡中，勾选"登录时间"复选框，然后单击"登录时间"按钮，如图 1-3-13 所示。

步骤 3：在"登录时间"对话框中选择所有时间区域，然后选中"拒绝登录"单选按钮，接下来选择星期一至星期五从 9:00 到 17:00 的时间区域，并选中"允许登录"单选按钮，最后单击"确定"按钮,即完成了用户登录时间的更改,如图 1-3-14 所示。

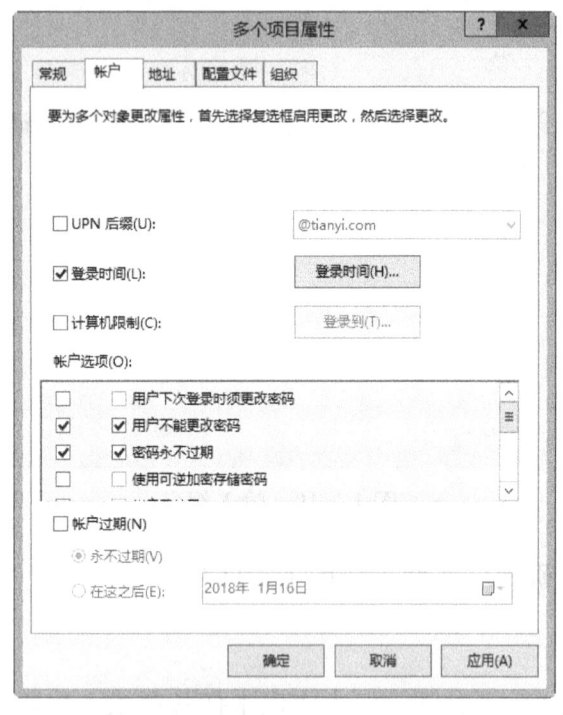

图 1-3-13　修改用户登录时间[①]

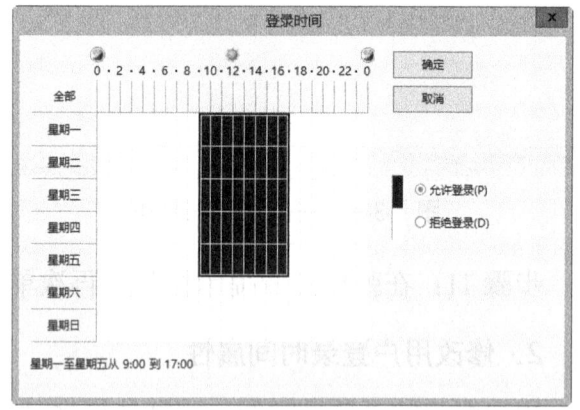

图 1-3-14　选择登录时间

3. 在成员计算机上登录测试

步骤 1：使用受登录时间限制的市场部域用户 sc1 的账户登录,如图 1-3-15 所示,若此时处于拒绝登录时间范围,则会弹出因时间限制当前无法登录的提示,如图 1-3-16 所示。

图 1-3-15　在非允许登录域时间使用 sc1 的账户登录

图 1-3-16　账户受到时间限制,当前无法登录

步骤 2：使用无登录时间限制的技术部域用户 js1 的账户登录,如图 1-3-17 所示,可看到能正常登录域,如图 1-3-18 所示。

---

① 图中的"帐户"正确写法应为"账户",全书界面中的"帐户"正确写法均为"账户"。

 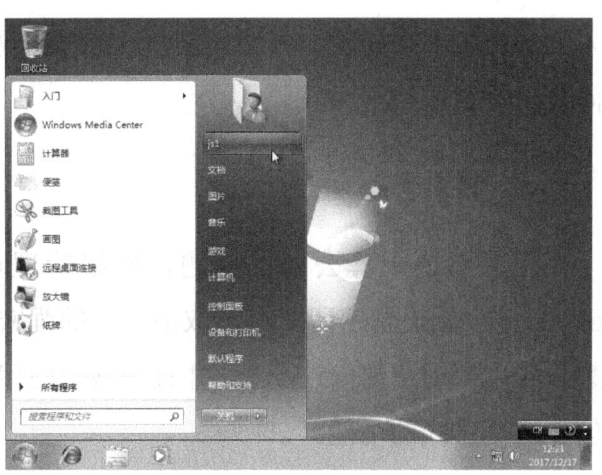

图 1-3-17　无登录时间限制的域用户登录　　　　图 1-3-18　登录成功

知识链接

Active Directory 域中组作用域有三种，即通用组、全局和本地域，它们的作用范围不同。"全局"中的用户除可以登录自身所在的域外，还可以登录所信任的其他域。"本地域"中的用户只能登录其所在域，其子域和其他域均不能登录。"通用组"则是集"全局"和"本地域"优点于一身的组，可包含林中的任何账户。

任务小结

本任务介绍了在 Active Directory 域中建立组织单位、组、用户的步骤，并根据任务需求设置了用户的登录时间。如果需要使用组织单位对用户、组、计算机等资源按部门进行逻辑划分，建议先建立组织单位，然后在组织单位内建立用户和组，这样所创建的用户、组等就默认在相对应的组织单位中，而不在 tianyi.com\Users 容器中，避免了在对用户和组进行移动时产生错误。将用户划分到组中，既可通过修改用户的"隶属于"属性来实现，也可通过修改组的"成员"属性来实现。

任务 4　设置域安全策略

任务描述

天驿公司已经为各部门使用 Active Directory 域的员工创建了用户账户，但是出现了以下几个问题：第一，公司部分员工反映使用域用户的账户登录时输入的强密码不好记，且容易输入错误；第二，人力部员工自行修改 Windows 中的注册表，故产生了软件故障；第三，人力部员工需要经常访问公司首页，他们希望登录系统后计算机的桌面能够自动创建一个访问公司首页的快捷方式。

任务分析

为了解决天骈公司的问题，网络管理员需要设置域安全策略。首先，需要对整个 tianyi.com 域设置密码策略，取消用户的强密码限制；然后，需要对人力部设置安全策略，禁止人力部用户访问注册表，并且为该部门用户增加一个登录域后自动在登录计算机的桌面创建快捷方式的功能。

任务实现

1. 设置密码策略

步骤 1：在"服务器管理器"窗口中，选择"工具"→"组策略管理"选项。在"组策略管理"窗口中，展开"林：tianyi.com"→"域"→"tianyi.com"选项后，右击组策略对象的快捷方式"Default Domain Policy"（默认域安全策略），在弹出的快捷菜单中选择"编辑"命令，如图 1-4-1 所示。

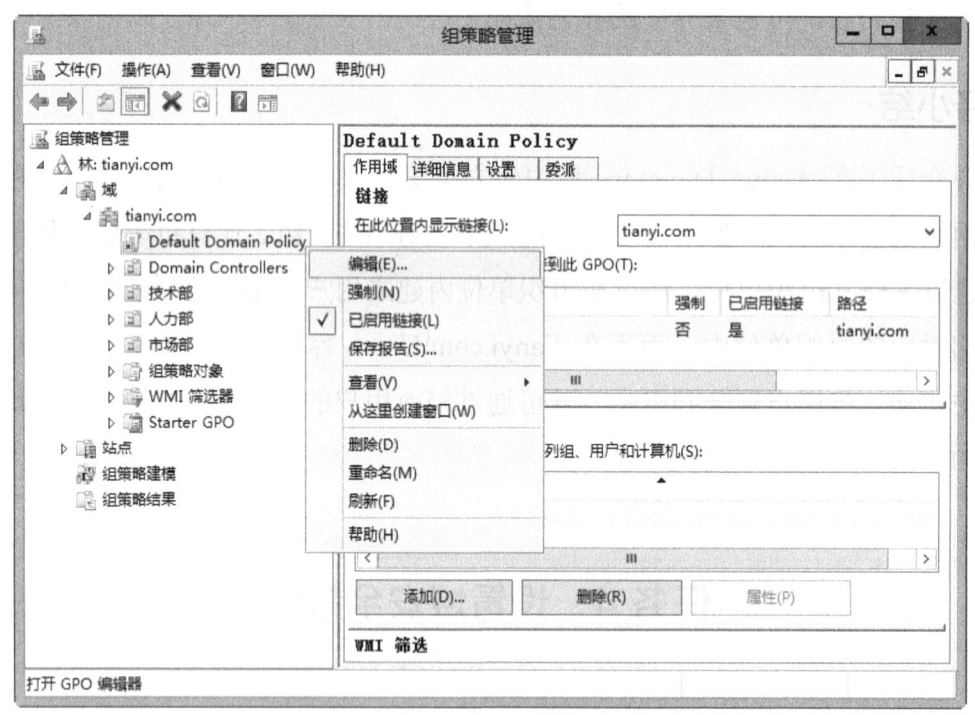

图 1-4-1　编辑默认域安全策略

步骤 2：在"组策略管理编辑器"窗口中，展开"计算机配置"→"策略"→"Windows 设置"→"安全设置"→"账户策略"选项后，双击"密码策略"选项，然后双击"密码必须符合复杂性要求"策略，如图 1-4-2 所示。

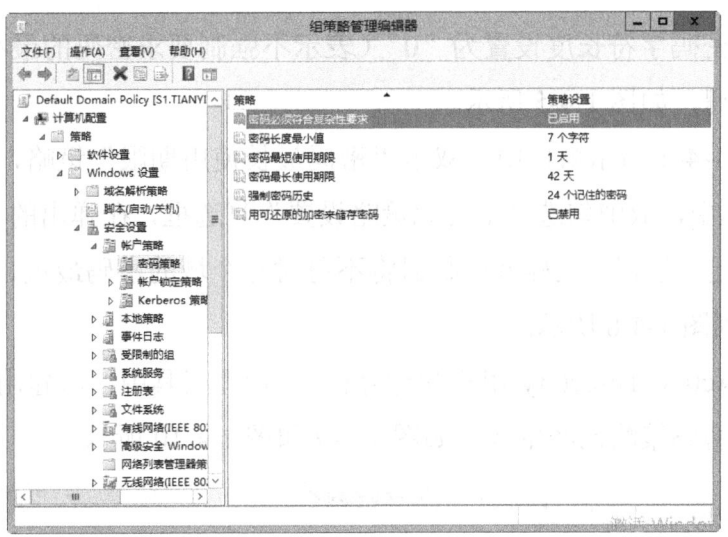

图 1-4-2　修改密码必须符合复杂性要求策略

> **小贴士**
>
> 在组策略中,"计算机配置"对当前容器(林、域、组织单位)内的所有计算机起作用,一般用于对计算机设备或软件进行策略管理;"用户配置"只对当前容器内的用户、组起作用,用户无论登录 Active Directory 域中的哪台计算机,都受此策略影响,一般用于对用户行为进行策略管理。

步骤 3:在"密码必须符合复杂性要求 属性"对话框中,选中"已禁用"单选按钮,然后单击"确定"按钮,如图 1-4-3 所示。

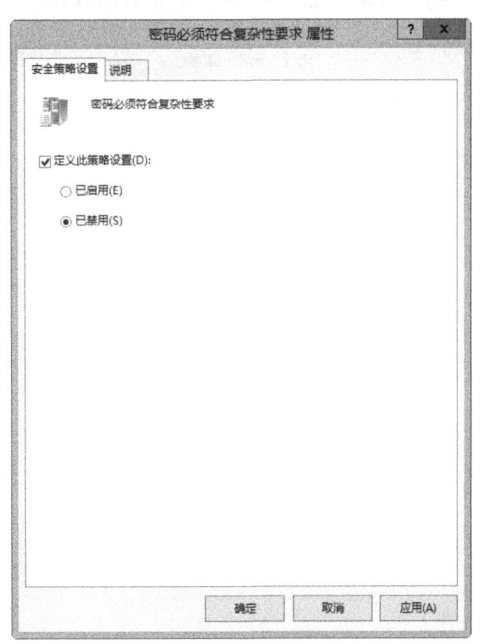

图 1-4-3　设置密码必须符合复杂性要求

步骤 4:在图 1-4-4 所示窗口中,双击"密码长度最小值"策略,在"密码长度最小值 属性"对话框中,将密码字符长度设置为"0"(表示不强制要求密码的最小长度),设置完成后单击"确定"按钮,如图 1-4-5 所示。

步骤 5:在图 1-4-4 所示窗口中,双击"密码最长使用期限"策略,在"密码最长使用期限 属性"对话框中,取消勾选"定义此策略设置"复选框,在弹出的"建议的数值改动"对话框中单击"确定"按钮,这样域控制器将不再对整个域的密码最短、最长使用期限进行限制,如图 1-4-6 到图 1-4-8 所示。

步骤 6:在"Active Directory 用户和计算机" 管理工具中,新建用户来测试密码策略设置效果,可看到密码策略已经生效,如图 1-4-9 和图 1-4-10 所示。

图 1-4-4　修改密码长度最小值策略

图 1-4-5　设置密码长度最小值

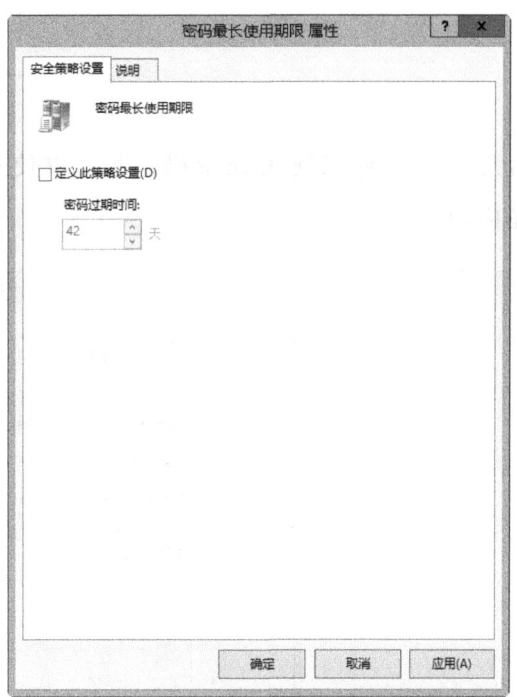

图 1-4-6　设置密码最长使用期限

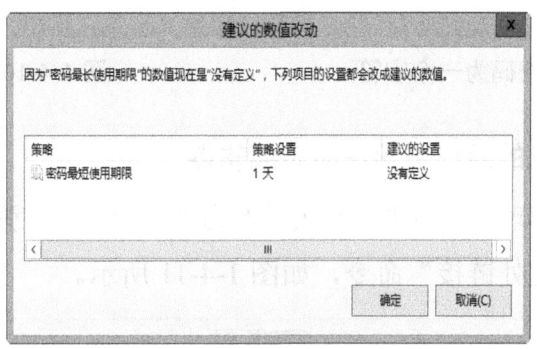

图 1-4-7　建议的数值改动提示

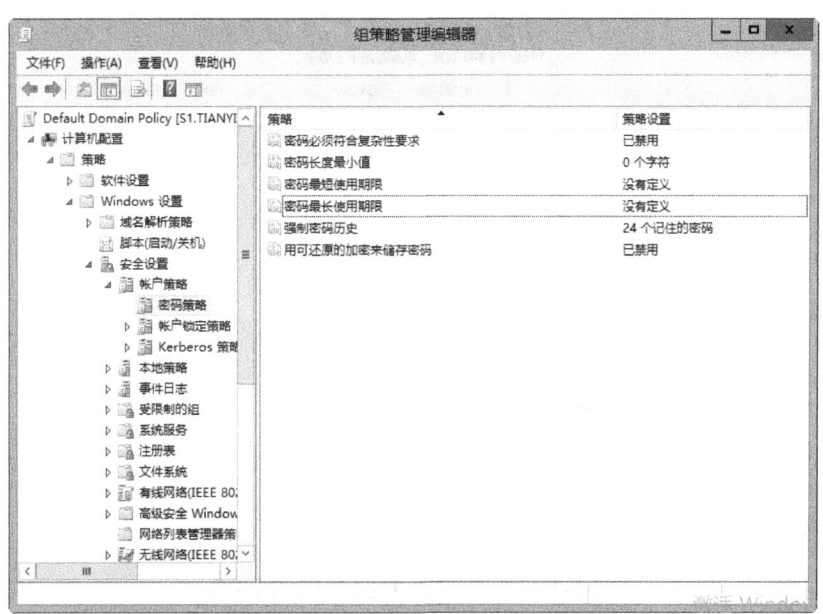

图 1-4-8　修改完成后的密码策略

小贴士

关闭了强密码策略后用户依然可以使用强密码，也可以使用简单密码，建议域管理员等关键用户继续使用强密码。

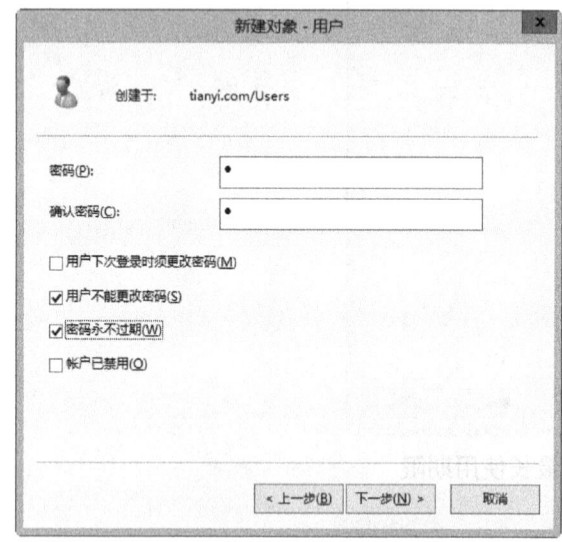

图 1-4-9　新建用户的密码为一个字符

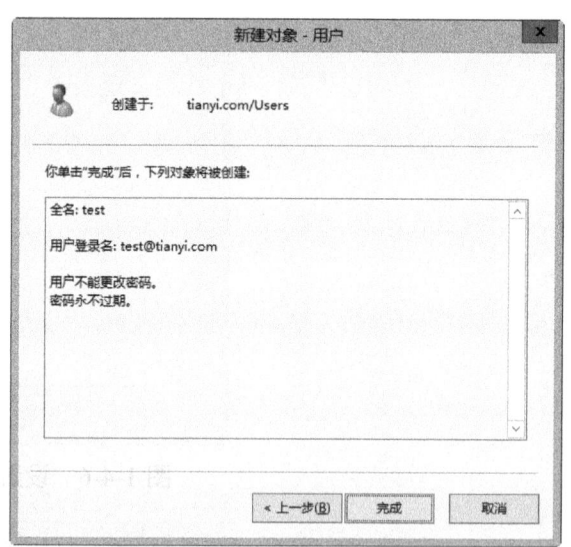

图 1-4-10　新建用户信息

2. 禁止特定组织单位的用户访问注册表编辑器

步骤 1：在"组策略管理"窗口中，右击"人力部"选项，在弹出的快捷菜单中选择"在这个域中创建 GPO 并在此处链接"命令，如图 1-4-11 所示。

图 1-4-11　新建人力部对应的 GPO

步骤 2：在"新建 GPO"对话框中输入 GPO 的名称"人力部策略"，然后单击"确定"

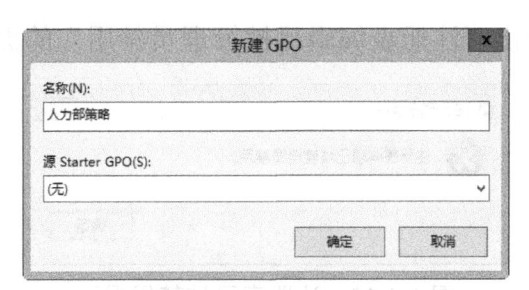

按钮,如图 1-4-12 所示。

图 1-4-12 输入新建 GPO 名称

步骤 3:在"组策略管理编辑器"窗口中,展开"用户配置"→"策略"→"管理模板"→"系统"选项后,双击"阻止访问注册表编辑工具"策略,在弹出的"阻止访问注册表编辑工具"窗口中选中"已启用"单选按钮,然后单击"确定"按钮,如图 1-4-13 和图 1-4-14 所示。

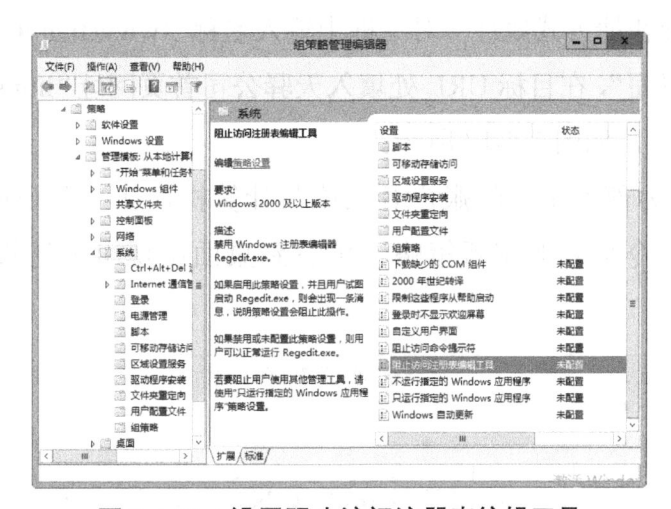

图 1-4-13 设置阻止访问注册表编辑工具

图 1-4-14 启用策略

步骤 4：使用人力部域用户的账户登录成员计算机，单击"开始"按钮，在"运行"对话框中输入"regedit"，会弹出"注册表编辑已被管理员禁用"的提示，如图 1-4-15 所示。

图 1-4-15　注册表已被禁用提示

3. 以域账户登录时自动在桌面创建快捷方式

步骤 1：继续在"组策略管理编辑器"窗口中修改"人力部策略"，展开"用户配置"→"首选项"→"Windows 设置"选项后，双击"快捷方式"选项，然后右击工作区的空白处，在弹出的快捷菜单中选择"新建"→"快捷方式"命令，如图 1-4-16 所示。

步骤 2：在"新建快捷方式属性"对话框中输入名称"www.tianyi.com"，选择目标类型为"URL"，位置为"桌面"，在目标 URL 处填入天驿公司首页网址"https://www.tianyi.com"，然后单击"确定"按钮，如图 1-4-17 所示。

步骤 3：使用人力部域用户的账户登录成员计算机，在"命令提示符"窗口中输入"gpupdate /force"命令来立即刷新策略，可看到桌面出现了上述设置的快捷方式，如图 1-4-18 所示。

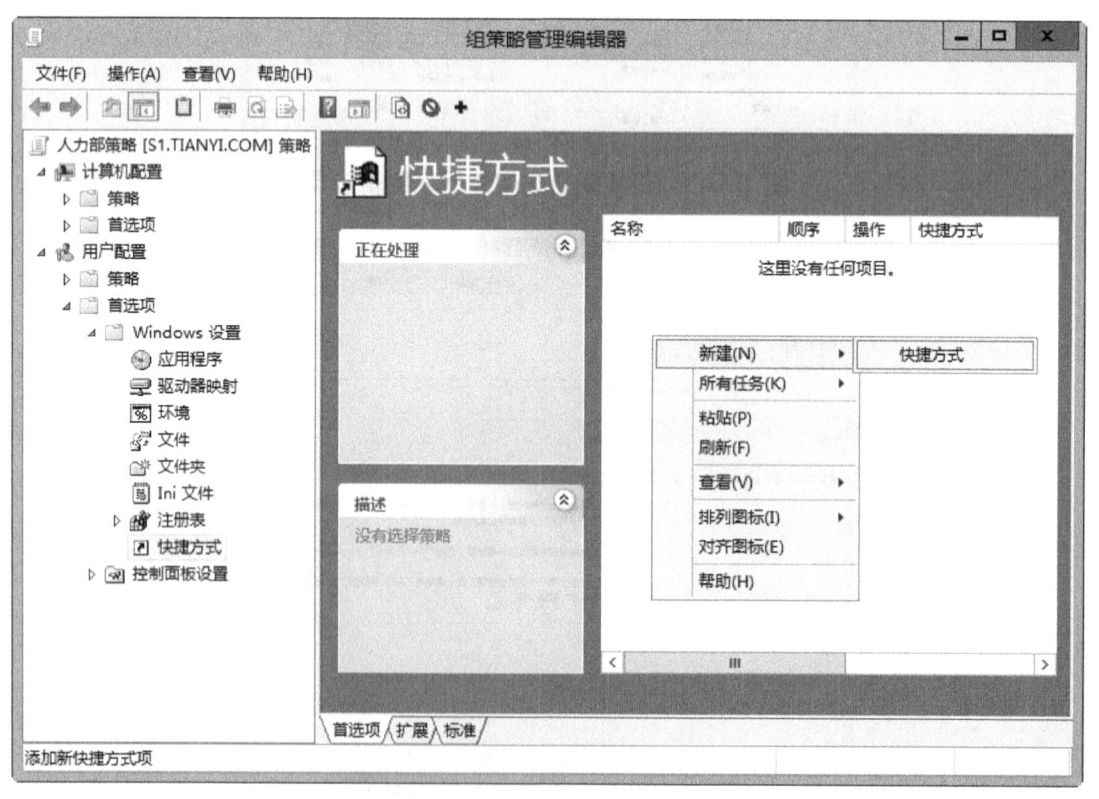

图 1-4-16　修改首选项-快捷方式

图 1-4-17　新建快捷方式属性

图 1-4-18　自动创建快捷方式策略生效

知识链接

1. 组策略

组策略（Group Policy）就是对组的策略限制，用来限制指定组中用户对系统设置的更改或对资源的使用，是介于控制面板和注册表中间的一种设置方式，这些设置最终保存在注册表中。

2. GPO

GPO（Group Policy Object，组策略对象）是定义了各种策略的设置集合，是 Active Directory 中的重要管理方式，可管理用户和计算机对象。一般需要为不同组织单位设置不同的 GPO，组织单位等容器可以链接（可理解为调用，在容器中显示时会标记为快捷方式）多个 GPO，一个 GPO 也可以被不同的容器链接。

3. 组策略的继承与执行顺序

（1）组策略继承是指子容器将从父容器中继承策略设置。例如，本任务中的组织单位"市场部"如果没有单独设置策略，则它包含的用户或计算机会继承全域的安全策略，即会执行 Default Domain Policy 的设置。

（2）组策略执行顺序是指多个组策略叠加在一起时的执行顺序。当子容器有自己单独的 GPO 时，策略执行累加。例如，"市场部"策略为"已启动"，继承来的组策略是"未定义"，则最终是"已启动"。当策略发生冲突时以子容器策略为准。例如，某组织单位中设置某一策略为"已启动"，继承来的组策略是"已禁用"，则最终是"已启动"。组策略执行的先后顺序为组织单位、域控制器、域、站点、（域内计算机的）本地安全策略。

任务小结

本任务以 3 个具体的组策略设置为实例，介绍了在 Active Directory 域中如何定义、设置、应用 GPO。对于密码策略等需要应用于整个域的策略设置，其是通过修改 Default Domain Policy 来完成的。对于某个部门的用户或计算机的策略设置，建议为不同的组织单位创建单独的 GPO。在某几个组织单位需要进行策略设置时，可在多个组织单位中链接一个 GPO。组策略刷新需要一定的时间，如果需要立即刷新组策略，则可在域控制器和域成员计算机的"命令提示符"窗口中执行"gpupdate /force"命令来强制刷新。

项目实训

某企业需要构建 Active Directory 域环境，并为员工建立域用户，具体要求如下。

（1）设置服务器 Win2012DC 的 IP 地址为 192.168.1.100/24，并将此服务器升级为域控制器，林根域名称为 test.com。

（2）将服务器 Win2008S1、Win2012S2、Win7PC1 加入域 test.com。

（3）建立公司各部门的域用户，其部门名称及用户设置如表 1 所示。

表 1 公司各部门名称及用户设置

部门名称	销售部	技术部	工程部	售后服务部
用户	xiaoshou1～xiaoshou20	jishu1～jishu5	gongcheng1 gongcheng2	zhangsan lisi wangwu
用户登录时间	不限制	不限制	不限制	星期一至星期六 8:00 到 18:00
用户隶属组	xsb	jsb	gcb	shb

（4）设置域安全策略，其要求为关闭整个域的强密码要求，禁止销售部用户使用移动存储设备，禁止技术部用户使用 Windows Media Player，禁止工程部用户打开注册表编辑器，为售后服务部用户创建自动打开 http://sales.test.com 页面的快捷方式。

项目二

磁盘管理

项目描述

随着互联网不断发展,网络中的数据量越来越大,存储技术已经进入高速发展阶段,故对数据存储的可靠性、稳定性和易用性要求也越来越高。

数据存储是操作系统的重要功能之一。由于磁盘内保存着计算机的数据信息,因此网络管理员必须对磁盘和存储有充分的了解,并妥善地管理磁盘,确保数据的完整与安全,以便用户可以使用磁盘来保存宝贵的数据。网络管理员的工作之一就是利用动态磁盘等技术对磁盘进行管理。在 Windows Server 2012 R2 系统中,磁盘管理的主要任务是进行磁盘分区和卷的管理,以及优化磁盘使用效率。

在本项目中,天驿公司的网络管理员将为服务器增配大容量的磁盘,并使用动态磁盘技术分别建立简单卷、跨区卷、带区卷、镜像卷、RAID-5 卷,这些技术将提升服务器的存储性能。此外,网络管理员还将在服务器上建立用于共享的文件夹,并结合卷影副本为员工访问文件夹中旧版本的文件提供支持。

知识目标

1. 了解基本磁盘与动态磁盘的区别和作用。
2. 理解硬 RAID 与软 RAID 的区别和作用。
3. 熟悉不同卷的实现要求、作用和实现方法。
4. 理解卷影副本的作用和 UNC 路径的概念。

能力目标

1. 能正确将基本磁盘转换为动态磁盘。
2. 能正确将动态磁盘建立成不同的卷。
3. 能正确创建卷影副本,并能在客户端上测试成功。

思政目标

1．能主动养成网络安全意识，主动运用备份、磁盘阵列等技术保护用户数据安全。

2．能严格遵守法律法规，尊重用户隐私，在未经允许的情况下不私自查看服务器中存储的用户数据。

3．具有节约意识，能主动规划和使用服务器存储空间。

思维导图

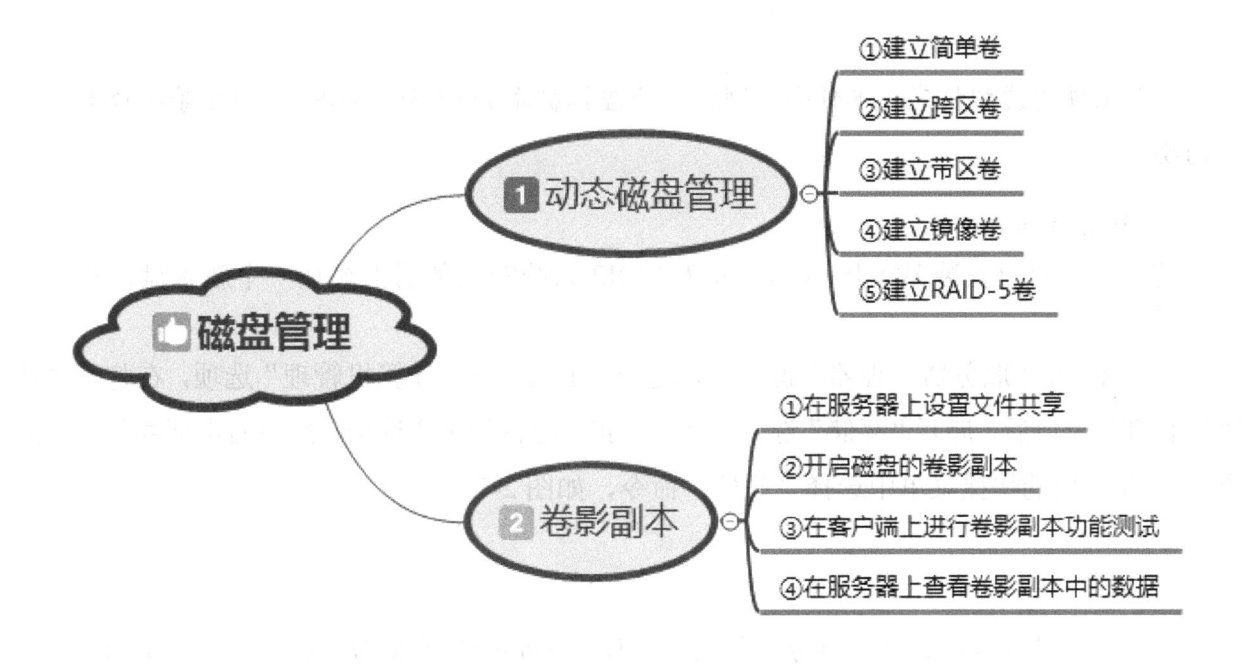

磁盘管理
- 1 动态磁盘管理
  - ①建立简单卷
  - ②建立跨区卷
  - ③建立带区卷
  - ④建立镜像卷
  - ⑤建立RAID-5卷
- 2 卷影副本
  - ①在服务器上设置文件共享
  - ②开启磁盘的卷影副本
  - ③在客户端上进行卷影副本功能测试
  - ④在服务器上查看卷影副本中的数据

任务1 动态磁盘管理

任务描述

天驿公司员工经常抱怨服务器的访问速度慢，而且网络管理员也发现服务器的磁盘空间即将用满，因此他决定添置大容量的磁盘以满足网络存储、文件共享等方面的需求。

任务分析

针对天驿公司存在的磁盘管理问题，网络管理员可以使用动态磁盘管理技术来解决。解决方法有两种，一是可以建立一个新的简单卷，并分配一个驱动器号来增加一个盘符；二是可以使用跨区卷将多个磁盘的空间组成一个卷。为了提高网络访问的可靠性和速度，网络管理员决定使用跨区卷、带区卷、镜像卷、RAID-5 卷等技术来实现磁盘管理。

任务实现

> **小贴士**
>
> 如果使用虚拟机完成本任务，则需要为虚拟机添加 SCSI、SAS、SATA 等接口类型的磁盘。

1. 建立简单卷

首先在一台已安装 Windows Server 2012 R2 系统的服务器上添加一个新磁盘，然后建立简单卷。

步骤 1：在"服务器管理器"窗口中，选择"工具"→"计算机管理"选项，在打开"计算机管理"窗口后，展开"存储"选项，接着双击"磁盘管理"选项，然后右击新添加的"磁盘 1"，在弹出的快捷菜单中选择"联机"命令，如图 2-1-1 所示。

> **小贴士**
>
> 简单卷是物理磁盘的一部分，表现形式与 Windows 7 等桌面系统的驱动器类似。磁盘类型默认为基本磁盘，它只支持建立简单卷；动态磁盘则可建立多种类型的卷。

步骤 2：再次右击"磁盘 1"，在弹出的快捷菜单中选择"初始化磁盘"命令，如图 2-1-2 所示。

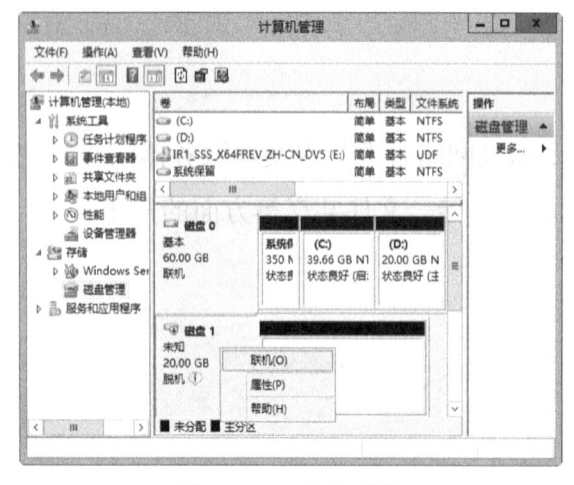

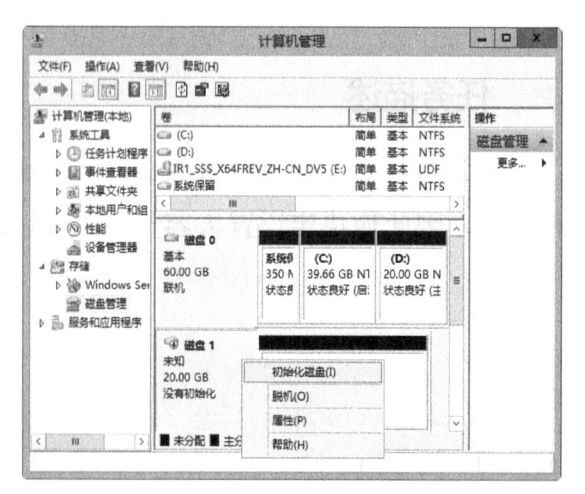

图 2-1-1　磁盘联机　　　　　　　　图 2-1-2　初始化磁盘

步骤 3：在"初始化磁盘"对话框中，勾选"磁盘 1"复选框，然后单击"确定"按钮完成磁盘的初始化，如图 2-1-3 所示。

步骤 4：右击"磁盘 1"初始化后标识为"20.00 GB 未分配"的空间，在弹出的快捷菜单中选择"新建简单卷"命令，如图 2-1-4 所示。

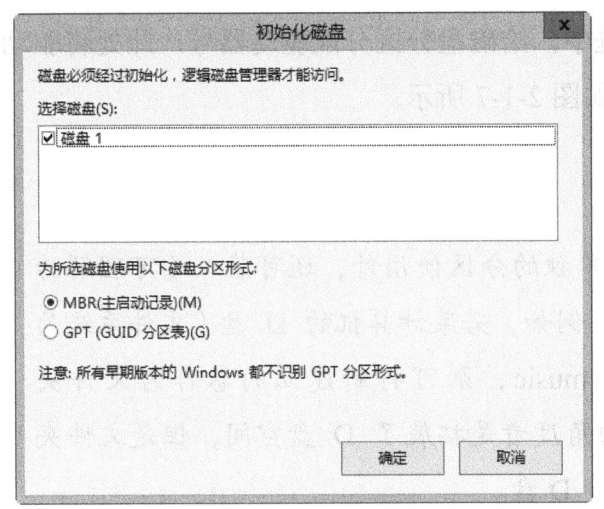

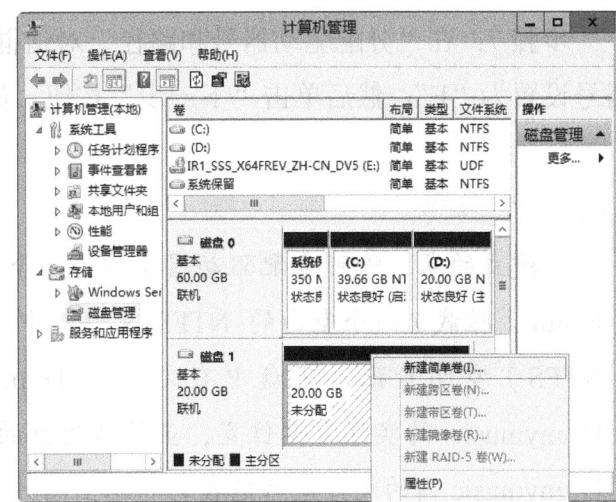

图 2-1-3　完成磁盘初始化　　　　　　图 2-1-4　新建简单卷

步骤 5：在"新建简单卷向导"对话框的欢迎页中，单击"下一步"按钮，如图 2-1-5 所示。

步骤 6：在"指定卷大小"对话框中，输入简单卷大小，此处将简单卷大小设置为"20477"，以 MB 为单位，然后单击"下一步"按钮，如图 2-1-6 所示。

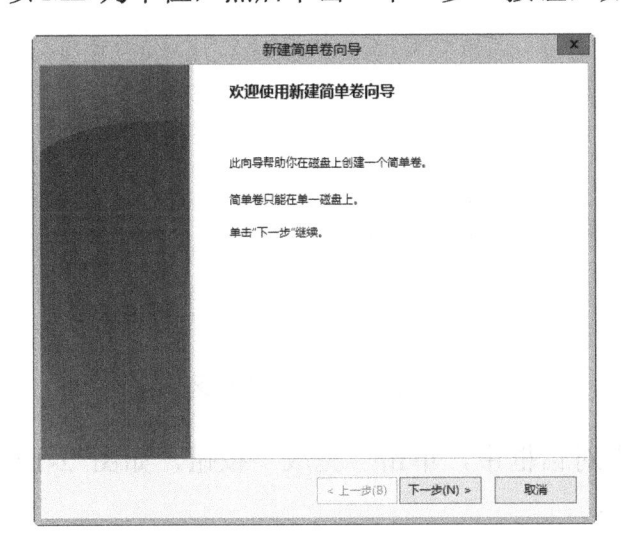

图 2-1-5　新建简单卷向导欢迎页　　　　图 2-1-6　指定卷大小

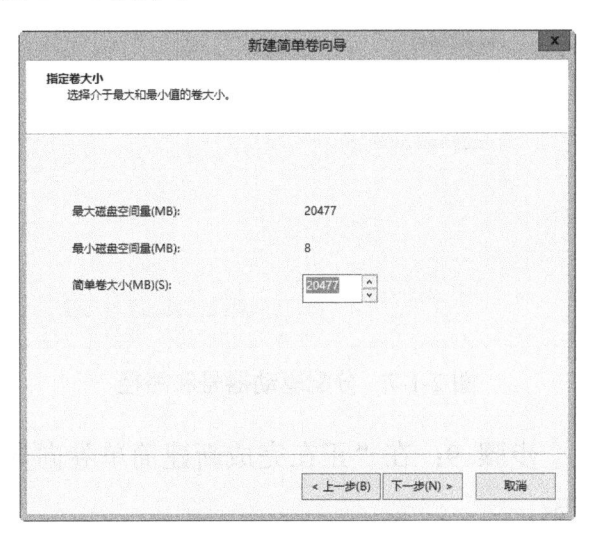

> **小贴士**
>
> 卷的容量应小于或等于最大磁盘空间量，这里的"最大磁盘空间量"显示的是磁盘的可用剩余空间。

步骤7：在"分配驱动器号和路径"对话框中，给磁盘分区分配驱动器号，此处将驱动器号设置为"F"，然后单击"下一步"按钮，如图2-1-7所示。

> **小贴士**
>
> 建立的卷，除可分配驱动器号作为一个单独的分区使用外，还可装入（可理解为mount，挂载）一个空白的NTFS文件夹中。例如，若某计算机的D盘（文件系统为NTFS）空间紧张，磁盘中有文件夹D:\mymusic，则可将新建立的卷作为文件夹D:\mymusic的实际存储位置，虽然从用户的角度看是拓展了D盘空间，但是文件夹D:\mymusic内的文件却存储在新的卷上而并非D盘。

步骤8：在"格式化分区"对话框中，可看到文件系统类型为"NTFS"，勾选"执行快速格式化"复选框，然后单击"下一步"按钮，如图2-1-8所示。

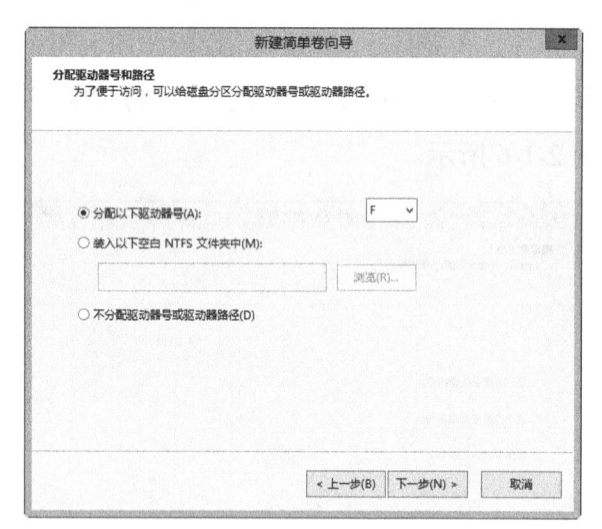

图2-1-7 分配驱动器号和路径　　　　图2-1-8 格式化分区

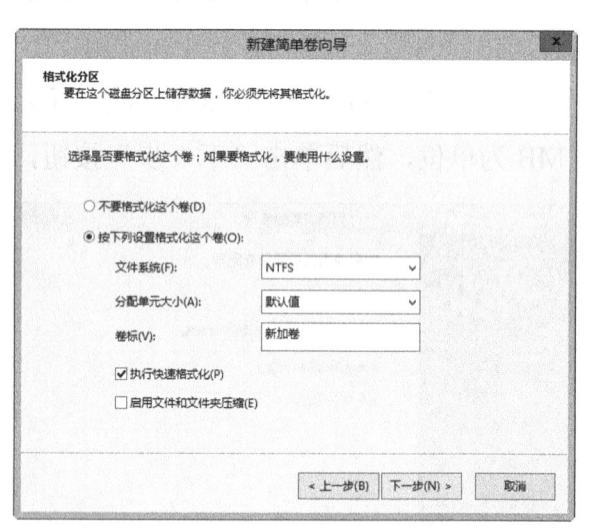

步骤9：在"正在完成新建简单卷向导"对话框中，单击"完成"按钮，如图2-1-9所示。

步骤10：返回"计算机管理"窗口，可在"磁盘管理"界面中看到简单卷F，至此，简单卷建立完毕，如图2-1-10所示。

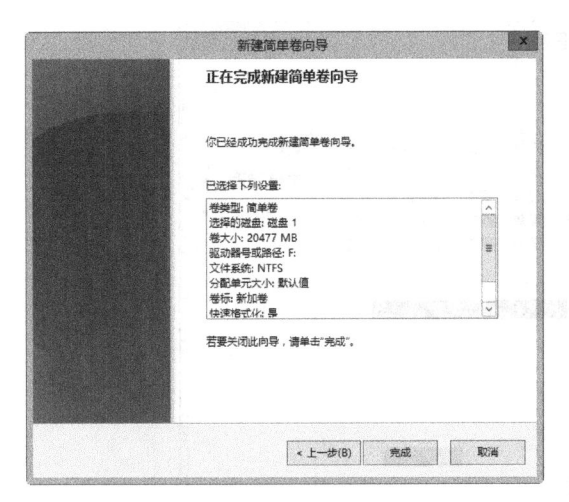

图 2-1-9　简单卷设置参数汇总信息　　　　图 2-1-10　查看简单卷

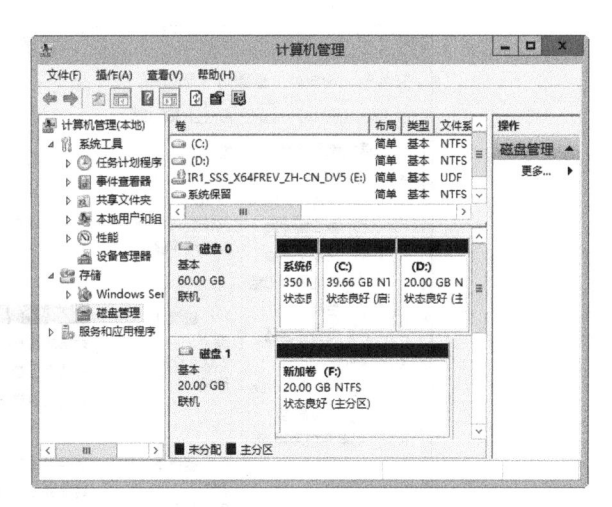

2. 建立跨区卷

首先在一台已安装 Windows Server 2012 R2 系统的服务器上添加两个新磁盘，然后建立跨区卷。

> **小贴士**
>
> 跨区卷是由 2～32 个磁盘分区组成的卷，能有效利用磁盘空间，其卷容量大小为卷成员的总和，用户使用卷标访问时显示的是一个磁盘分区。
>
> 数据按组成跨区卷的先后顺序进行写入，前一磁盘用满后，才会向后面的磁盘中写入数据。

步骤 1：打开"计算机管理"窗口，在"磁盘管理"界面中，将需要组成跨区卷的两个磁盘"联机"。

步骤 2：如果是两个新的磁盘，则需要将它们进行初始化。

> **小贴士**
>
> 跨区卷、带区卷、镜像卷、RAID-5 卷建议使用 SAS、SCSI 接口的磁盘，并且这些卷都需要将磁盘转换为动态磁盘。网络管理员既可以在完成磁盘初始化后立即将其转换为动态磁盘，方法是右击磁盘名，在弹出的快捷菜单中选择"转换到动态磁盘"命令，如图 2-1-11 所示，这种方法一次可完成多个磁盘的转换；也可以暂不转换，而是在建立上述四种卷的过程中出现转换提示时再完成相应磁盘的转换，本任务采用这种方式。

步骤 3：在本任务中，跨区卷存储优先使用磁盘 1，右击其未分配空间，在弹出的快捷菜单中选择"新建跨区卷"命令，如图 2-1-12 所示。

步骤 4：在"欢迎使用新建跨区卷向导"对话框中，单击"下一步"按钮。

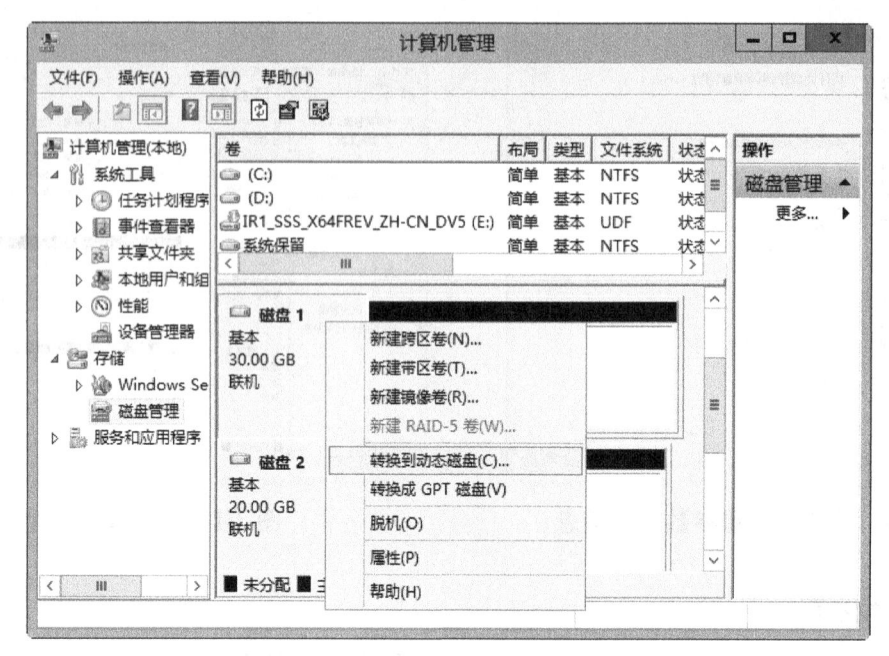

图 2-1-11　将基本磁盘转换为动态磁盘

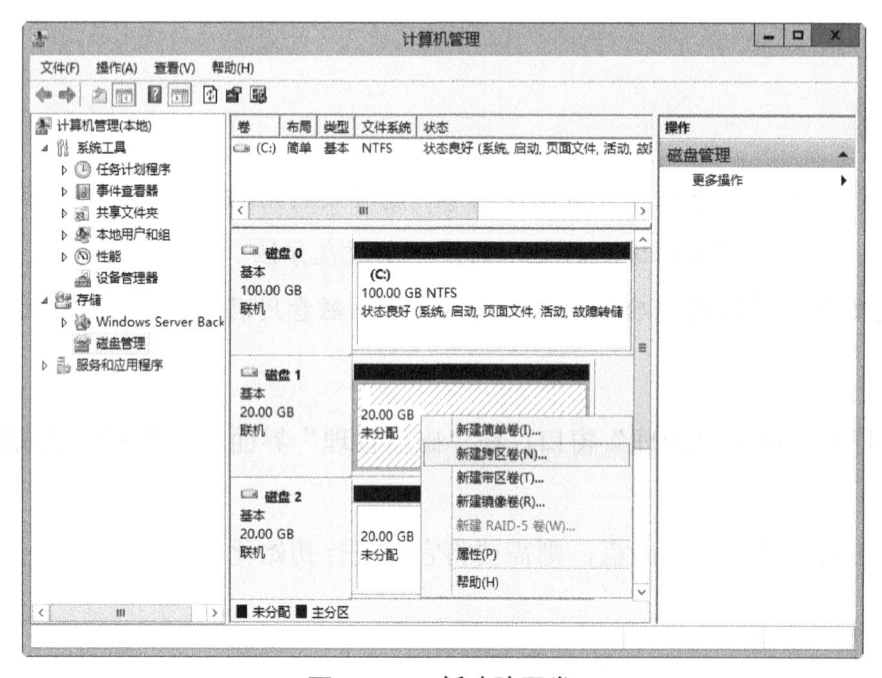

图 2-1-12　新建跨区卷

步骤 5：在"选择磁盘"对话框中，选择磁盘 2 并单击"添加"按钮后，"已选的"列表框中便包含了磁盘 2，此时可按需设定两个磁盘各使用多少空间量来组成跨区卷，若都使用最大空间，则可直接单击"下一步"按钮，如图 2-1-13 所示。

步骤 6：在"分配驱动器号和路径"对话框中，设置驱动器号，然后单击"下一步"按钮。

步骤 7：在"卷区格式化"对话框中，选择文件系统类型为"NTFS"后，勾选"执行快速格式化"复选框，然后单击"下一步"按钮。

步骤 8：在"正在完成新建跨区卷向导"对话框中，单击"完成"按钮，如图 2-1-14 所示。

项目二　磁盘管理

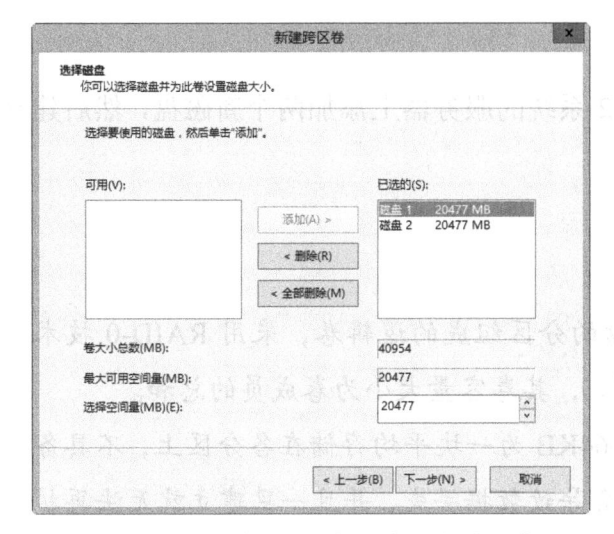

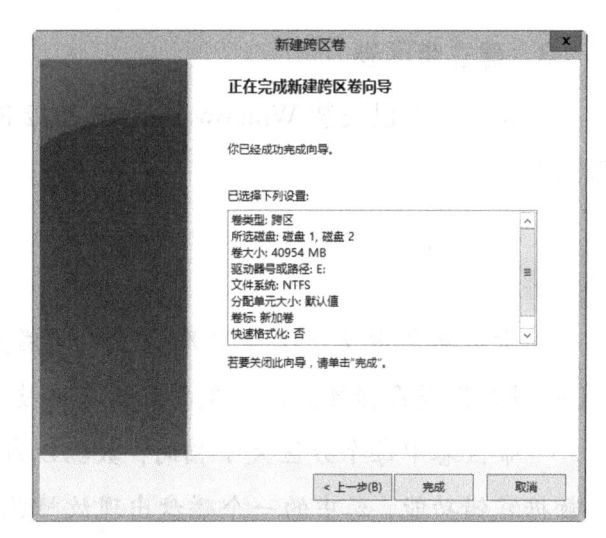

图 2-1-13　选择需要建立跨区卷的磁盘　　　　图 2-1-14　跨区卷设置参数汇总信息

步骤 9：在弹出的将基本磁盘转换成动态磁盘提示框中，单击"是"按钮，如图 2-1-15 所示。

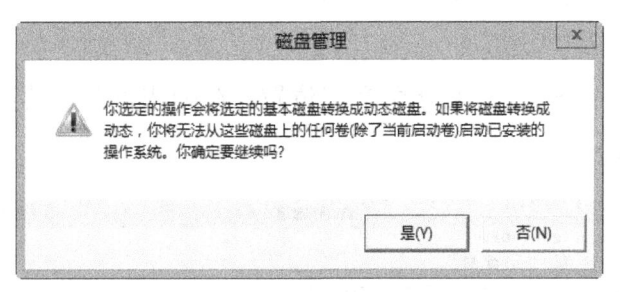

图 2-1-15　动态磁盘转换提示

步骤 10：返回"计算机管理"窗口，可在"磁盘管理"界面中看到已经建立完成的跨区卷，如图 2-1-16 所示。

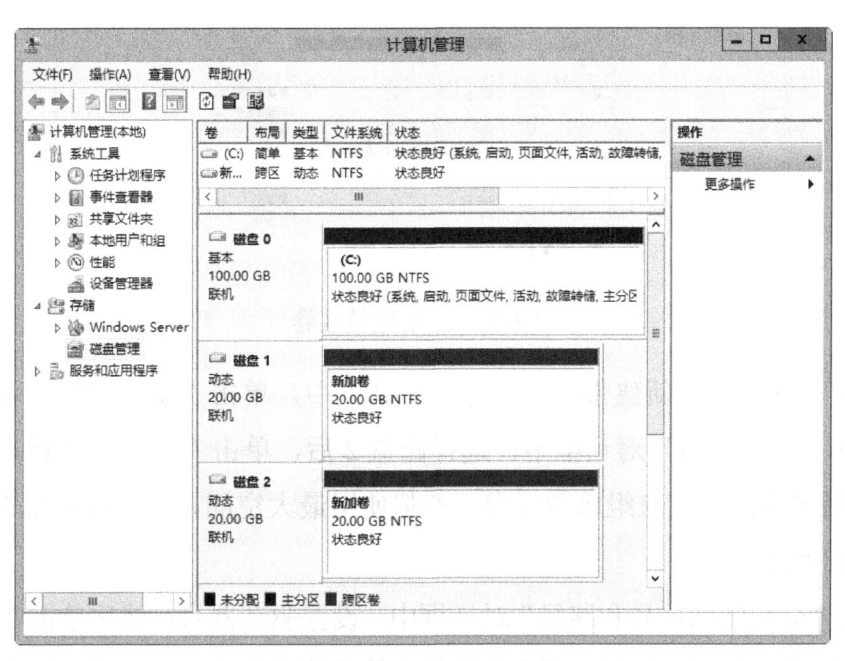

图 2-1-16　查看跨区卷

3. 建立带区卷

首先在一台已安装 Windows Server 2012 R2 系统的服务器上添加两个新磁盘，然后建立带区卷。

> **小贴士**
>
> 带区卷是由 2~32 个分别位于不同磁盘的分区组成的逻辑卷，采用 RAID-0 技术（一种为提高存储性能而产生的分散存储技术），其卷容量大小为卷成员的总和。
>
> 带区卷中每个分区大小相同，数据以每 64KB 为一块平均存储在各分区上，不具备数据容错功能，卷中的一个磁盘出现故障就会导致数据丢失，并且一旦建立就无法再扩展容量。

步骤 1：打开"计算机管理"窗口，在"磁盘管理"界面中，将需要组成带区卷的磁盘"联机"。由于本任务使用了两个磁盘，因此分别对磁盘进行初始化后，将两个磁盘转换为动态磁盘。

步骤 2：右击任意一个磁盘的未分配空间位置，在弹出的快捷菜单中选择"新建带区卷"命令，如图 2-1-17 所示。

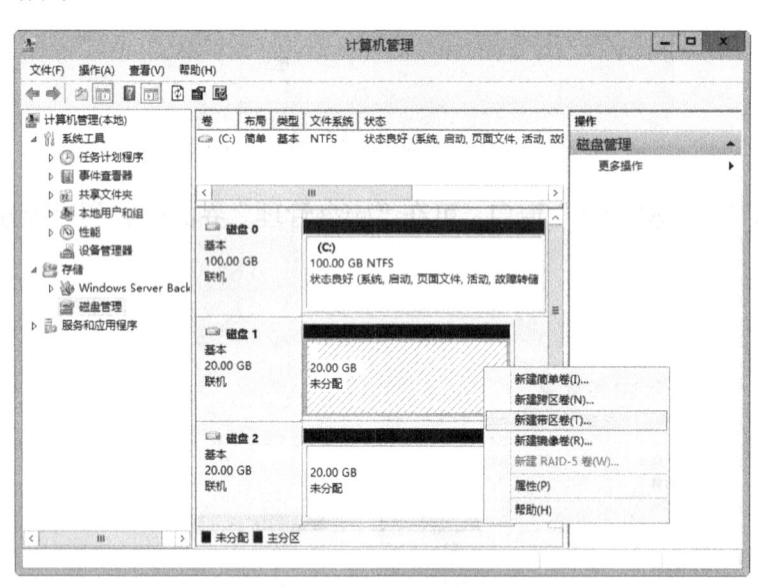

图 2-1-17 新建带区卷

步骤 3：在"欢迎使用新建带区卷向导"对话框中，单击"下一步"按钮。

步骤 4：在"选择磁盘"对话框中，选择磁盘 2 后，单击"添加"按钮，然后按需设定两个磁盘各使用多少空间量来组成带区卷，若都使用最大空间，则可直接单击"下一步"按钮，如图 2-1-18 所示。

步骤 5：在"分配驱动器号和路径"对话框中，设置驱动器号，然后单击"下一步"按钮。

步骤 6：在"卷区格式化"对话框中，选择文件系统类型为"NTFS"后，勾选"执行快速格式化"复选框，然后单击"下一步"按钮。

步骤 7：在"正在完成新建带区卷向导"对话框中，单击"完成"按钮，如图 2-1-19 所示。

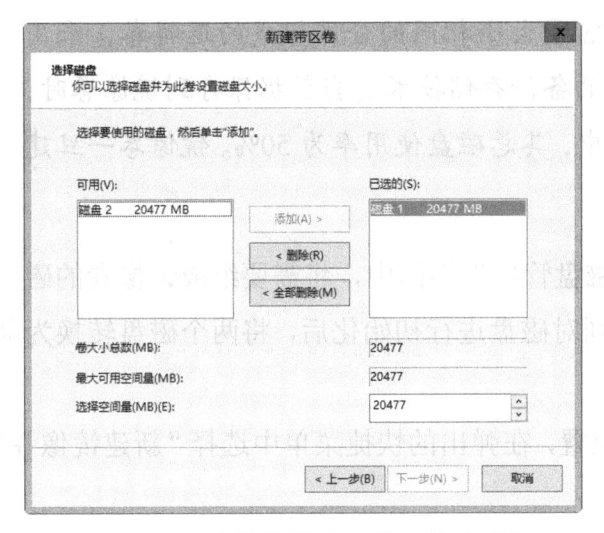

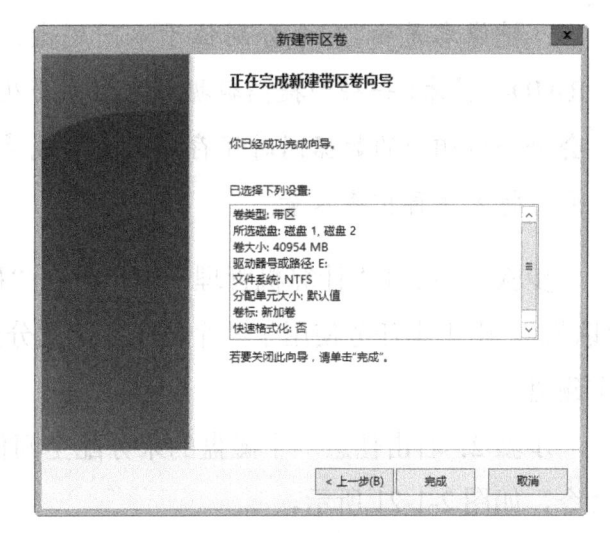

图 2-1-18　选择需要建立带区卷的磁盘　　　图 2-1-19　带区卷设置参数汇总信息

步骤 8：返回"计算机管理"窗口，可在"磁盘管理"界面中看到已经建立完成的带区卷，如图 2-1-20 所示。

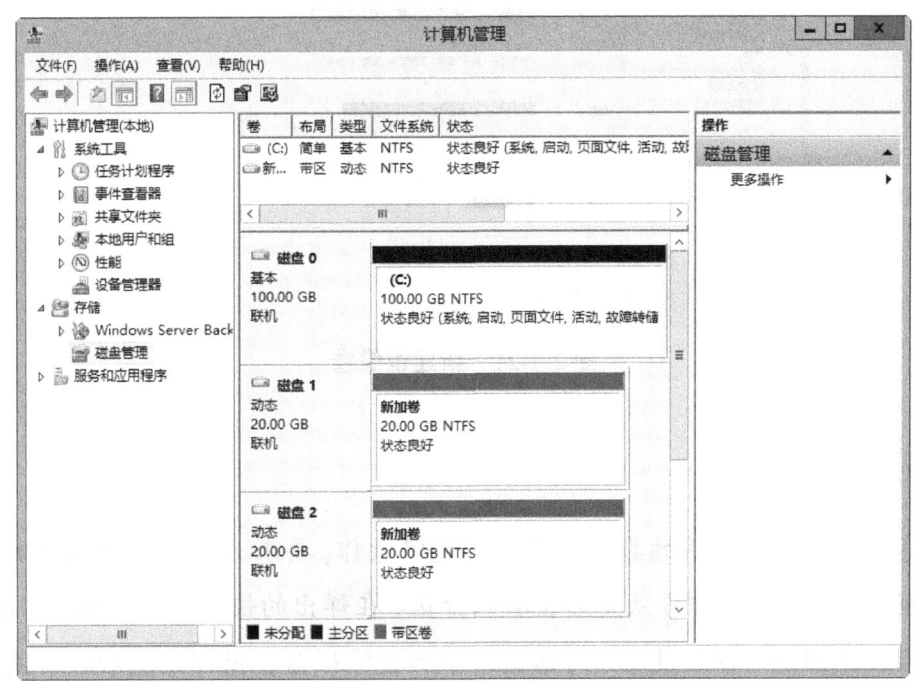

图 2-1-20　查看带区卷

4．建立镜像卷

首先在一台已安装 Windows Server 2012 R2 系统的服务器上添加两个新磁盘，然后建立镜像卷。

> **小贴士**
>
> 镜像卷是由 2 个分别位于不同磁盘、容量大小相同的分区组成的逻辑卷,采用 RAID-1 技术(一种为提高数据可靠性而产生的备份存储技术)。当数据保存到镜像卷时,会将一份相同的数据同时保存到两个卷成员中,其总磁盘使用率为 50%。镜像卷一旦建立,将无法再扩展容量。

步骤 1:打开"计算机管理"窗口,在"磁盘管理"界面中,将需要组成镜像卷的磁盘"联机"。由于本任务使用了两个磁盘,因此分别对磁盘进行初始化后,将两个磁盘转换为动态磁盘。

步骤 2:右击任意一个磁盘的未分配空间位置,在弹出的快捷菜单中选择"新建镜像卷"命令,如图 2-1-21 所示。

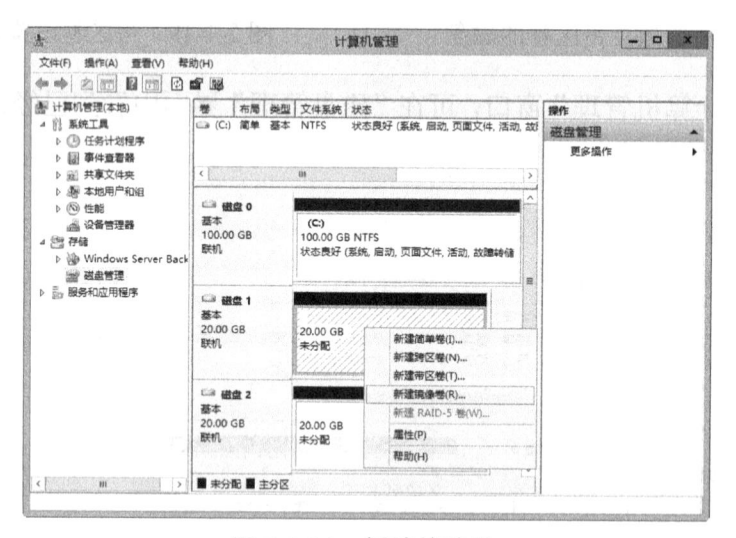

图 2-1-21　新建镜像卷

> **小贴士**
>
> 镜像卷支持对正在使用的数据分区进行镜像操作,要求为镜像磁盘未分配容量大于或等于数据分区容量。操作方法是右击数据分区,在弹出的快捷菜单中选择"添加镜像"命令,然后在弹出的"添加镜像"对话框中添加镜像磁盘,操作完成后数据便会开始同步,直至完成。
>
> 若需要对镜像卷中的某一卷成员进行更换,则可右击相应镜像卷,在弹出的快捷菜单中选择"删除镜像"命令,然后选择需要删除的卷成员;也可在快捷菜单中选择"中断镜像卷"命令,则两个卷成员会被独立成为两个数据相同的简单卷,然后删除相应磁盘或分区。二者的主要区别是"删除镜像"操作会删除镜像盘中数据,而"中断镜像卷"操作则不会。

步骤 3：在"欢迎使用新建镜像卷向导"对话框中，单击"下一步"按钮。

步骤 4：在"选择磁盘"对话框中，选择磁盘 2 后，单击"添加"按钮，然后按需设定两个磁盘各使用多少空间量来组成镜像卷，若都使用最大空间，则可直接单击"下一步"按钮。

步骤 5：在"分配驱动器号和路径"对话框中，设置驱动器号，然后单击"下一步"按钮。

步骤 6：在"卷区格式化"对话框中，选择文件系统类型为"NTFS"后，勾选"执行快速格式化"复选框，然后单击"下一步"按钮。

步骤 7：在"正在完成新建镜像卷向导"对话框中，单击"完成"按钮。

步骤 8：返回"计算机管理"窗口，可在"磁盘管理"界面中看到已经建立完成的镜像卷，如图 2-1-22 所示。

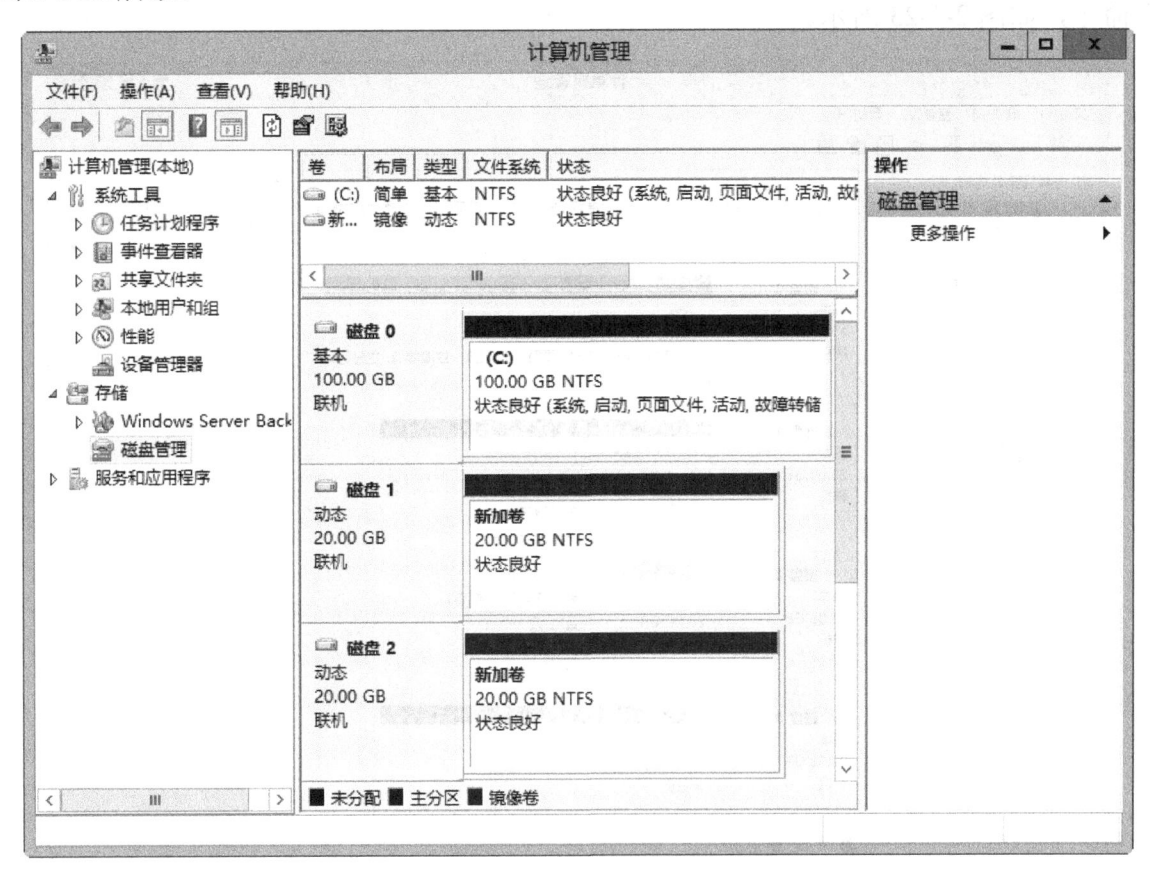

图 2-1-22　查看镜像卷

5．建立 RAID-5 卷

首先在一台已安装 Windows Server 2012 R2 系统的服务器上添加 3 个新磁盘，然后建立 RAID-5 卷。

> **小贴士**
>
> RAID-5 卷是由 3~32 个分别位于不同磁盘、容量大小相同的分区组成的逻辑卷。
>
> 如果磁盘数为 n（$3 \leq n \leq 32$），则当数据保存到 RAID-5 卷时，按每 64KB 为一块平均存储在 n-1 个分区上，剩余的 1 个分区存储数据的奇偶校验。在 RAID-5 卷中，允许一个卷成员发生故障，系统可根据校验推算出该成员上的数据，其总磁盘使用率为 $(n-1)/n$。RAID-5 卷一旦建立，将再无法扩展容量。

步骤 1：打开"计算机管理"窗口，在"磁盘管理"界面中，将需要组成 RAID-5 卷的磁盘"联机"。由于本任务使用了 3 个磁盘，因此分别对磁盘进行初始化后，将磁盘转换为动态磁盘。

步骤 2：右击任意一个磁盘的未分配空间位置，在弹出的快捷菜单中选择"新建 RAID-5 卷"命令，如图 2-1-23 所示。

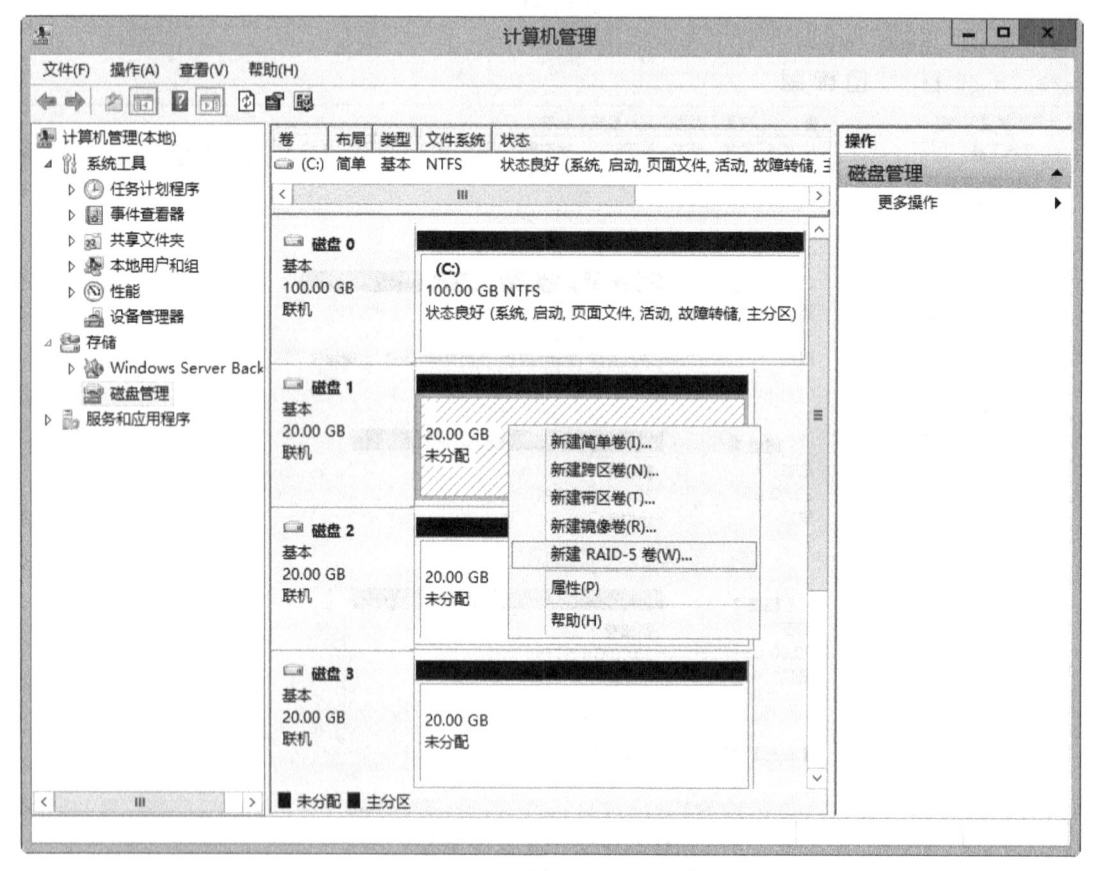

图 2-1-23 新建 RAID-5 卷

步骤 3：在"欢迎使用新建 RAID-5 卷向导"对话框中，单击"下一步"按钮。

步骤 4：在"选择磁盘"对话框中，分别选择磁盘 2 和磁盘 3，然后单击"添加"按钮，按需设定 3 个磁盘各使用多少空间量来组成 RAID-5 卷，若都使用最大空间，则可直接单击"下一步"按钮，如图 2-1-24 所示。

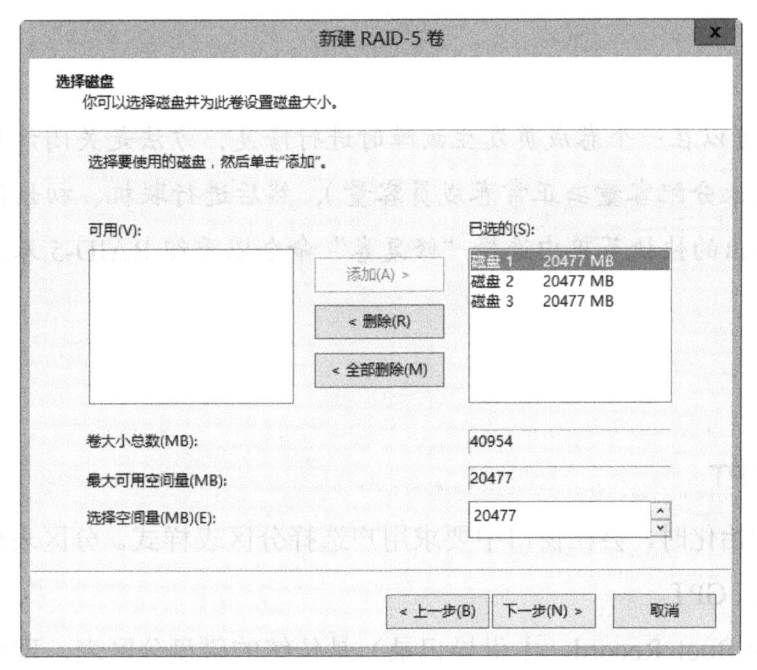

图 2-1-24　选择需要建立 RAID-5 卷的磁盘

步骤 5：在"分配驱动器号和路径"对话框中，设置驱动器号，然后单击"下一步"按钮。

步骤 6：在"卷区格式化"对话框中，选择文件系统类型为"NTFS"后，勾选"执行快速格式化"复选框，然后单击"下一步"按钮。

步骤 7：在"正在完成新建 RAID-5 卷向导"对话框中，单击"完成"按钮。

步骤 8：返回"计算机管理"窗口，可在"磁盘管理"界面中看到已经建立完成的 RAID-5 卷，如图 2-1-25 所示。

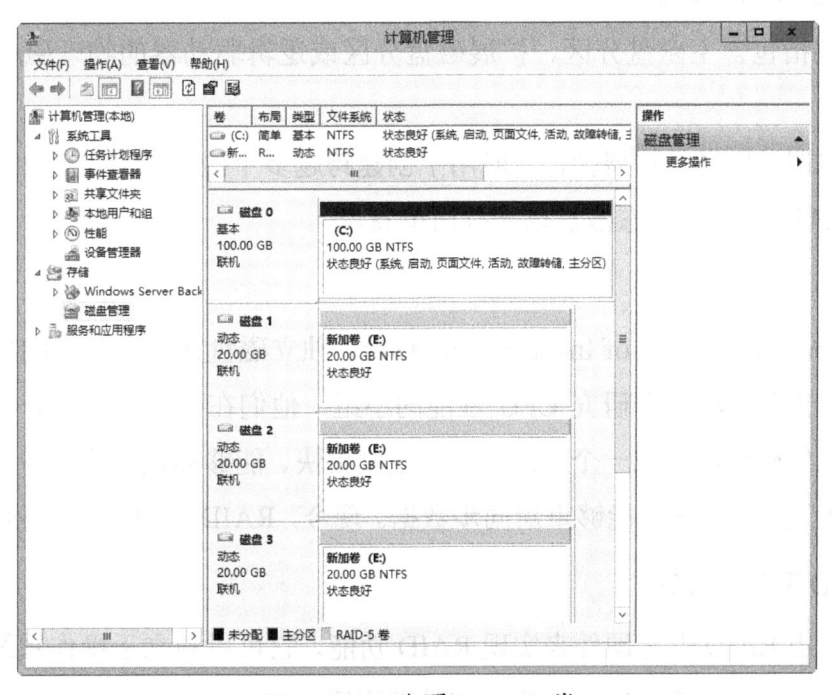

图 2-1-25　查看 RAID-5 卷

> **小贴士**
>
> RAID-5 卷可以在一个卷成员发生故障时进行修复，方法是关闭计算机后将故障卷成员换新（新盘未分配容量≥正常卷成员容量），然后进行联机、初始化，最后右击正常卷成员，在弹出的快捷菜单中选择"修复卷"命令以重组 RAID-5 卷，数据同步后即可正常使用。

知识链接

1. MBR 和 GPT

在磁盘首次初始化时，会在窗口中要求用户选择分区表样式。分区表样式有两种，分别为 MBR（默认）和 GPT。

MBR（Master Boot Record，主引导记录）是传统的磁盘分区表，现今依然在很多桌面级计算机或小型服务器中使用，它位于磁盘存储位置最前端，BIOS（Basic Input Output System，基本输入/输出系统）引导后会读取 MBR，由 MBR 确定如何引导系统。MBR 最大支持 2TB 的磁盘容量。

GPT（GUID Partition Table，全局唯一标识分区表）是新的磁盘分区表，在磁盘超过 2TB 容量时，需要使用此种分区表样式。GPT 含有主要分区表和备份分区表以实现容错功能。若使用 GPT 分区表，则必须使用 UEFI BIOS。VMware Workstation 12 创建的虚拟机支持 UEFI（Unified Extensible Firmware Interface，统一可扩展固件接口）。

2. 基本磁盘和动态磁盘

基本磁盘是指包含主磁盘分区、扩展磁盘分区或逻辑驱动器的物理磁盘，只能建立简单卷。

动态磁盘强调了磁盘的扩展性，一般用于创建跨越多个磁盘的卷。例如，跨区卷、带区卷、镜像卷、RAID-5 卷，动态磁盘也支持简单卷。

3. RAID

RAID（Redundant Arrays of Independent Disks，独立磁盘冗余阵列）的概念源于美国加利福尼亚大学伯克利分校一个研究 CPU 性能的小组，他们在研究时为提升磁盘的性能，将很多价格较便宜的磁盘组合成一个容量更大、速度更快、能够实现冗余备份的磁盘阵列，并且在某一个磁盘发生故障时，能够重新同步数据。现今，RAID 更侧重于由独立的磁盘组成。

4. 硬 RAID 和软 RAID

硬 RAID 使用 RAID 卡等硬件来实现 RAID 功能，它可以独立于操作系统运行，一般需要在安装操作系统前安装 RAID 卡的驱动和管理程序。

软 RAID 通过操作系统来完成 RAID 功能，往往需要借助操作系统下的某个功能模块来实现，一般无法在软 RAID 上安装操作系统。

任务小结

本任务以天驿公司的磁盘存储需求为例，介绍了建立简单卷、跨区卷、带区卷、镜像卷、RAID-5 卷的方法和步骤。

在建立这些卷时要注意将基本磁盘转换为动态磁盘，基本磁盘只支持简单卷，而动态磁盘则支持上述五种卷。基本磁盘可以理解为普通分区，跨区卷可以将多个磁盘的分区合并成一个卷起到扩展卷容量的作用，带区卷则采用了负载平衡的方式提高了存储的性能，镜像卷起到了对数据进行了完全备份的作用，而 RAID-5 卷则同时考虑了存储性能和备份。在实际工作中，要根据存储的实际需求对动态磁盘进行合理的卷管理。

本任务以大赛实验环境为基础，操作步骤和方法适用于实际应用环境，但和实际应用环境还是有一些区别。跨区卷、带区卷、镜像卷和 RAID-5 卷都可将多个磁盘中的一部分空间量组成相应的卷，但在实际工作中考虑到数据的安全性和可靠性，很少将一个磁盘进行容量划分再组合成不同类型的卷。此外，实际应用环境中多为硬 RAID 方式，即主板本身支持RAID 功能或使用 RAID 卡，这样能将操作系统安装在动态磁盘之中，提高了系统的稳定性。

任务 2　卷影副本

任务描述

天驿公司的网络管理员准备在文件服务器上创建一个共享文件夹，用于技术部员工存放文件资料。但网络管理员发现，技术部员工在访问共享文件夹时容易出现误操作而造成文件被删除，因此网络管理员还要解决文件还原问题。

任务分析

针对天驿公司员工在使用文件共享功能时遇到的文件还原问题，网络管理员可使用卷影副本（Volume Shadow Copy Service）技术来解决。卷影副本技术可以在预定的时间点对磁盘中的数据进行多次备份，形成多个副本文件。用户在正常访问磁盘驱动器时是看不到备份的，但在需要时可通过卷影副本的还原技术来获得某一副本中的文件。卷影副本技术可用于本地磁盘及共享文件夹，本任务适合使用卷影副本技术来实现，网络管理员对共享文件夹所在磁盘设置好卷影复制后，技术部员工在访问时，就可以根据需求来自行进行文件还原。

任务实现

1. 在服务器上设置文件共享

步骤1：在文件服务器上建立用于共享的文件夹 D:\mydoc，右击 mydoc 文件夹，在弹出的快捷菜单中选择"属性"命令，此时会弹出"mydoc 属性"对话框，在此对话框中选择"安全"选项卡，并在其中添加域 jishubu 组（tianyi.com 中的全局组），将访问该文件夹的 NTFS 权限设置为"完全控制"，如图 2-2-1 所示。

步骤2：在"共享"选项卡中单击"高级共享"按钮，如图 2-2-2 所示。

图 2-2-1　设置 NTFS 权限　　　　　　图 2-2-2　设置文件夹共享

步骤3：在弹出的"高级共享"对话框中，单击"权限"按钮，如图 2-2-3 所示。

步骤4：在弹出的"mydoc 的权限"对话框中选择 Everyone 组，单击"删除"按钮，以删除 Everyone 的共享权限。单击"添加"按钮，选择 jishubu 组，并选择共享权限为"完全控制"（默认"更改"和"读取"权限也会处于选中状态），然后单击"确定"按钮返回"高级共享"对话框，最后单击"确定"按钮，如图 2-2-4 所示。

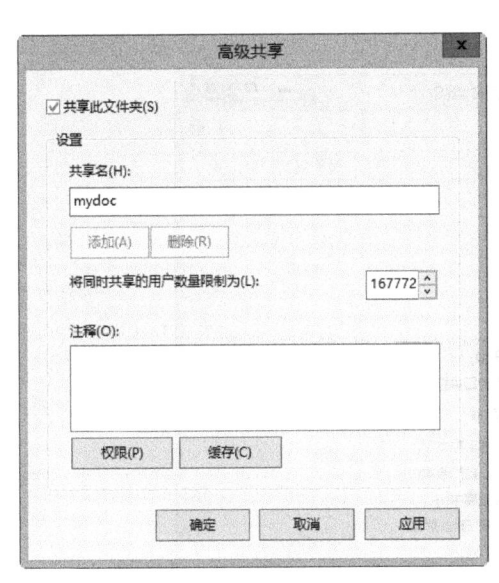

图 2-2-3　设置共享权限　　　　　图 2-2-4　添加共享权限

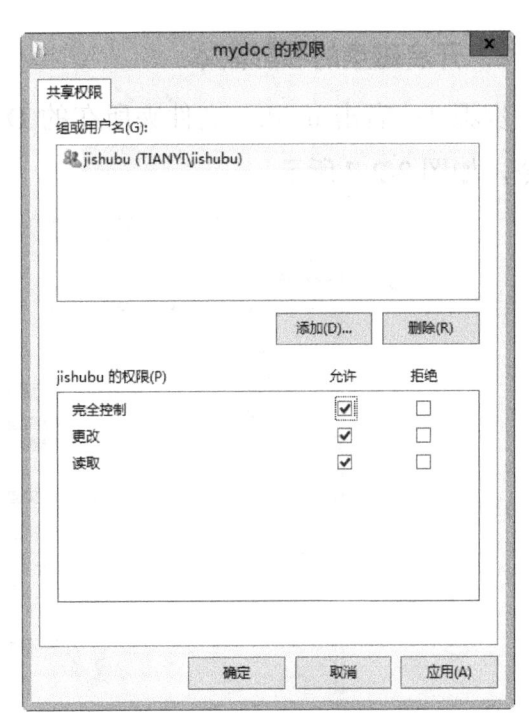

步骤 5：返回"mydoc 属性"对话框后，可看到已建立了 UNC 地址为"\\S2\mydoc"的共享文件夹，如图 2-2-5 所示。

步骤 6：在 D:\mydoc 文件夹中，创建一个用于测试的文件夹和一个文本文件，如图 2-2-6 所示。

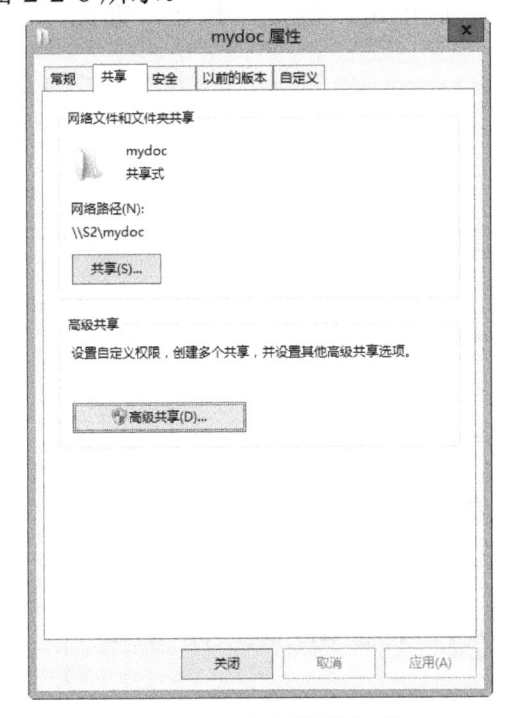

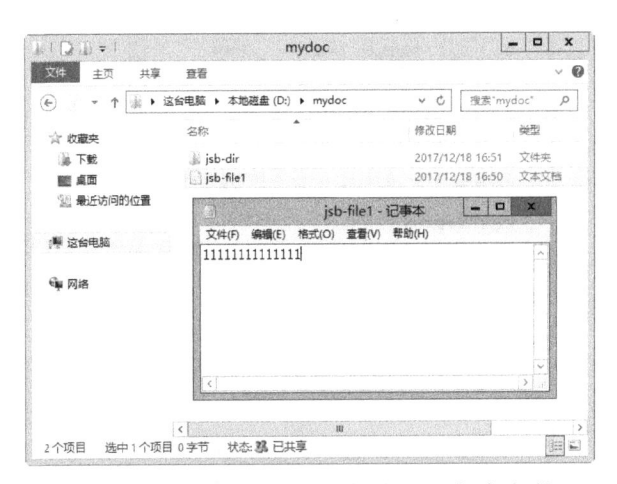

图 2-2-5　共享设置完成　　　　　图 2-2-6　创建测试用的文件夹和文本文件

2. 开启磁盘的卷影副本

步骤 1：右击 mydoc 文件夹所在的 D 盘，在弹出的快捷菜单中选择"配置卷影副本"命令，如图 2-2-7 所示。

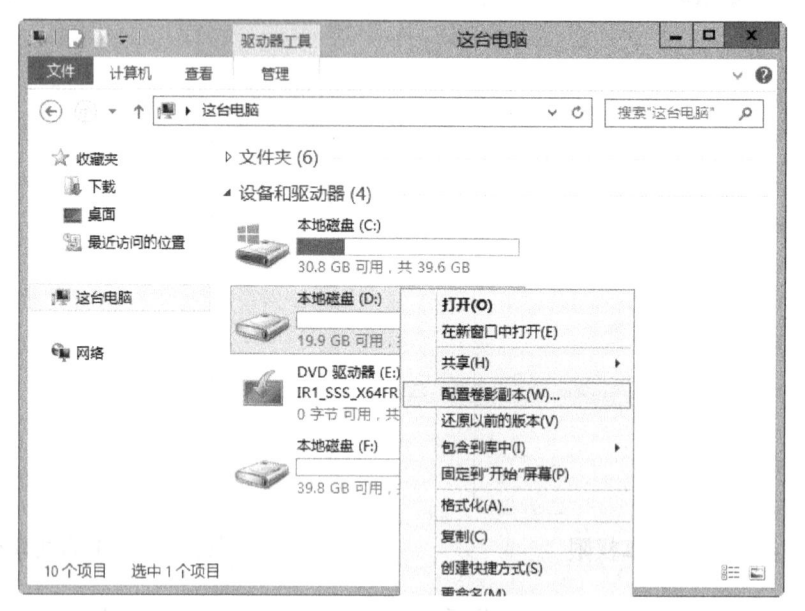

图 2-2-7　为磁盘设置卷影副本

步骤 2：在"卷影副本"对话框中，单击"设置"按钮，如图 2-2-8 所示。

步骤 3：在弹出的"设置"对话框中，选择副本保存的位置。为了安全起见，建议保存到另外一个磁盘中，故选择"位于此卷"为"F:\"，然后单击"确定"按钮，如图 2-2-9 所示。

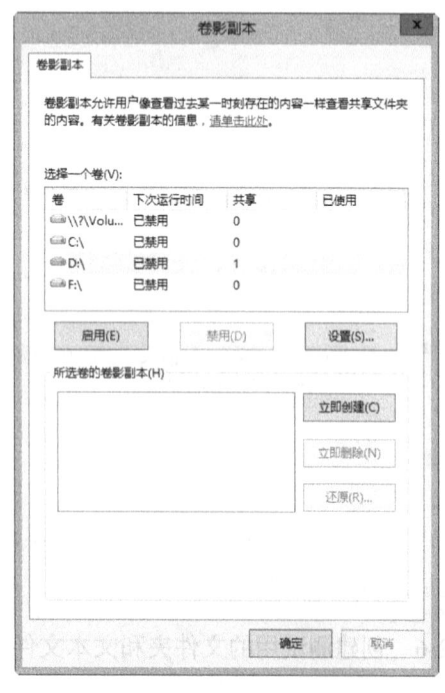

图 2-2-8　设置卷影副本

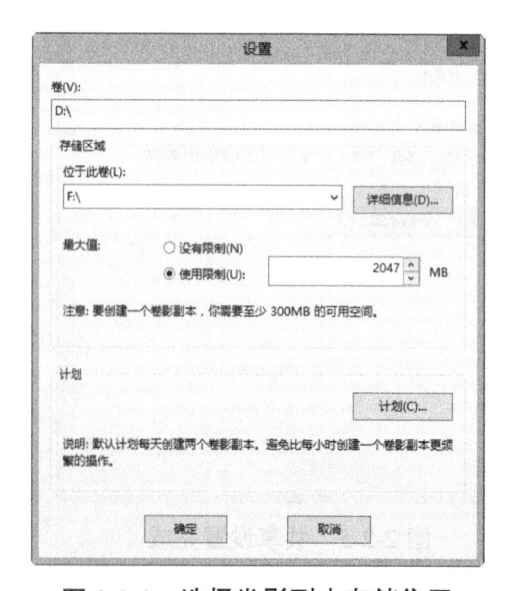

图 2-2-9　选择卷影副本存储位置

> **小贴士**
>
> 卷影副本的默认计划任务为星期一至星期五上午 7:00 与 12:00 自动添加卷影副本，也可根据实际需要自行更改。

步骤 4：在返回"卷影副本"对话框后，选择 D 盘，然后单击"启用"按钮，如图 2-2-10 所示。

步骤 5：在"启用卷影复制"对话框中，单击"是"按钮，如图 2-2-11 所示。

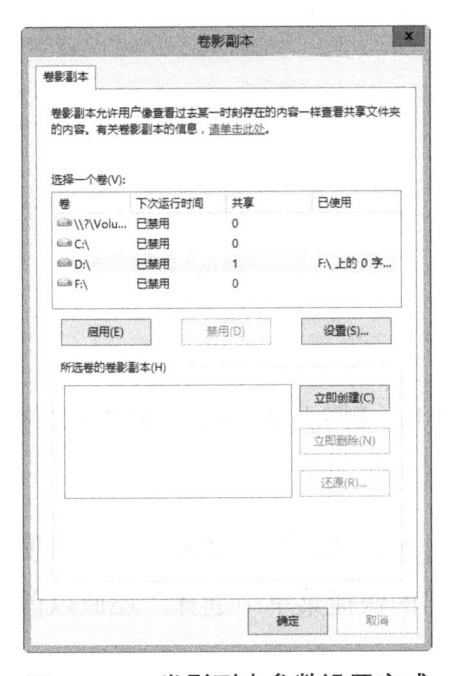

图 2-2-10　卷影副本参数设置完成　　　　图 2-2-11　启用卷影复制

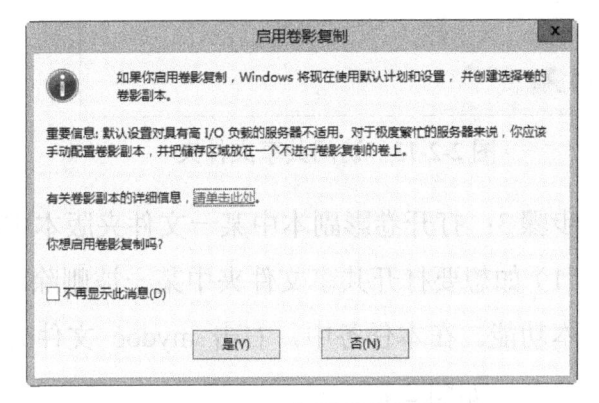

步骤 6：回到"卷影副本"对话框后，可看到已经创建了一个卷影副本，单击"确定"按钮，至此，卷影副本功能已经设置完成，如图 2-2-12 所示。

> **小贴士**
>
> 一个磁盘最多可创建 64 个卷影副本，且受卷影副本存储区域容量限制，若超出限制，则版本较旧的卷影副本将会被自动删除。
>
> 系统默认将卷影副本存储在所选磁盘自身的空间中，但为提高存储的性能，建议将卷影副本存储到其他磁盘。

图 2-2-12　查看卷影副本信息

3．在客户端上进行卷影副本功能测试

步骤 1：在客户端（已安装 Windows 7 系统，且为 tianyi.com 的域成员）的"计算机"窗口的地址栏使用 UNC 地址访问文件服务器（此客户端使用 jishubu 组内的用户账户 js1@tianyi.com 登录，在访问共享服务器时默认调用了该用户身份，所以并未弹出身份认证窗口），访问共享文件夹如图 2-2-13 所示。

步骤 2：单击 mydoc 文件夹，删除其中的文本文件 jsb-file1，如图 2-2-14 所示。

图 2-2-13　访问共享文件夹　　　　　图 2-2-14　删除共享文件夹中的文本文件

步骤 3：打开卷影副本中某一文件夹版本中的文件。

（1）如想要打开共享文件夹中某一被删除的文件，可返回文件服务器的共享窗口使用卷影副本功能。在本任务中，右击 mydoc 文件夹，在弹出的快捷菜单中选择"还原以前的版本"命令，如图 2-2-15 所示。

（2）在弹出的共享文件夹属性对话框的"以前的版本"选项卡中，选择某一要打开的"文件夹版本"，然后单击"打开"按钮，如图 2-2-16 所示。

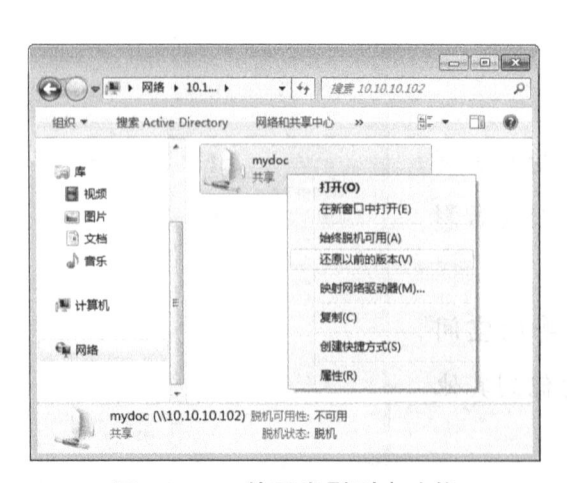

图 2-2-15　使用卷影副本功能　　　　　图 2-2-16　打开文件夹版本

项目二　磁盘管理

（3）对应的文件夹版本会弹出一个新的共享窗口，并显示这个文件夹版本内的所有文件，可以打开该文件或将该文件复制到其他位置，如图 2-2-17 所示。

小贴士

卷影副本中的文件只能读取。

卷影副本功能中"打开"和"还原"的使用效果有所不同。"打开"是指进入某一文件夹版本中访问其中的文件，当前共享文件夹中的数据不会发生变化；"还原"是指将当前共享文件夹中的数据替换为所选文件夹版本中的数据。用户可根据自身需要进行选择。

步骤 4：使用卷影副本还原共享文件夹到某一版本。

（1）在共享文件夹属性对话框的"以前的版本"选项卡中，选择某一要打开的"文件夹版本"，然后单击"还原"按钮，如图 2-2-18 所示。

图 2-2-17　查看卷影副本中的数据　　　　图 2-2-18　还原文件夹版本

（2）在弹出的"以前的版本"对话框中，单击"还原"按钮，如图 2-2-19 所示。

（3）在出现还原成功提示框后，单击"确定"按钮，完成恢复操作，如图 2-2-20 所示。

图 2-2-19　文件夹还原提示　　　　图 2-2-20　文件夹还原成功

（4）再次进入共享文件夹 mydoc，可看到数据已经还原到所选文件夹版本，如图 2-2-21 所示。

图 2-2-21　还原后共享文件夹中的数据

4．在服务器上查看卷影副本中的数据

卷影副本的作用域是整个卷，打开或还原卷影副本时要区分卷和文件夹，操作时在相应作用域上使用"还原以前的版本"命令。

步骤 1：如需访问整个卷的副本，可右击该卷，在弹出的快捷菜单中选择"还原以前的版本"命令，接着选择对应时间的版本并打开，即可看到某一副本中的数据，如图 2-2-22 所示。

步骤 2：在整个卷的副本打开窗口，双击对应文件夹即可访问副本中该文件夹的数据，如图 2-2-23 所示。

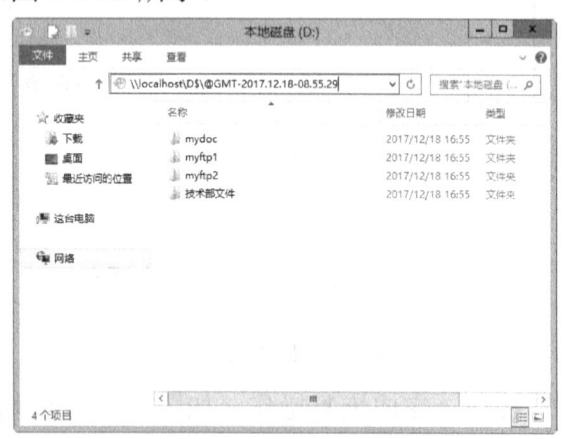

图 2-2-22　查看整个卷的副本 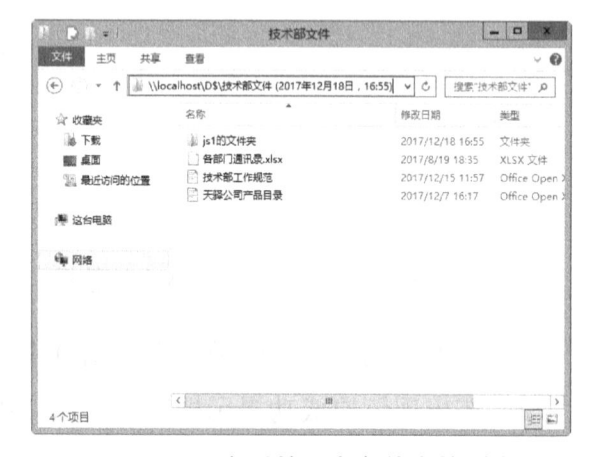　　　　　图 2-2-23　查看某一个文件夹的副本

知识链接

1．卷影副本

卷影副本可创建多个版本的数据，因此，卷影复制的频率也是使用中需要考虑的问题，默认每天创建两个副本。注意，在文件读/写负载高的服务器中慎用卷影副本功能。

卷影副本的优势在于支持共享文件夹，应用时需要在服务器上为文件夹设置 NTFS 权限、共享权限、卷影副本存储位置，并开启卷影副本功能，为增加存储的可靠性，建议将副本存储到其他卷。客户端可使用 UNC 地址访问共享文件夹，当需要打开或还原某一文件夹版本时，右击文件夹并在弹出的快捷菜单中选择"还原以前的版本"命令即可。

2．UNC

UNC（Universal Naming Convention，通用命名约定）是在网络（主要是局域网）中访问共享资源的路径表示形式，以"\\服务器名\共享文件夹名\资源名"来指定资源路径。例如，"\\10.1.1.101\mydoc\通信录.docx""\\S2s\E$\myshare\产品细信息.xls"等。

任务小结

本任务以安装 Windows Server 2012 R2 系统的服务器为例，介绍了卷影副本的特点及使用方法。卷影副本的作用域是整个卷，因此，D:\mydoc 文件夹中的副本数据只是卷影副本的一部分。

项 目 实 训

某企业需要在一台已安装 Windows Server 2012 R2 系统的服务器上实现动态磁盘管理，具体要求如下。

（1）将两个容量为 10GB 的 SCSI 磁盘组成跨区卷，卷标为 F:，格式化为 NTFS。

（2）将两个容量为 20GB 的 SCSI 磁盘组成带区卷，卷标为 G:，格式化为 NTFS。

（3）将两个容量为 30GB 的 SAS 磁盘组成镜像卷，卷标为 H:，格式化为 NTFS。

（4）将 3 个容量分别为 120GB、120GB、200GB 的 SAS 磁盘组成 RAID-5 卷，卷标为 I:，格式化为 NTFS，并要求网络管理员记录其卷容量。

（5）将卷 I:中 200GB 的磁盘更换为一个 120GB 的磁盘，更换后重新同步数据。

（6）在卷 H:上中断镜像，将其中的一个磁盘移除，原卷标不变。

（7）在卷 F:上建立共享文件夹 mydir，共享名为 product，允许客户端使用 yg1、yg2 的用户身份访问此共享文件夹，并且对该共享文件夹具有读取、写入和完全控制权限。

（8）在卷 F:上开启卷影副本功能，将副本存储到卷 I:。

（9）删除共享文件夹 product 中的数据，使用卷影副本功能还原文件。

项目三

配置 DNS 服务器

项目描述

计算机之间使用 IP 地址来通信，但站在用户的角度，一长串的数字（IPv4 地址由 32 位二进制数组成，IPv6 地址由 128 位二进制数组成）并不利于人们记忆，人们更愿意使用字母等域名来访问互联网资源，因为域名往往更直观、更有意义。DNS（Domain Name System，域名系统）服务的出现解决了域名和 IP 地址之间的转换问题，它像一个翻译官，给人们访问互联网带来了更好的体验。

在本项目中，网络管理员将要在 Active Directory 域控制器上配置 DNS 服务器，用于 Web 等服务的内网域名解析，并建立一台辅助区域 DNS 服务器作为备份。此外，网络管理员还要为北京分部建立子域以满足其员工的域名解析需求，使用委派方式满足广州分部自行管理子域 DNS 服务器的需求，配置转发器以满足总部员工解析公网域名的需求。

知识目标

1. 了解 DNS 的基本概念。
2. 掌握域名和解析原理。
3. 掌握 DNS、域名与域名解析、DNS 区域、资源记录等基本概念。
4. 掌握子域、委派域和转发器的作用。

能力目标

1. 能熟练安装 DNS 服务器。
2. 能正确配置正向查找与反向查找区域。
3. 能熟练新建主机、别名、指针等记录。
4. 能熟练配置子域、委派域和转发器。
5. 能熟练完成 DNS 客户端的配置与测试。

项目三 配置 DNS 服务器

思政目标

1. 能主动收集客户需求，按需配置服务器，逐步养成爱岗敬业精神和服务意识。
2. 能独立思考，能积极参与工作任务并按需提出优化建议。
3. 了解 DNS 发展历史，了解域名解析的基本过程，体会我国拥有根域名服务器对网络空间安全的重要性，树立为我国网络安全和信息化建设做出贡献的价值观。

思维导图

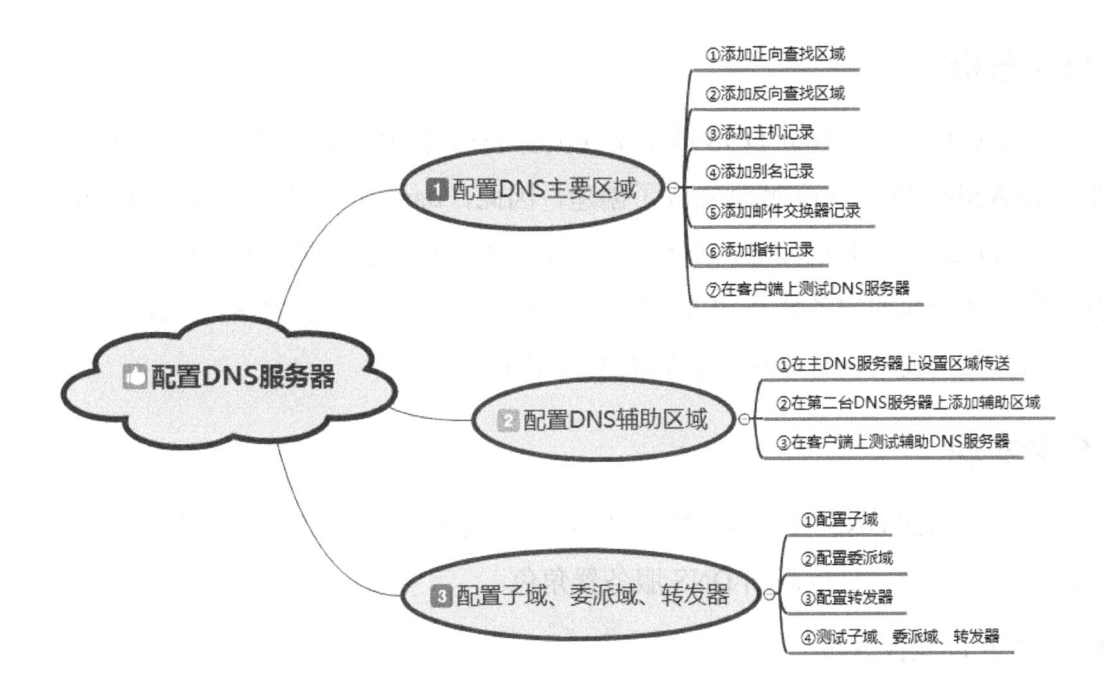

```
                              ①添加正向查找区域
                              ②添加反向查找区域
                              ③添加主机记录
              1 配置DNS主要区域 ④添加别名记录
                              ⑤添加邮件交换器记录
                              ⑥添加指针记录
                              ⑦在客户端上测试DNS服务器

配置DNS服务器                  ①在主DNS服务器上设置区域传送
              2 配置DNS辅助区域 ②在第二台DNS服务器上添加辅助区域
                              ③在客户端上测试辅助DNS服务器

                              ①配置子域
              3 配置子域、委派域、②配置委派域
                转发器         ③配置转发器
                              ④测试子域、委派域、转发器
```

项目拓扑

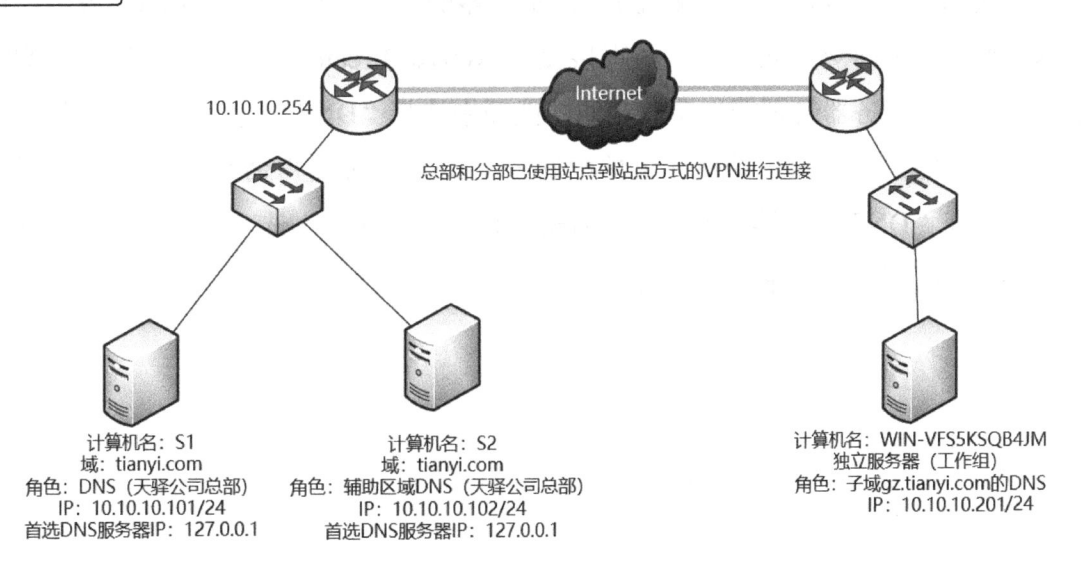

```
                    10.10.10.254
                                      Internet
                    总部和分部已使用站点到站点方式的VPN进行连接
```

计算机名：S1
域：tianyi.com
角色：DNS（天驿公司总部）
IP：10.10.10.101/24
首选DNS服务器IP：127.0.0.1

计算机名：S2
域：tianyi.com
角色：辅助区域DNS（天驿公司总部）
IP：10.10.10.102/24
首选DNS服务器IP：127.0.0.1

计算机名：WIN-VFS5KSQB4JM
独立服务器（工作组）
角色：子域gz.tianyi.com的DNS
IP：10.10.10.201/24

任务 1 配置 DNS 主要区域

任务描述

目前，天驿公司已经注册并使用了自己的域名 tianyi.com，而且已经完成了基本的 Active Directory 域的部署。网络管理员在安装 Active Directory 域服务时，已同时安装了 DNS 服务器，接下来需要为网络中的服务器建立域名的对应关系。

任务分析

网络管理员可以通过建立 DNS 域来实现天驿公司对 DNS 服务器的需求。由于 tianyi.com 已经在部署 Active Directory 域时完成了创建，因此，tianyi.com 作为公司的 DNS 域无须再创建。如果公司还使用其他域名，那么可自行添加区域，还可添加反向区域。

有一些天驿公司的服务器在加入域时已经自动创建了对应的 DNS 记录，而那些不在域环境中的服务器，便可自行添加主机等类型的记录。

任务实现

本任务中使用的 DNS 服务器为域控制器，且已安装了 DNS 服务器角色。如果没有安装，则参照本书前面章节，自行添加 DNS 服务器角色。

1. 添加正向查找区域

由于天驿公司的 DNS 域名 tianyi.com 已经在部署 Active Directory 域时创建，因此此处通过添加区域 tianyi2.com 来说明配置 DNS 服务器的完整过程。若在实际任务中，域控制器和 DNS 服务器是同一台服务器，则直接使用 Active Directory 域建立的正向区域即可。

步骤 1：在"服务器管理器"窗口左侧功能项中选择"DNS"角色，然后右击承担 DNS 服务器角色的"S1"，在弹出的快捷菜单中选择"DNS 管理器"命令，如图 3-1-1 所示。

步骤 2：在"DNS 管理器"窗口中，右击"正向查找区域"选项，在弹出的快捷菜单中选择"新建区域"命令，如图 3-1-2 所示。

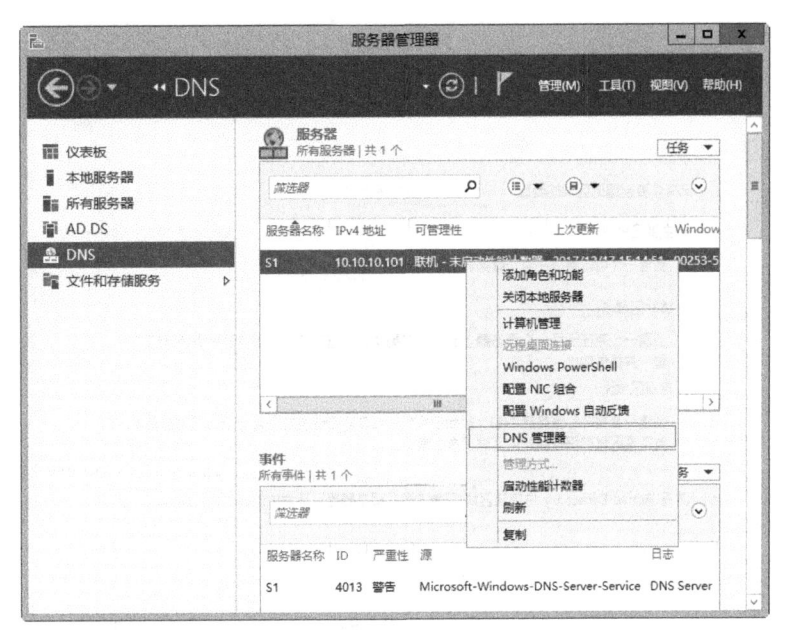

图 3-1-1　打开 DNS 管理器

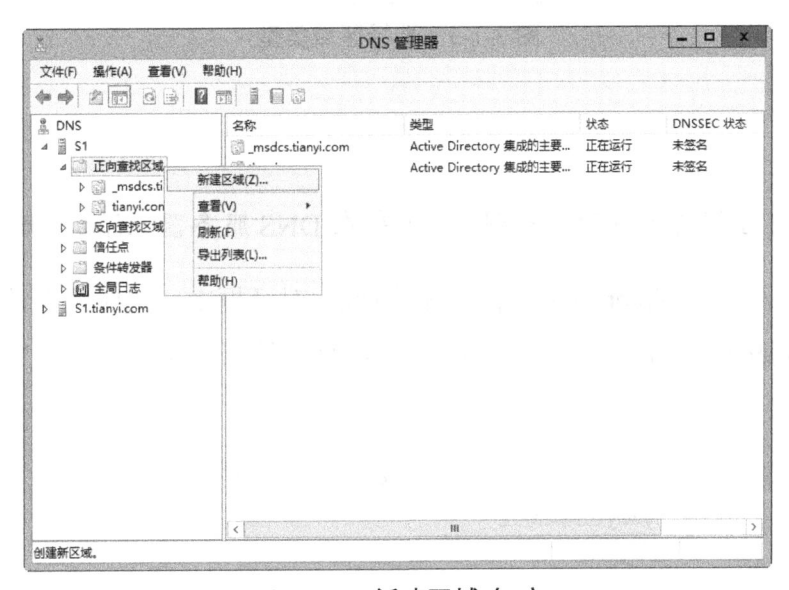

图 3-1-2　新建区域（1）

> **小贴士**
>
> 正向查找区域定义了利用主机名来查询 IP 地址的数据库，区域名称一般包含了顶级域、二级域，形如 tianyi.com。
>
> 反向查找区域定义了利用 IP 地址来查询主机名的数据库，区域名称一般为逆序的网络 ID 加 in-addr.arpa 后缀，形如 1.168.192.in-addr.arpa。

步骤 3：在"欢迎使用新建区域向导"对话框中，单击"下一步"按钮。

步骤 4：在"区域类型"对话框中选中"主要区域"单选按钮，然后单击"下一步"按钮，如图 3-1-3 所示。

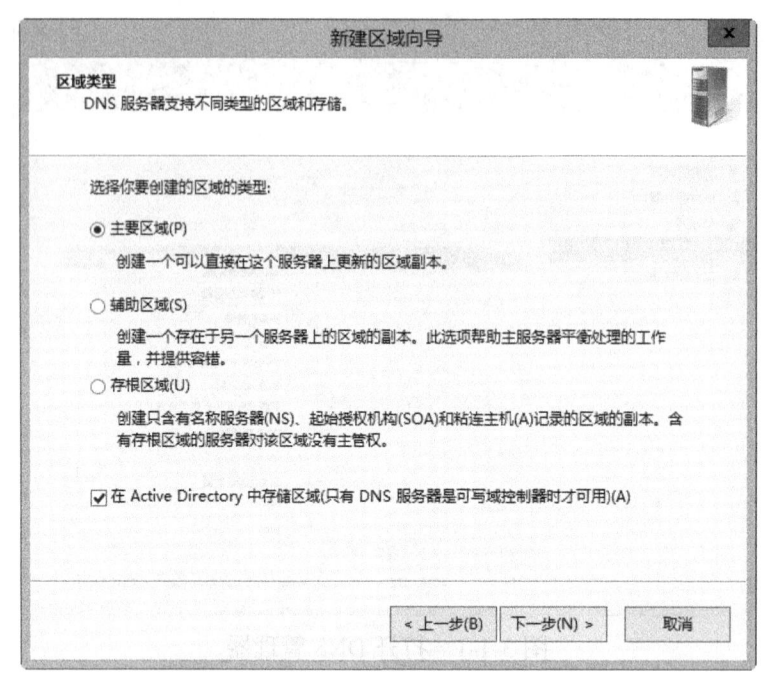

图 3-1-3　选择区域类型

小贴士

主要区域可理解为区域的主要副本，用来在 DNS 服务器上添加、删除、修改记录。

步骤 5：在"Active Directory 区域传送作用域"对话框中，选中"至此域中域控制器上运行的所有 DNS 服务器（D）：tianyi.com"单选按钮，然后单击"下一步"按钮，如图 3-1-4 所示。

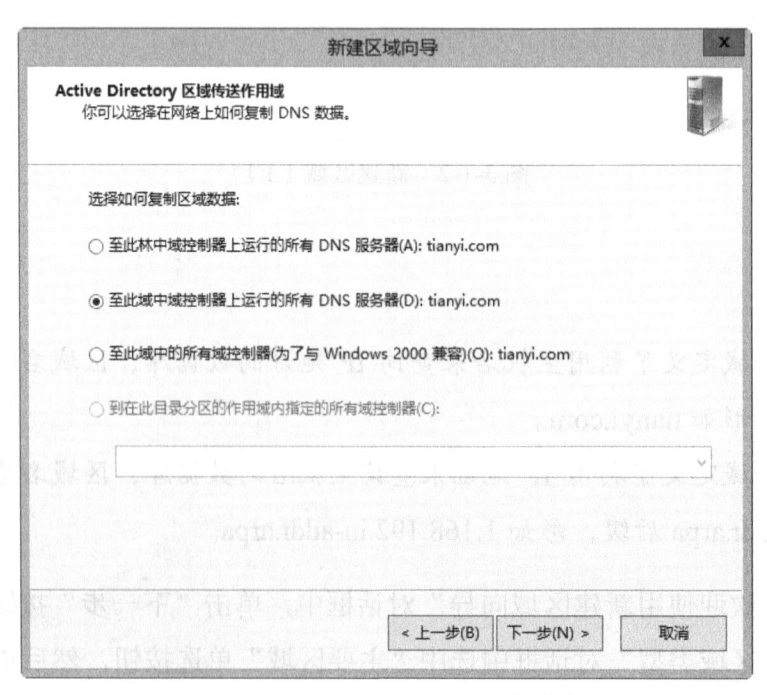

图 3-1-4　Active Directory 区域传送作用域

> **小贴士**
>
> 如果区域控制器也具有 DNS 服务器角色，则会出现"Active Directory 区域传送作用域"对话框，默认会将区域记录传送给所有安装有 DNS 服务器的域控制器，以实现 DNS 区域记录的备份，这是保障 Active Directory 正常运行的一种机制，如果是独立服务器则无此步骤。

步骤 6：在"区域名称"对话框中输入新建的区域名称"tianyi2.com"（tianyi.com 已存在），然后单击"下一步"按钮，如图 3-1-5 所示。

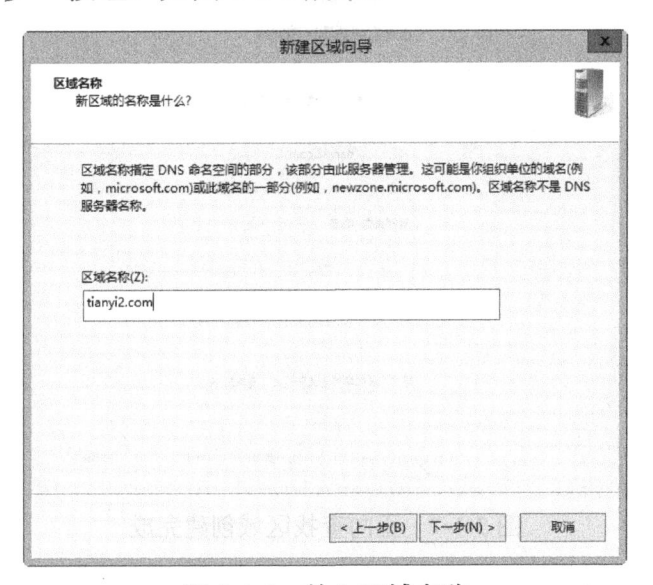

图 3-1-5　输入区域名称

步骤 7：在"动态更新"对话框中选中"只允许安全的动态更新（适合 Active Directory 使用）"单选按钮，然后单击"下一步"按钮，如图 3-1-6 所示。

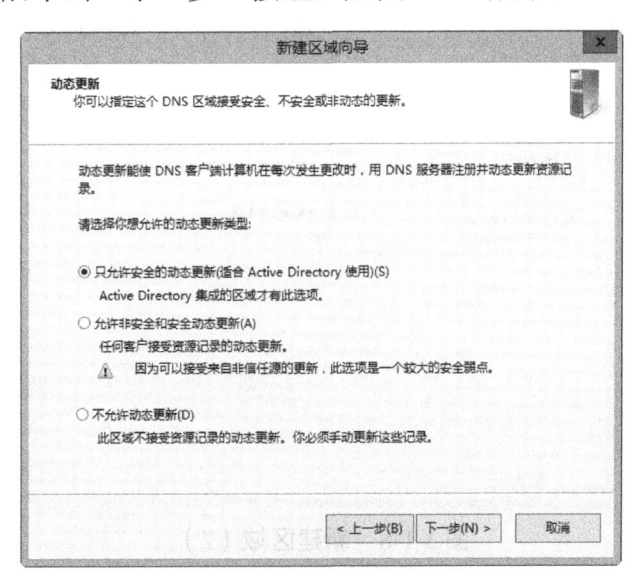

图 3-1-6　选择动态更新方式

> **小贴士**
>
> 动态更新是指区域中记录的 IP 地址等发生变化时，自动修改其 DNS 记录的一种方式。为了管理的安全与便捷，建议在 Active Directory 中开启动态更新，独立服务器环境则关闭动态更新。

步骤 8：在"正在完成新建区域向导"对话框中，单击"完成"按钮，即完成了正向查找区域的创建，如图 3-1-7 所示。

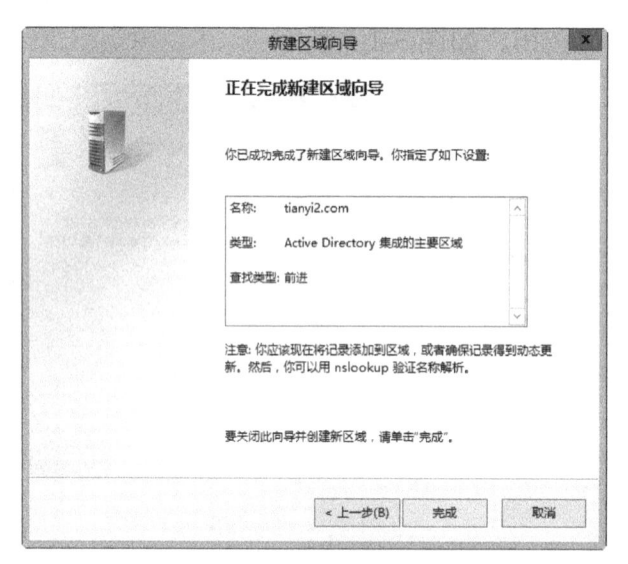

图 3-1-7 正向查找区域创建完成

2. 添加反向查找区域

步骤 1：在"DNS 管理器"窗口中，右击"反向查找区域"选项，在弹出的快捷菜单中选择"新建区域"命令，如图 3-1-8 所示。

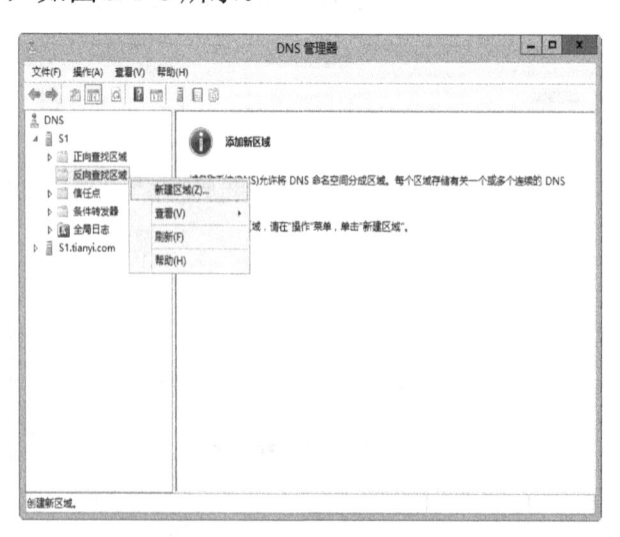

图 3-1-8 新建区域（2）

步骤 2：在"欢迎使用新建区域向导"对话框中，单击"下一步"按钮。

步骤 3：在"区域类型"对话框中选中"主要区域"单选按钮，然后单击"下一步"按钮。

步骤 4：在"Active Directory 区域传送作用域"对话框中，选中"至此域中的域控制器上运行的所有 DNS 服务器（D）：tianyi.com"单选按钮，然后单击"下一步"按钮。

步骤 5：在"反向查找区域名称"对话框中选中"IPv4 反向查找区域"单选按钮，然后单击"下一步"按钮，如图 3-1-9 所示。

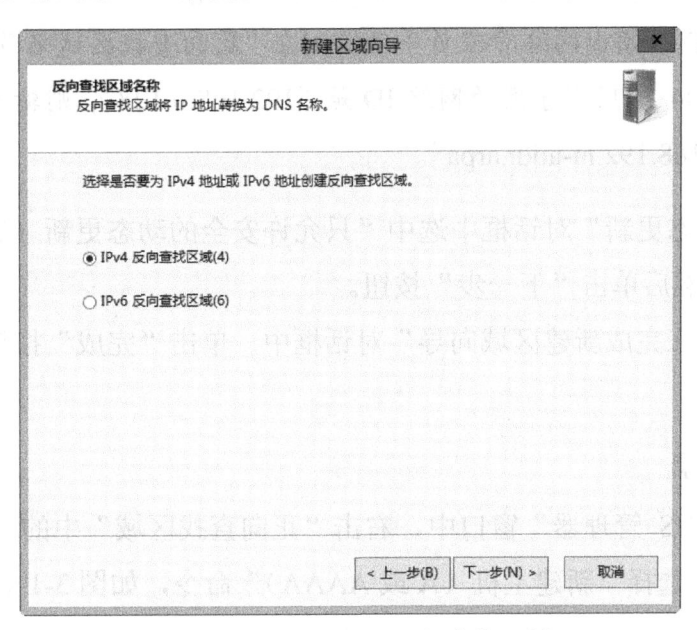

图 3-1-9　选择 IPv4 反向查找区域

步骤 6：在图 3-1-10 所示的对话框中，输入反向查找区域的网络 ID "10.10.10."，然后单击"下一步"按钮。

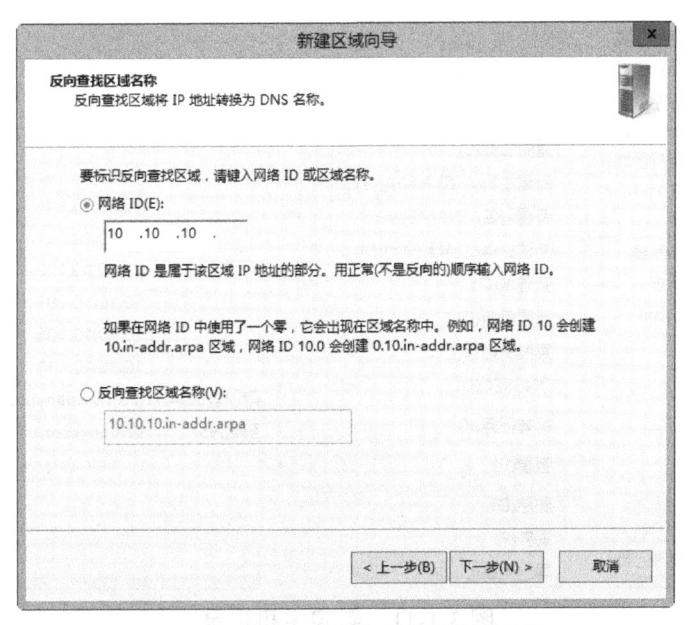

图 3-1-10　输入反向查找区域的网络 ID

> **小贴士**
>
> 反向查找区域的网络 ID 是 IP 地址中的网络位部分，一般可由服务器的 IP 地址和子网掩码的二进制数进行与运算得出。例如，IP 地址为 10.10.10.101/24 的服务器所在子网的网络 ID 为 "10.10.10."，IP 地址为 192.168.1.244/24 的服务器所在子网的网络 ID 为 "192.168.1."。已划分子网并使用 VLSM（Variable Length Subnetwork Mask，可变长子网掩码）的网络 ID 必须由网络管理员手动输入在"反向查找区域名称"下的文本框中，例如，192.168.0.244/25 所在子网的网络 ID 是 "192.168.0.128"，则输入的反向查找区域名称应为 "128.0.168.192.in-addr.arpa"。

步骤 7：在"动态更新"对话框中选中"只允许安全的动态更新（适合 Active Directory 使用）"单选按钮，然后单击"下一步"按钮。

步骤 8：在"正在完成新建区域向导"对话框中，单击"完成"按钮，即完成了反向查找区域的创建。

3. 添加主机记录

步骤 1：在"DNS 管理器"窗口中，右击"正向查找区域"中的"tianyi.com"选项，在弹出的快捷菜单中选择"新建主机（A 或 AAAA）"命令，如图 3-1-11 所示。

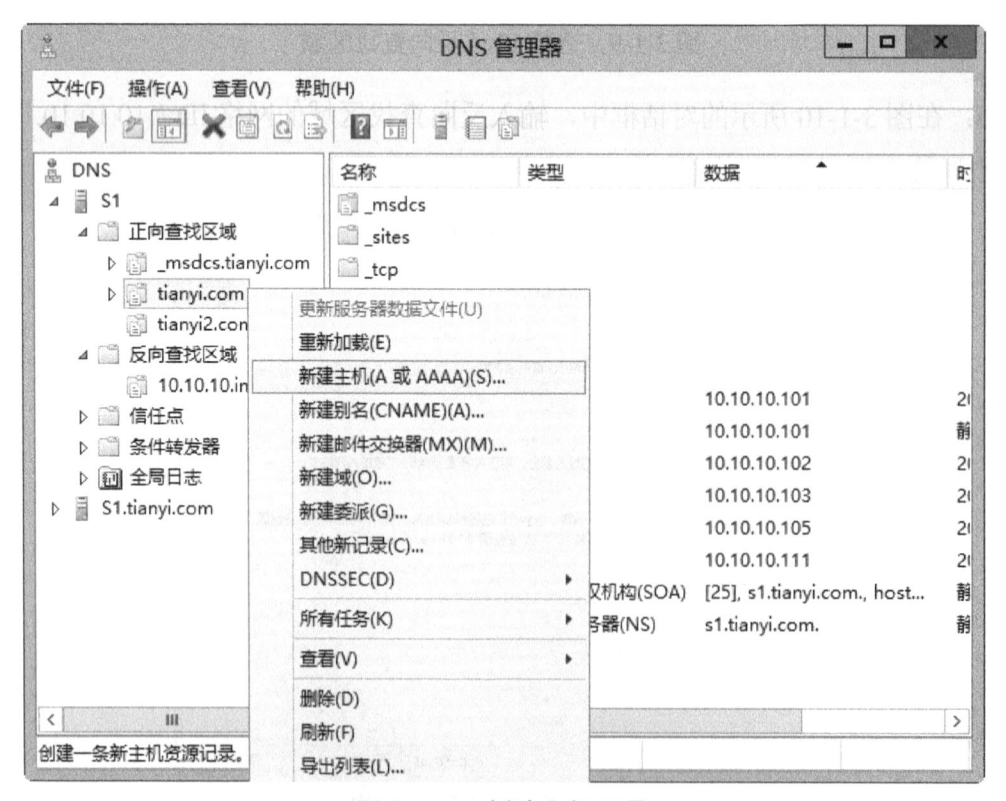

图 3-1-11　新建主机记录

> 小贴士
>
> 主机记录也称 A 记录，在正向查找区域中记录主机名对应的 IP 地址。

步骤 2：在"新建主机"对话框中输入主机名称及其对应的 IP 地址，如输入主机名称为"s9"，而其对应的 IP 地址为"10.10.10.109"，并勾选"创建相关的指针（PTR）记录"复选框，然后单击"添加主机"按钮，如图 3-1-12 所示。

步骤 3：在弹出的创建成功提示框中，单击"确定"按钮，如图 3-1-13 所示。

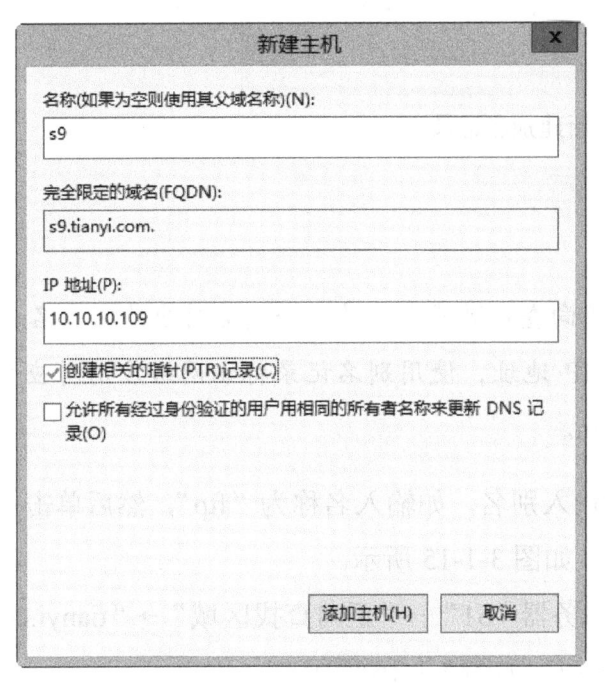

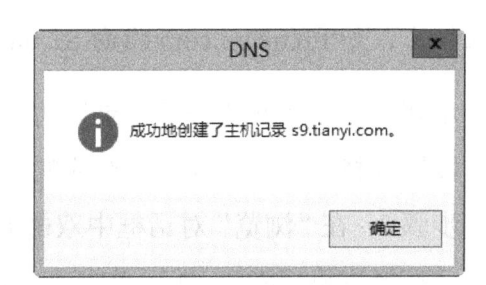

图 3-1-12　添加主机记录　　　　图 3-1-13　主机记录添加成功提示

> 小贴士
>
> 可在添加主机记录时一并创建指针记录。例如，某服务器 S100 需要建立反向对应关系，且在 DNS 服务器上已经创建了 S100 所在子网的反向查找区域，则可在添加主机记录时勾选"创建相关的指针（PTR）记录"复选框，这样可同时完成主机和指针记录的创建。

4．添加别名记录

步骤 1：在"DNS 管理器"窗口中，右击"正向查找区域"中的"tianyi.com"选项，在弹出的快捷菜单中选择"新建别名（CNAME）"命令，如图 3-1-14 所示。

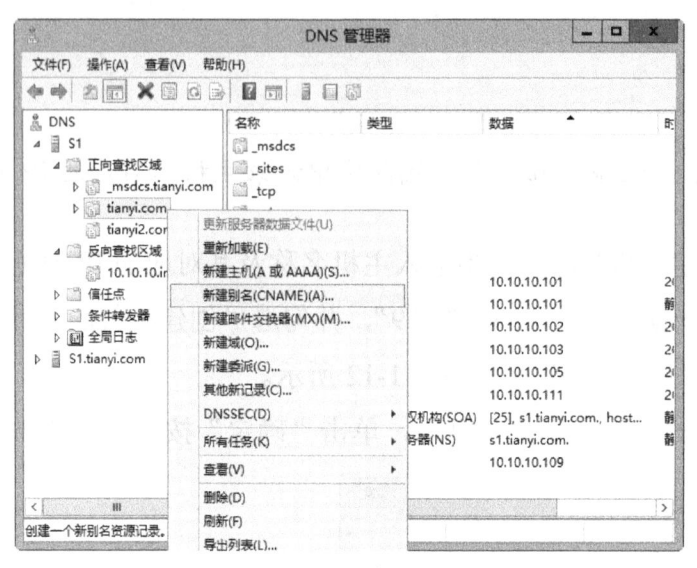

图 3-1-14 新建别名记录

> **小贴士**
>
> 别名记录也称 CNAME 记录，用来在正向查找区域中记录一个别名对应的主机名。
>
> 一般使用主机记录标识主机名对应的 IP 地址，使用别名记录标识网络应用对应的主机名，如 ftp.tianyi.com 指向 S2.tianyi.com。

步骤 2：在"新建资源记录"对话框中输入别名，如输入名称为"ftp"，然后单击"浏览"按钮选择（也可输入）其对应的 FQDN，如图 3-1-15 所示。

步骤 3：在"浏览"对话框中双击 DNS 服务器"S1"→"正向查找区域"→"tianyi.com"选项，选择主机"S2"，然后单击"确定"按钮，如图 3-1-16 所示。

图 3-1-15 添加别名记录

图 3-1-16 选择别名对应的主机

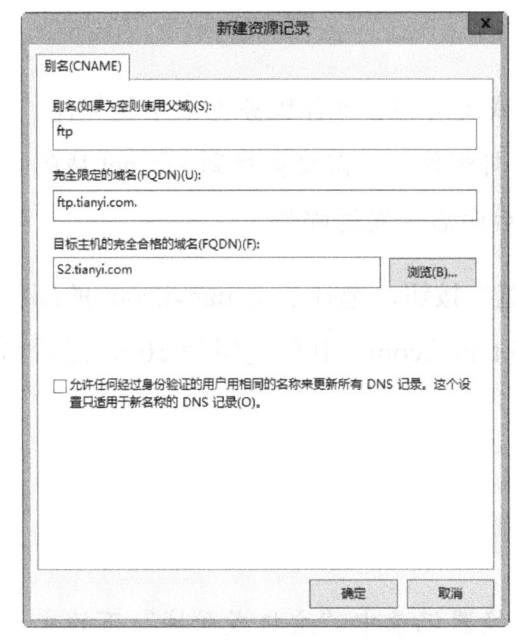

步骤 4：返回"新建资源记录"对话框后，可看到别名"ftp"（父域 tianyi.com 无须输入，系统自动添加）对应的主机的 FQDN 为"S2.tianyi.com."，然后单击"确定"按钮，如图 3-1-17 所示。

> **小贴士**
>
> FQDN（Fully Qualified Domain Name）称为完全合格域名，也称完全限定域名、全域名等，一般为主机名加区域名，如 ftp.tianyi.com。但是，不同 DNS 服务器平台对父域的调用略有区别，有时需要在 FQDN 最后加一个英文字符"."来标识其为完整域名。

图 3-1-17　查看别名记录

5. 添加邮件交换器记录

步骤 1：在"DNS 管理器"窗口中，右击"正向查找区域"中的"tianyi.com"选项，在弹出的快捷菜单中选择"新建邮件交换器（MX）"命令，如图 3-1-18 所示。

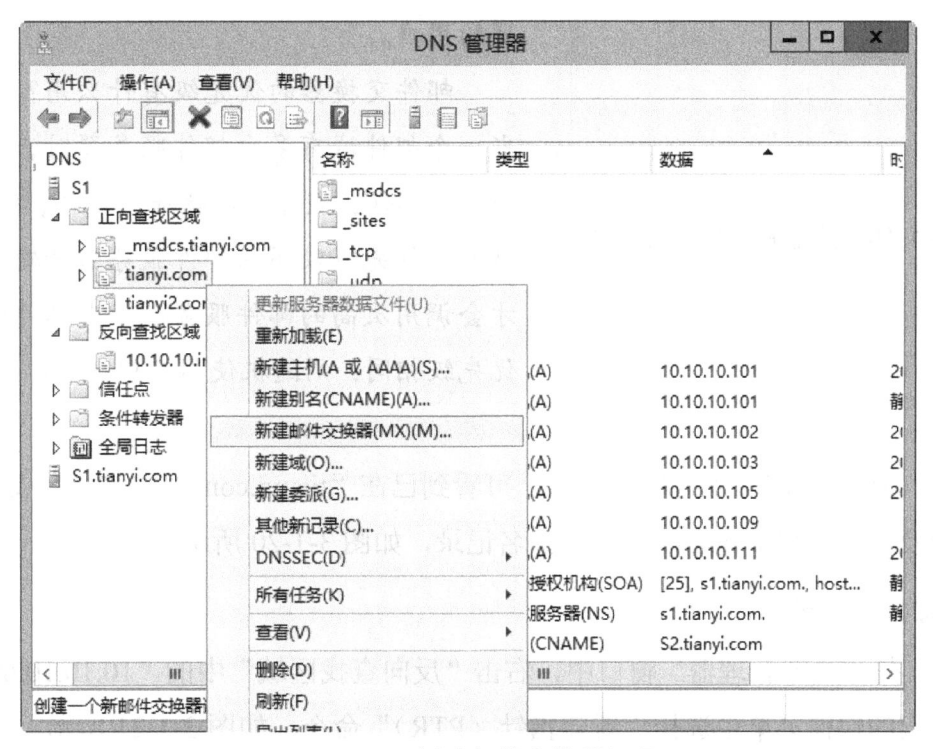

图 3-1-18　新建邮件交换器记录

> **小贴士**
>
> 邮件交换器记录也称 MX 记录，用来标识邮件域使用哪台邮件服务器来中转邮件。例如，若 user1@abc.com 要给 user2@xyz.net 发送一封邮件，则需要查找到 xyz.net 域的邮件交换器记录，以找到所对应的邮件服务器，然后向后者发送邮件。

步骤 2：在"新建资源记录"对话框中单击"浏览"按钮，选择负责 tianyi.com 的邮件服务器，并输入优先级（本任务中的邮件服务器为 S3.tianyi.com，其优先级为 10），然后单击"确定"按钮，如图 3-1-19 所示。

图 3-1-19　添加邮件交换器记录

> **小贴士**
>
> 邮件交换器记录中"主机或子域"下的文本框为何不填？因为这个设置项决定了邮件交换器记录负责的邮件域。本任务中不填即代表负责 tianyi.com 的邮件域，如果填入 mail 则负责 mail.tianyi.com 的邮件域，要注意 user@tianyi.com 与 user@mail.tianyi.com 是不同域的用户。
>
> 邮件交换器的优先级有什么用？它决定了当一个邮件域有多台邮件服务器时，使用哪台来传输邮件，数字越小优先级越高，0 为最高，只有在优先级较高的邮件服务器传输失败时，才会调用次高的邮件服务器。若邮件服务器的优先级相同，则随机使用其中一台。

步骤 3：返回"DNS 管理器"窗口，可看到已在"tianyi.com"中建立完成的邮件交换器记录，以及上述步骤中建立的主机与别名记录，如图 3-1-20 所示。

6. 添加指针记录

步骤 1：在"DNS 管理器"窗口中，右击"反向查找区域"中的"10.10.10.in-addr.arpa"选项，在弹出的快捷菜单中选择"新建指针（PTR）"命令，如图 3-1-21 所示。

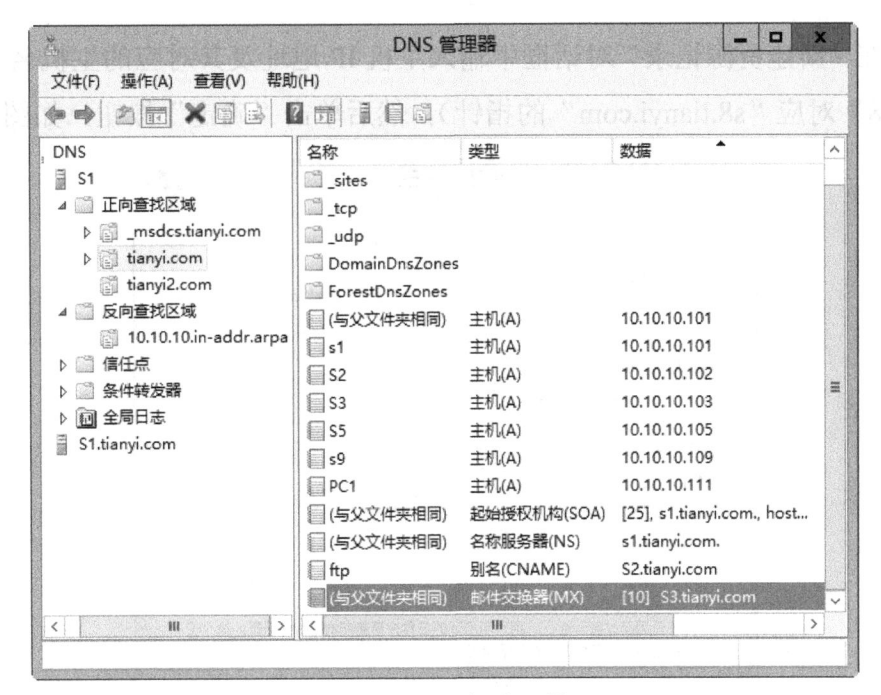

图 3-1-20　查看记录

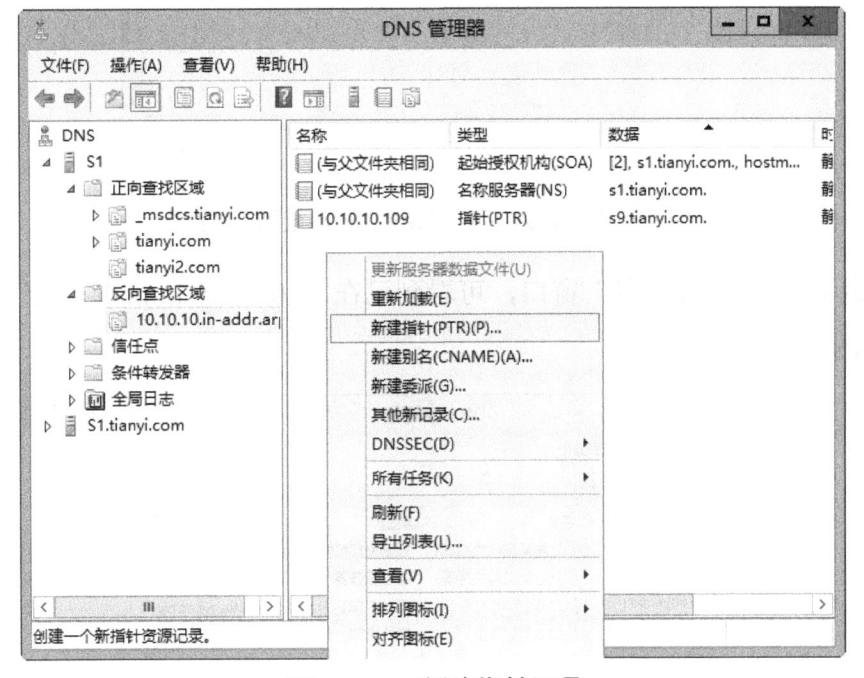

图 3-1-21　新建指针记录

小贴士

指针记录也称 PTR 记录，用来在反向查找区域中记录 IP 地址对应的主机名。

与在一个正向查找区域中可以创建指向不同子网 IP 的主机记录不同，创建指针记录必须要先建立对应子网的反向查找区域。

步骤 2：在"新建资源记录"对话框中输入主机 IP 地址及其对应的主机名（本任务中建立"10.10.10.8"对应"s8.tianyi.com"的指针），然后单击"确定"按钮，如图 3-1-22 所示。

图 3-1-22 输入指针记录的 IP 地址和主机名

步骤 3：返回"DNS 管理器"窗口，可看到已在"10.10.10.in-addr.arpa"中建立完成的指针记录，如图 3-1-23 所示。

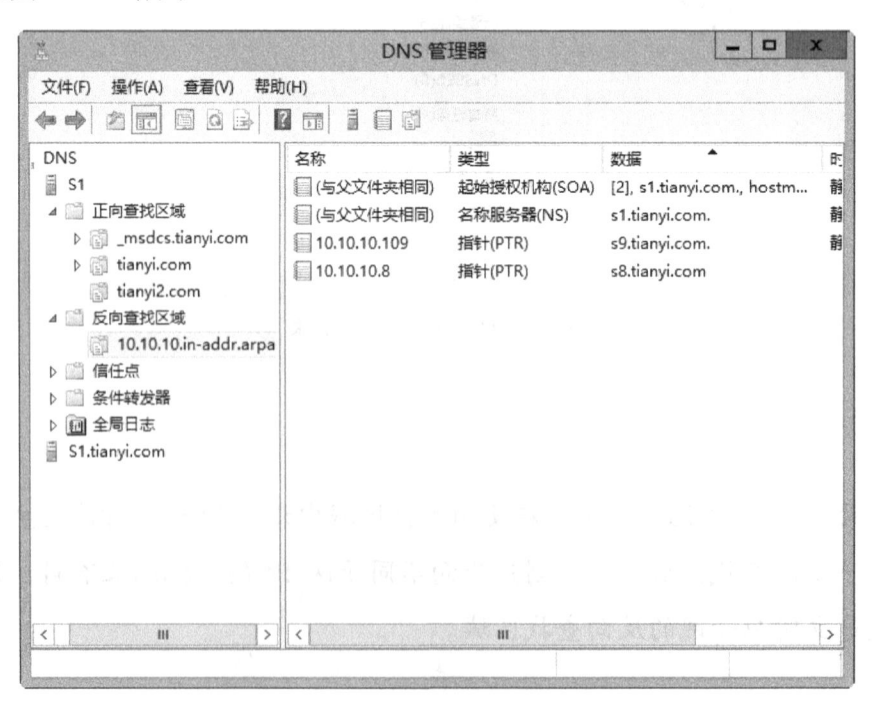

图 3-1-23 查看反向查找区域

7. 在客户端上测试 DNS 服务器

步骤 1：在客户端上，设置所使用网络适配器的首选 DNS 服务器的 IP 地为 10.10.10.101（上述配置完成的 DNS 服务器的 IP 地址），如图 3-1-24 所示。

步骤 2：测试主机记录。在客户端的"命令提示符"窗口中执行"nslookup s1.tianyi.com"命令，可看到解析结果为 s1.tianyi.com 指向了 IP 地址 10.10.10.101，如图 3-1-25 所示。

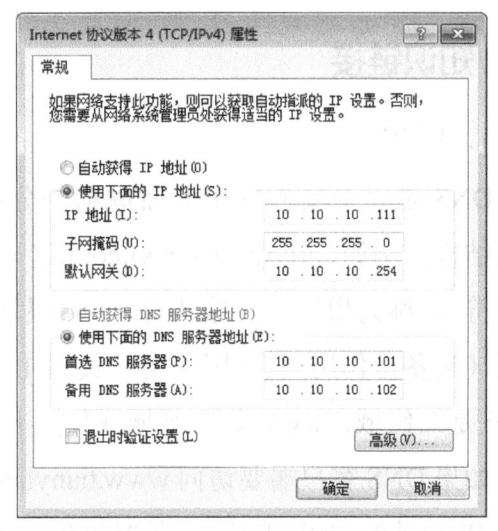

图 3-1-24　设置首选 DNS 服务器的 IP 地址

步骤 3：测试别名记录。执行"nslookup ftp.tianyi.com"命令，可看到解析结果为 ftp.tianyi.com 指向了主机 s2.tianyi.com，如图 3-1-26 所示。

步骤 4：测试邮件交换器记录。以交互模式执行"nslookup"命令，在交互提示符下执行"set type=mx"命令来将测试类型设置为邮件交换器，然后输入查找的邮件域"tianyi.com"，可看到负责 tianyi.com 邮件域的服务器是 s3.tianyi.com，其优先级是 10，执行"exit"命令退出交互，如图 3-1-27 所示。

步骤 5：测试指针记录。执行"nslookup 10.10.10.109"命令，可看到解析结果为 10.10.10.109 指向了主机 s9.tianyi.com，如图 3-1-28 所示。

图 3-1-25　测试主机记录

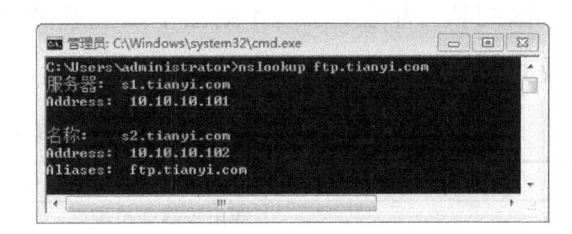

图 3-1-26　测试别名记录

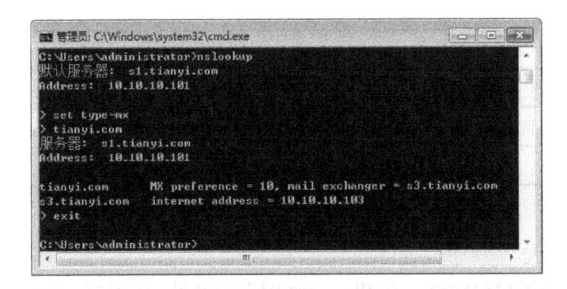

图 3-1-27　测试邮件交换器记录

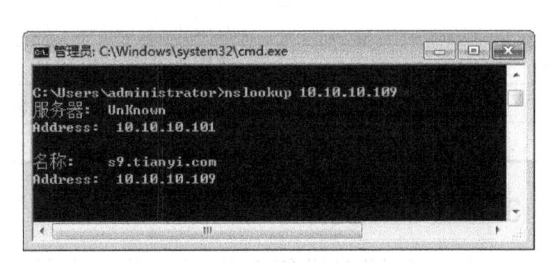

图 3-1-28　测试指针记录

知识链接

1. DNS

DNS 是一个域名与 IP 地址映射的分布式数据库。它采用分级的管理形式，使用树形的层次结构。例如，在 www.tianyi.com 这一域名中，com 后面其实还隐藏着一个"."（英文的点字符），称为根域。全球共有 13 台根域名服务器，1 台为主根放置在美国，其余 12 台为辅根（起备份作用），美国 9 台、英国 1 台、瑞典 1 台、日本 1 台。因此，com 是顶级域，tianyi 是二级域，www 是三级域或作为 tianyi.com 中的一台主机。

如果 DNS 客户端要访问 www.tianyi.com，则它会向 DNS 服务器发出查询 www.tianyi.com 对应 IP 地址的请求。DNS 服务器收到请求后，会在自己的数据库查找或求助其他 DNS 服务器，以找出 www.tianyi.com 对应的 IP 地址并将结果告知 DNS 客户端。

在使用 DNS 时，家庭用户使用公用 DNS 服务器即可，这种 DNS 服务器一般由互联网管理机构或网络运营商提供。而如果企业内部部署了 Active Directory 域服务，或需要自主完成域名解析，则可建立自己的 DNS 服务器。

2. 常见顶级域名

虽然企业内部 DNS 服务器的正向查找区域可以使用非注册域名，但是为了 DNS 解析的一致性，建议在域名服务机构注册域名。国内提供域名服务的机构有万网、新网、美橙互联等，一般以年为单位租用。由于很多顶级域名的管理者都是美国机构，因此很多国家为便于管理，在国家顶级域名下使用二级域来区分不同的机构，如 com.cn 为中国的商业组织，edu.cn 为中国的教育单位，而 cn 则由中国互联网络信息中心（CNNIC）负责管理。常见的顶级域名及其适用组织如表 3-1-1 所示。

表 3-1-1 常见顶级域名及其适用组织

域 名	适 用 组 织
com	适用于商业组织
biz	适用于商业组织
edu	适用于教育、学术、科研单位
gov	适用于政府或其下属部门
org	适用于非营利性机构
net	适用于网络服务提供商
cn	中国顶级域名

3. HOSTS 文件

DNS 客户端在进行查询时，首先会检查自身的 HOSTS 文件，如果该文件内没有主机解析的记录，才会向 DNS 服务器进行查询。

HOSTS 文件存储在%systemroot%\System32\drivers\etc 文件夹下（"%systemroot%"替换为系统所在磁盘的 Windows 目录，如 C:\Windows），默认无任何有效记录。为了用户的安全，建议将该文件设置为只读，在需要时再去掉只读属性。

任务小结

一般部署了 Active Directory 域或有内部域名解析需求的企业，会建立自己的 DNS 服务器。在条件允许的情况下，建议公司在域名服务机构注册域名，使用注册后的域名作为公司域的 DNS 区域名称。

在 Windows Server 2012 R2 系统中配置 DNS 服务器的通用步骤：首先安装 DNS 服务器角色，然后创建正向解析区域，并根据需要创建主机、别名、邮件交换器等记录。如果在企业生产环境中具有反向解析需求，则还需建立反向查找区域和指针记录。DNS 客户端在使用 DNS 服务器时，需在本地连接中设置使用的 DNS 服务器的 IP 地址，测试时可在"命令提示符"窗口中使用 nslookup 等命令。

任务 2　配置 DNS 辅助区域

任务描述

目前，天驿公司员工通过自己公司的 DNS 服务器来浏览公司办公网页、发送电子邮件等。网络管理员正在考虑这样一个问题，即当一台 DNS 服务器发生故障时，是否有另外一台 DNS 服务器可以作为备份。

任务分析

为了解决天驿公司现有 DNS 服务器的备份问题，网络管理员需要配置一台辅助 DNS 服务器，它能够从主 DNS 服务器上同步区域数据，这样当主 DNS 服务器发生故障或需要进行停机维护时，辅助 DNS 服务器便能够承担公司内部的域名解析需求。

任务实现

在本任务中，S1.tianyi.com 是主 DNS 服务器，其 IP 地址为 10.10.10.101/24；将要承担辅助 DNS 功能的服务器为 S2.tianyi.com，其 IP 地址为 10.10.10.102/24。

1. 在主 DNS 服务器上设置区域传送

步骤 1：在"DNS 管理器"窗口中，右击"正向查找区域"中的"tianyi.com"选项，在弹出的快捷菜单中选择"属性"命令,如图 3-2-1 所示。

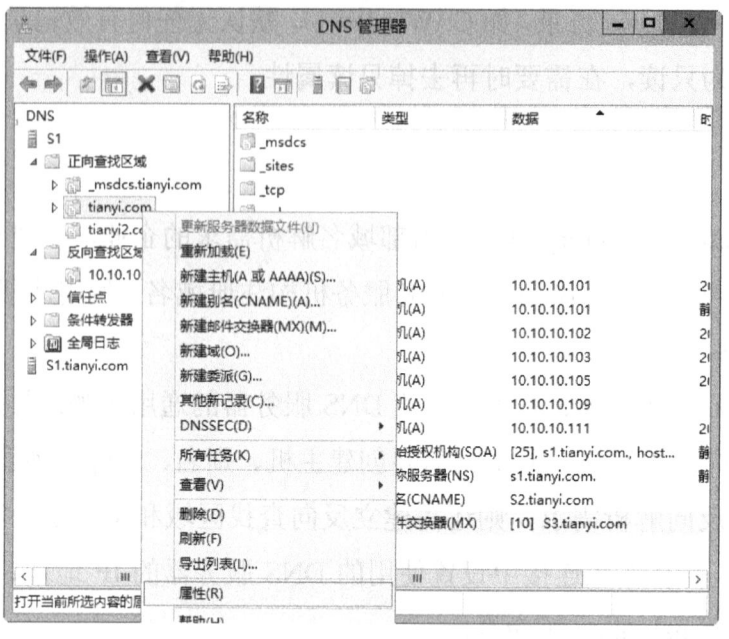

图 3-2-1 修改 tianyi.com 属性

步骤 2:在"tianyi.com 属性"对话框的"区域传送"选项卡中,勾选"允许区域传送"复选框,并选中"只允许到下列服务器"单选按钮,然后单击"编辑"按钮,如图 3-2-2 所示。

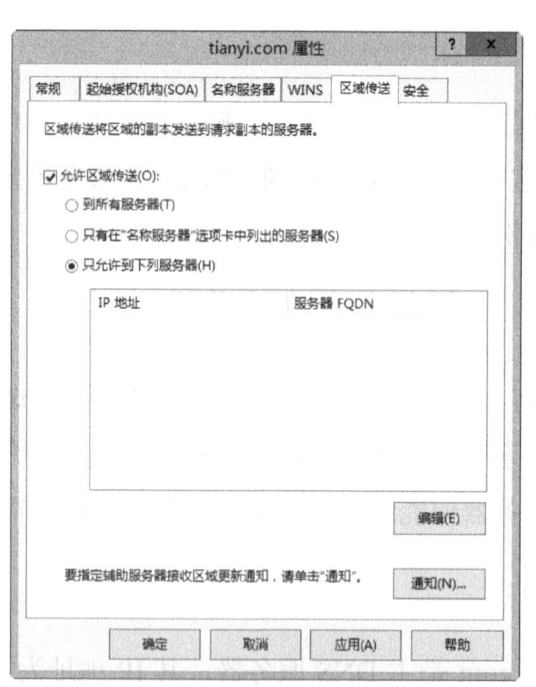

图 3-2-2 修改区域传送

步骤 3:在"允许区域传送"对话框中,单击"单击此处添加 IP 地址…",然后输入即将成为辅助 DNS 服务器的 IP 地址,最后单击"确定"按钮,如图 3-2-3 所示。

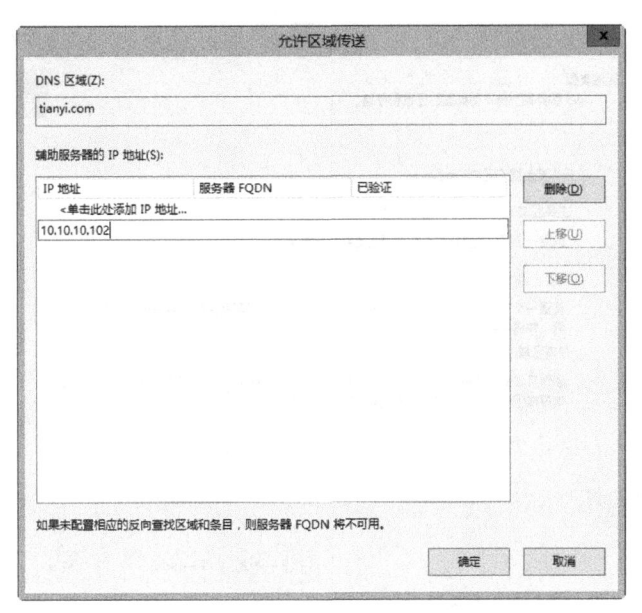

图 3-2-3 添加辅助 DNS 服务器的 IP 地址

步骤 4：返回"tianyi.com 属性"对话框后，单击"确定"按钮，完成区域传送设置，如图 3-2-4 所示。

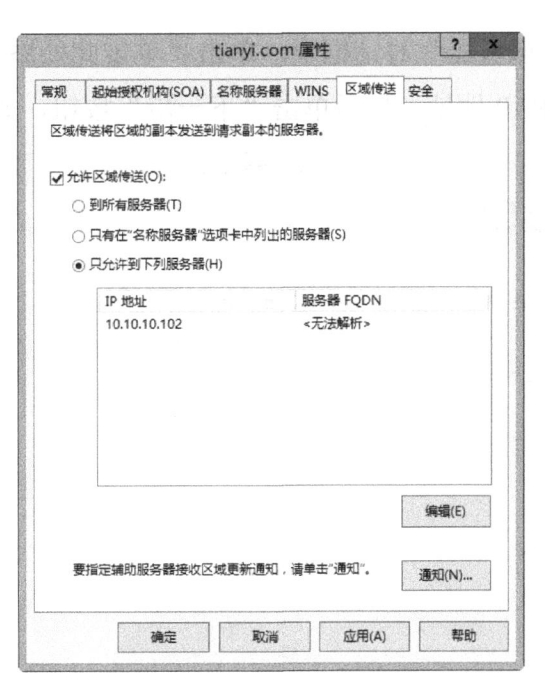

图 3-2-4 区域传送设置完成

2. 在第二台 DNS 服务器上添加辅助区域

步骤 1：在"DNS 管理器"窗口中，右击"正向查找区域"，在弹出的快捷菜单中选择"新建区域"命令。

步骤 2：在"欢迎使用新建区域向导"对话框中单击"下一步"按钮。

步骤 3：在"区域类型"对话框中选中"辅助区域"单选按钮，然后单击"下一步"按钮，如图 3-2-5 所示。

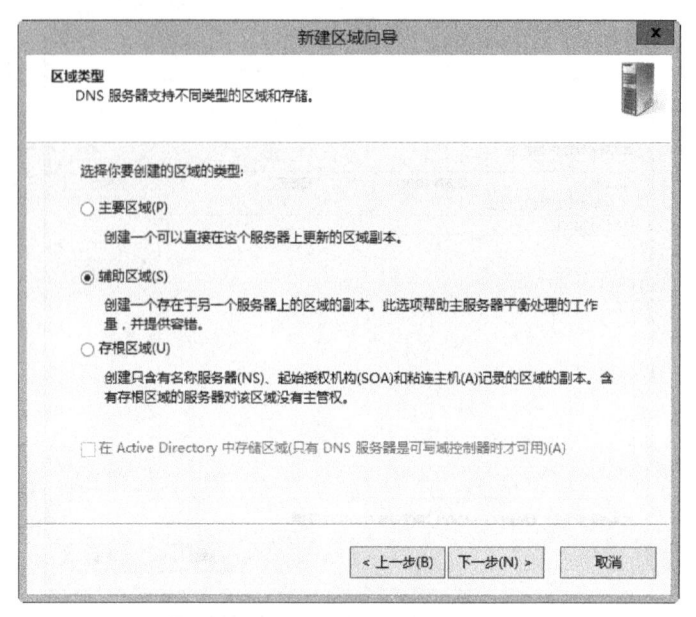

图 3-2-5　选择区域类型

步骤 4：在"区域名称"对话框中，输入要从主 DNS 服务器同步的区域名称"tianyi.com"，然后单击"下一步"按钮。

步骤 5：在"主 DNS 服务器"对话框中，单击"单击此处添加 IP 地址或 DNS 名称"，然后输入主 DNS 服务器的 IP 地址，最后单击"下一步"按钮，如图 3-2-6 所示。

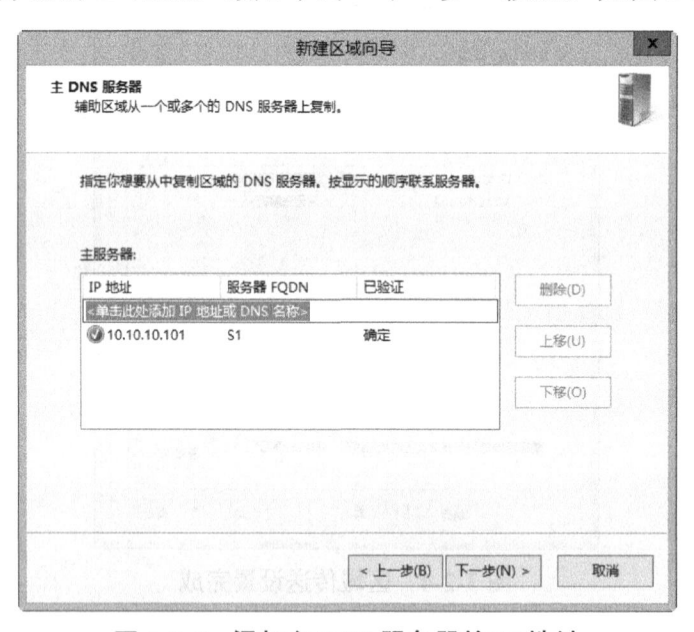

图 3-2-6　添加主 DNS 服务器的 IP 地址

步骤 6：在"正在完成新建区域向导"对话框中，单击"完成"按钮，即完成了辅助区域 tianyi.com 的创建。

步骤 7：返回"DNS 管理器"窗口，展开"tianyi.com"选项，可看到该区域的记录信息已从主 DNS 服务器传输完成，如图 3-2-7 所示。

图 3-2-7 辅助区域创建完成

> **小贴士**
>
> 如遇辅助区域创建完成但无法加载区域信息的情况，需检查与主 DNS 服务器的连通性，以及相关查找区域的区域传送是否允许辅助 DNS 服务器同步数据，然后在辅助 DNS 服务器的"DNS 管理器"窗口重新启动 DNS 服务或重新加载区域。

3. 在客户端上测试辅助 DNS 服务器

在客户端"命令提示符"窗口中执行"nslookup s1.tianyi.com 10.10.10.102"命令，可看到解析结果为 s1.tianyi.com 指向了 IP 地址 10.10.10.101，解析时调用的 DNS 服务器的 IP 地址为 10.10.10.102，即调用的是辅助 DNS 服务器，如图 3-2-8 所示。

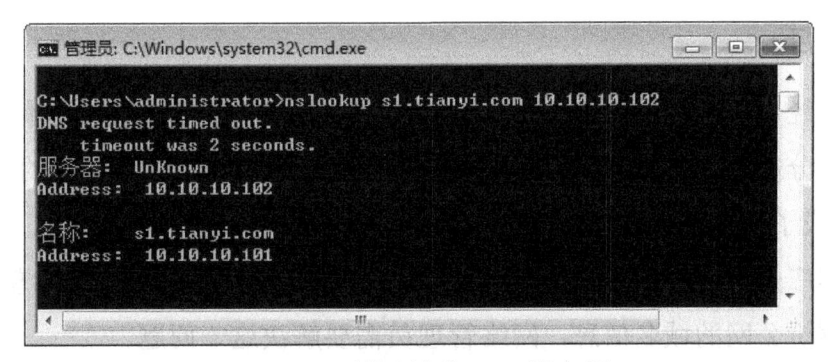

图 3-2-8 测试辅助 DNS 服务器

小贴士

在测试辅助 DNS 服务器时，可将客户端网络连接中的"首选 DNS 服务器"填入辅助 DNS 服务器的 IP 地址，也可同时填入两个 DNS 服务器的 IP 地址。在默认情况下，客户端使用"首选 DNS 服务器"中 IP 地址所对应的服务器来完成解析，只有无法和首选 DNS 服务器通信时才会使用备用 DNS 服务器。

如需强制调用某台 DNS 服务器，可使用 nslookup 命令指定。

任务小结

本任务介绍了如何配置辅助 DNS 服务器。辅助 DNS 服务器是针对特定的区域而言的，一台 DNS 服务器可以是某区域的主服务器，同时也是另外一个区域的辅助服务器。客户端中的"首选 DNS 服务器"和"备用 DNS 服务器"是指客户端优先使用哪台服务器作为域名解析的提供者，无论是主 DNS 服务器还是辅助 DNS 服务器都可以作为"首选 DNS 服务器"，这两个概念不要混淆。

在配置某区域的辅助 DNS 服务器时，需要先在主 DNS 服务器设置区域传送，允许辅助 DNS 服务器同步数据，然后在辅助 DNS 服务器上创建辅助区域并设置同步的源，创建完毕后会自动加载区域记录。辅助区域的默认刷新时间间隔为 15 分钟，如需立即同步数据，可在辅助 DNS 服务器上重新启动 DNS 服务或重新加载区域。

如果要在不更改客户端 DNS 设置的情况下测试 DNS 服务器的解析，那么可使用形如"nslookup 记录 指定 DNS 服务器 IP 地址"格式的命令。

任务 3　配置子域、委派域、转发器

任务描述

天驿公司已经部署了自己的 DNS 服务器。随着公司业务的发展，天驿公司已经成立了北京和广州运营分部，北京分部与总部共用办公环境，广州分部则有自己的办公室，两地之间使用 VPN 组成了公司内网环境。

北京分部和广州分部的一些业务服务需要使用 DNS 解析，此外员工希望公司内部 DNS 服务器也能够解析公网的域名信息，网络管理员需要解决这一问题。

任务分析

针对天驿公司的需求，网络管理员需要为北京、广州两个分部分别建立 DNS 子域，在子域下管理相关记录。北京分部可在原有存储总部查找区域的 DNS 服务器上建立子域；而对于广州分部，除需要建立 DNS 子域外，还需要把总部的 DNS 服务器上的区域委派给广州分部的 DNS 服务器。可通过在公司内部 DNS 服务器上配置转发器，从而把域名解析请求转发给公网 DNS 服务器的方法，来解决员工对解析公网域名的需求。

任务实现

> **小贴士**
>
> 在本任务中，天驿公司总部和广州分部已使用 VPN 进行了连接，故服务器使用相同 IP 地址段。读者在实践时可自行搭建网络，或使用虚拟机桥接等方式将两个地点的服务器划分到同一局域网环境中进行练习。

1. 配置子域

步骤 1：在"DNS 管理器"窗口中，右击"正向查找区域"中的"tianyi.com"选项，在弹出的快捷菜单中选择"新建域"命令，如图 3-3-1 所示。

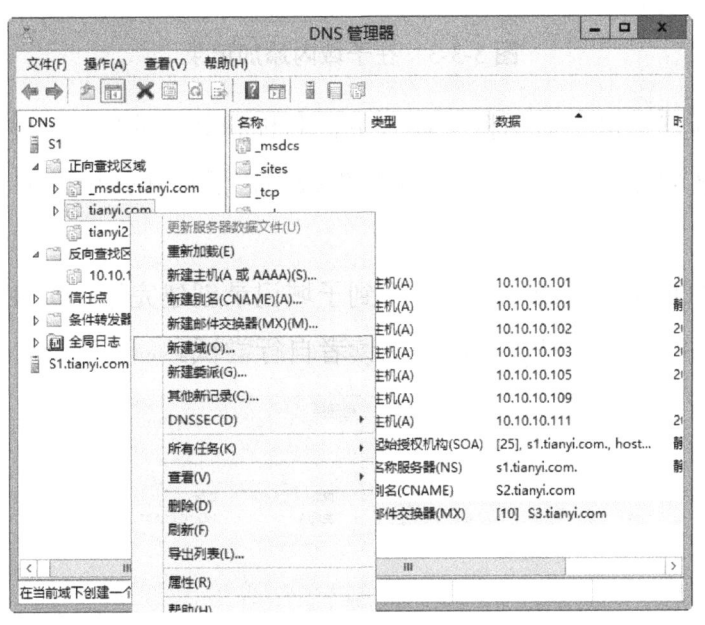

图 3-3-1　新建子域

步骤 2：在"新建 DNS 域"对话框中输入子域的名字（注意此处不加父域名），然后单击"确定"按钮，如图 3-3-2 所示。

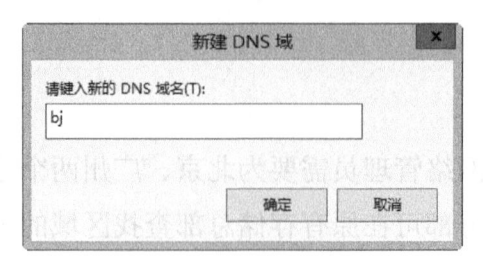

图 3-3-2 输入子域名称

步骤 3：返回"DNS 管理器"窗口，可看到子域 bj 创建完成。如果需要在子域内添加记录，则可右击对应的子域，在弹出的快捷菜单中选择"新建主机（A 或 AAAA）"命令，如图 3-3-3 所示。

图 3-3-3 在子域内添加记录

步骤 4：在"新建主机"对话框中输入主机名称和其对应的 IP 地址，如"bjs1"对应"192.168.1.101"，输入完毕后单击"添加主机"按钮，然后在弹出的创建成功提示框中单击"确定"按钮。

步骤 5：返回"DNS 管理器"窗口可看到子域记录创建完毕，如图 3-3-4 所示。其他记录类型的创建方法与在父域中基本相同，请读者自行尝试。

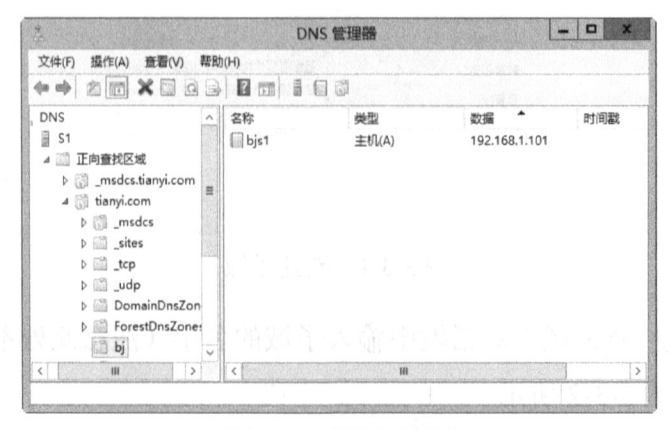

图 3-3-4 子域及记录

2. 配置委派域

> 🎓 小贴士
>
> 委派是 DNS 的一种分布式管理方式，父域所在的 DNS 服务器可将子域的管理（记录的添加、删除、修改）委派给另外一台 DNS 服务器，以实现管理的便捷和分层，这个被委派管理的子域称为"委派域"。
>
> 例如，DNS1 为父域 tianyi.com 的 DNS 服务器，DNS2 为子域 gz.tianyi.com 的 DNS 服务器（被委派）。当客户端向 DNS1 发起对子域 gz.tianyi.com 的查询请求时，由于 DNS1 已将这个子域委派给 DNS2 来管理，因此 DNS1 会告知客户端 DNS2 的 IP 地址并由 DNS2 来处理查询请求。

1）在父域 DNS 服务器（在本任务中，使用服务器 S1，其 IP 地址为 10.10.10.101）中设置委派。

步骤 1：在"DNS 管理器"窗口中，右击"正向查找区域"中的"tianyi.com"选项，在弹出的快捷菜单中选择"新建委派"命令，如图 3-3-5 所示。

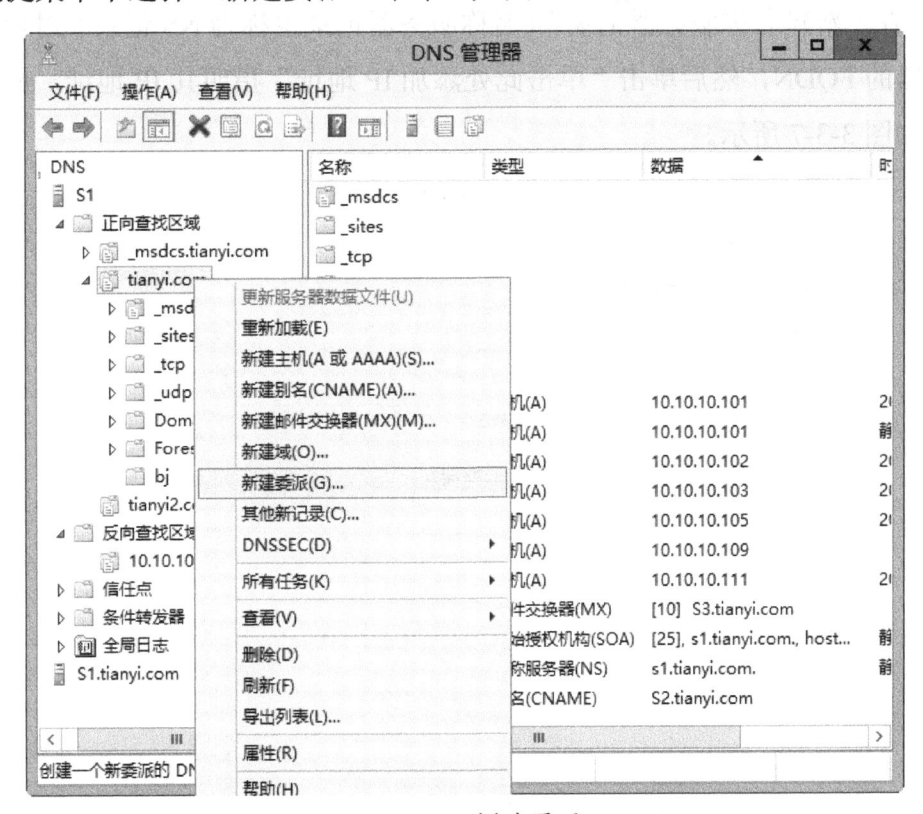

图 3-3-5　新建委派

步骤 2：在"受委派域名"对话框中输入受委派的域名，然后单击"下一步"按钮，如图 3-3-6 所示。

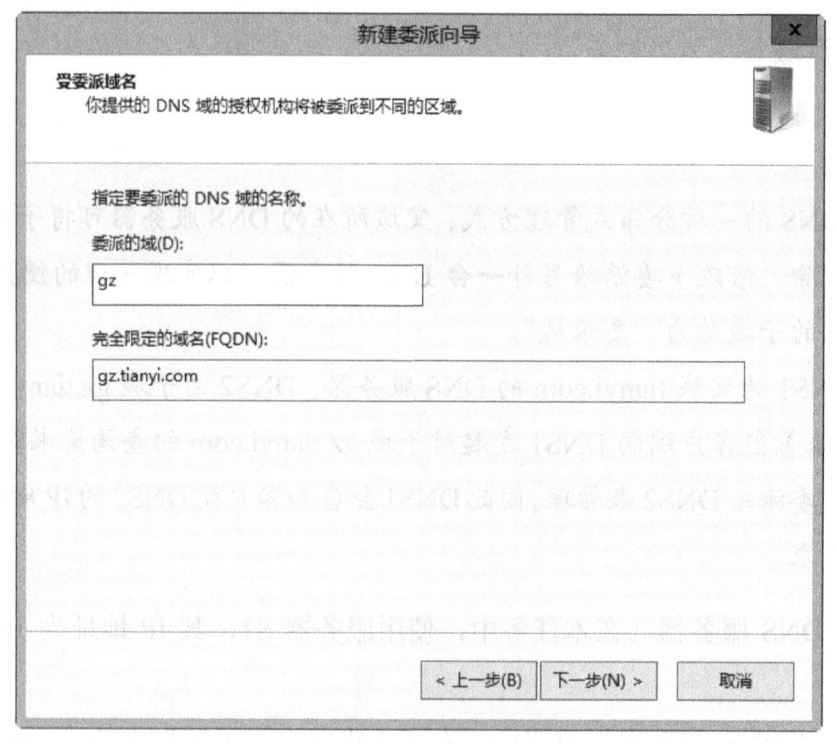

图 3-3-6　输入受委派的域名

步骤 3：在"新建名称服务器记录"（名称服务器记录也称为 NS 记录）对话框中，输入被委派服务器的 FQDN，然后单击"单击此处添加 IP 地址"指明其 IP 地址，最后单击"确定"按钮，如图 3-3-7 所示。

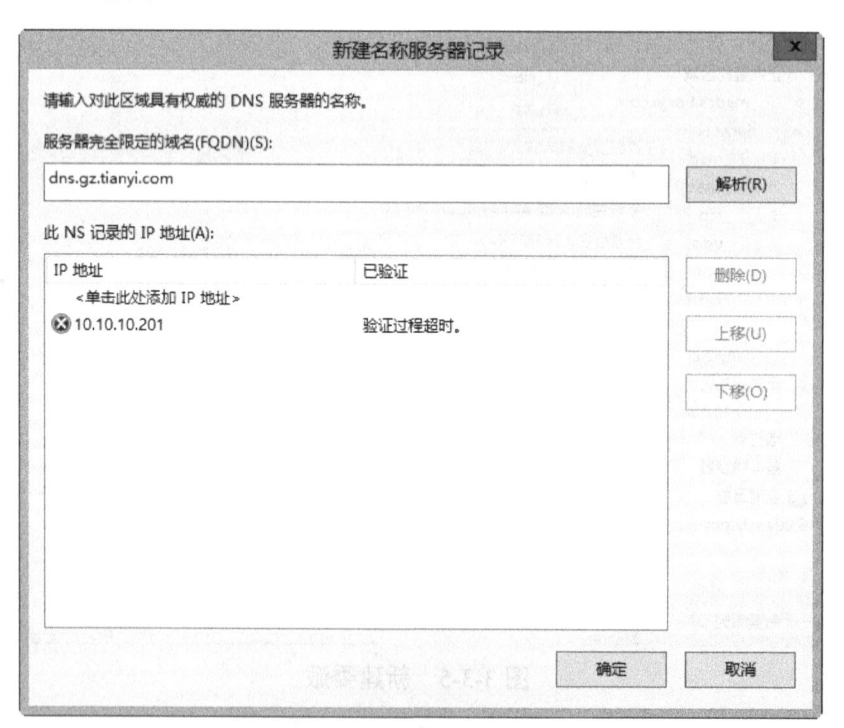

图 3-3-7　新建名称服务器记录

步骤 4：在"名称服务器"对话框中单击"下一步"按钮，如图 3-3-8 所示。

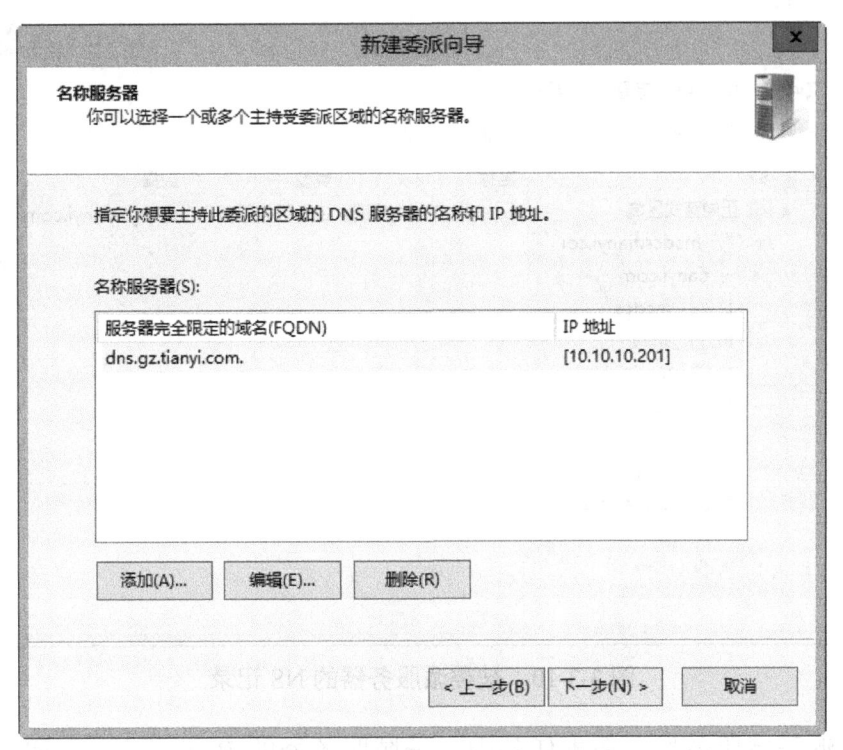

图 3-3-8　检查名称服务器记录

步骤 5：检查委派设置无误后单击"完成"按钮，如图 3-3-9 所示。

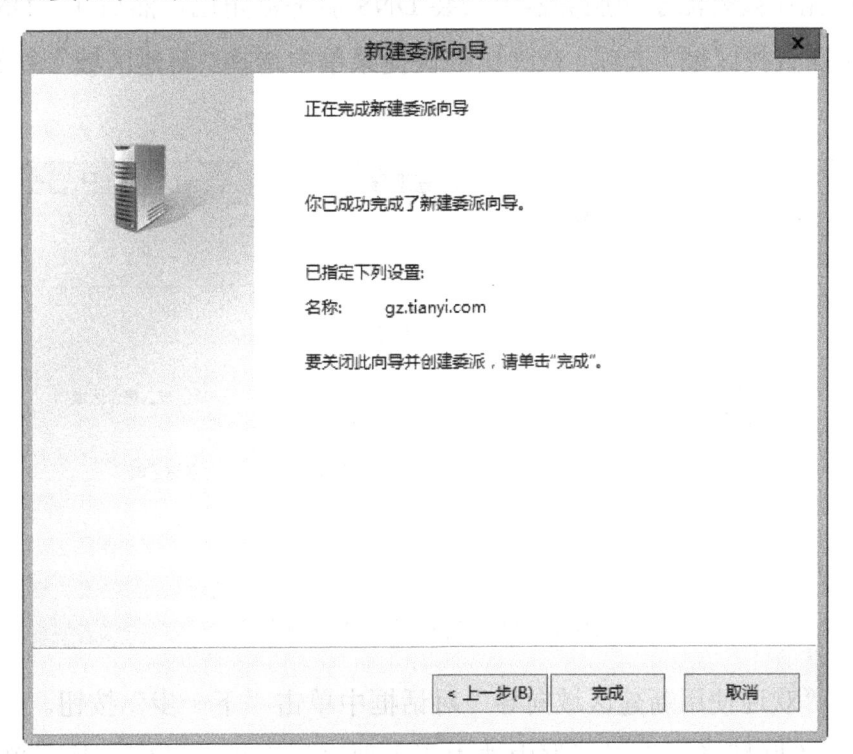

图 3-3-9　检查委派设置

步骤 6：返回"DNS 管理器"窗口，可看到子域 gz 在其父域 tianyi.com 中的表现形式为指向被委派服务器的 NS 记录，如图 3-3-10 所示。

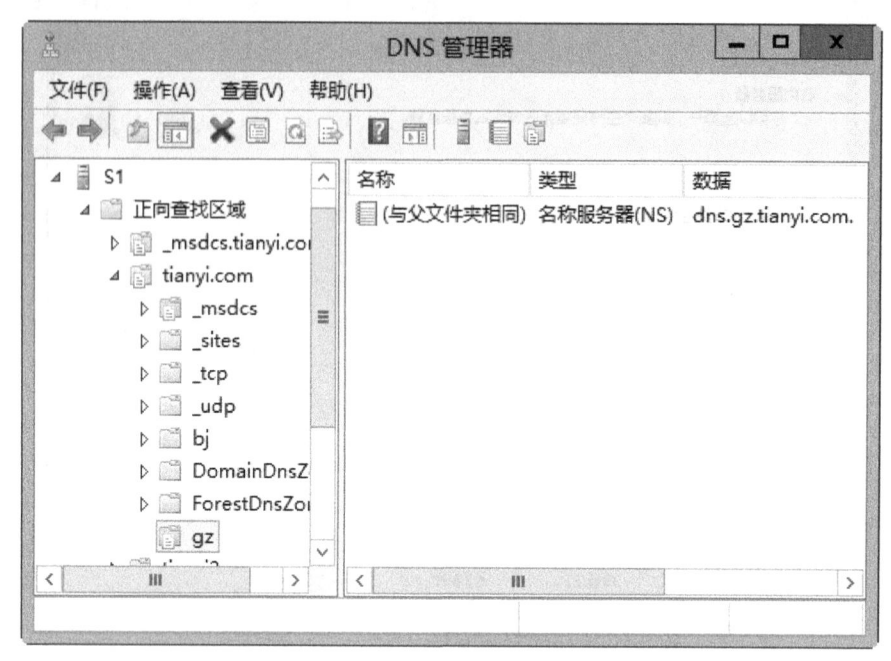

图 3-3-10 被委派服务器的 NS 记录

2）在被委派子域服务器（在本任务中，子域服务器的 IP 地址为 10.10.10.201，是广州分部的一台独立服务器）上建立子域及其记录。

步骤 1：首先在被委派子域服务器上安装 DNS 服务器角色，然后在"DNS 管理器"窗口中，右击"正向查找区域"选项，在弹出的快捷菜单中选择"新建区域"命令，如图 3-3-11 所示。

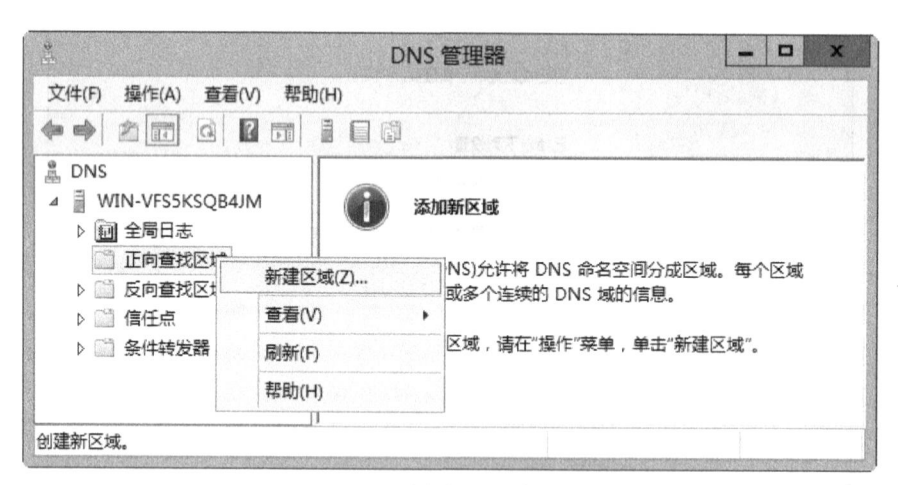

图 3-3-11 新建正向查找区域

步骤 2：在"欢迎使用新建区域向导"对话框中单击"下一步"按钮。

步骤 3：在"区域类型"对话框中选中"主要区域"单选按钮，然后单击"下一步"按钮。

步骤 4：在"区域名称"对话框中输入新建的区域名称"gz.tianyi.com"，然后单击"下一步"按钮，如图 3-3-12 所示。

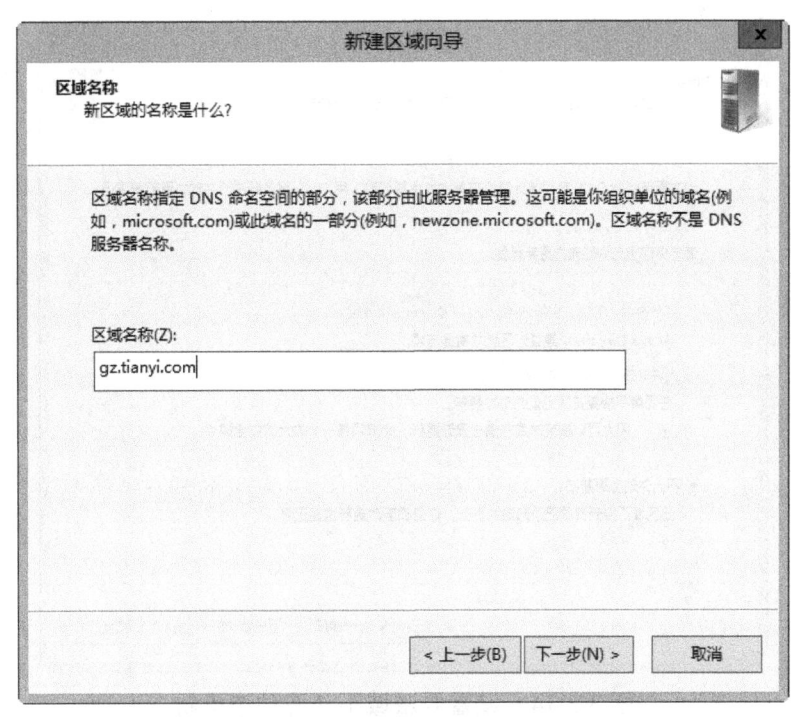

图 3-3-12　输入子域的区域名称

步骤 5：在"区域文件"对话框中使用默认设置，单击"下一步"按钮，如图 3-3-13 所示。

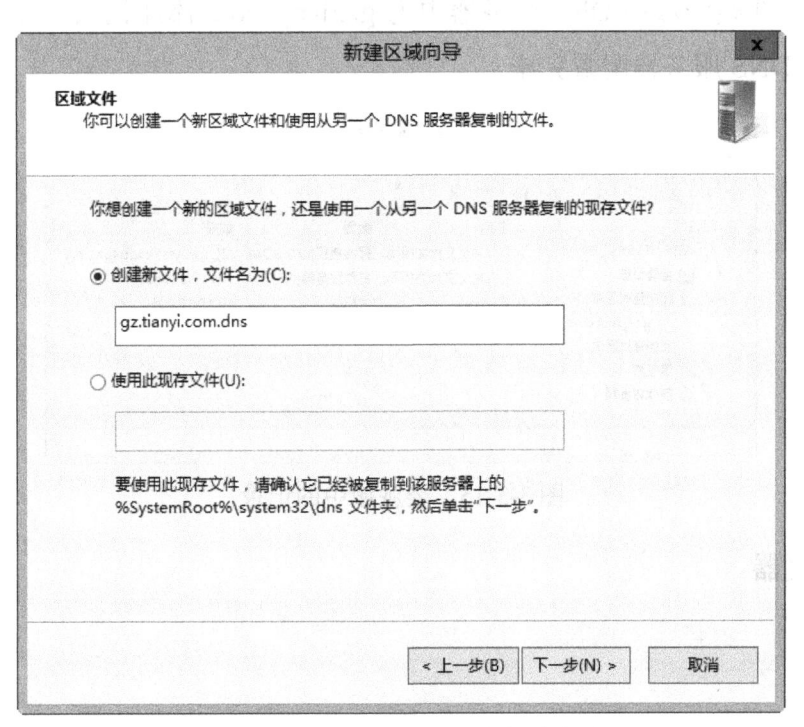

图 3-3-13　使用默认区域文件名称

步骤 6：在"动态更新"对话框中选中"不允许动态更新"单选按钮，然后单击"下一步"按钮，如图 3-3-14 所示。

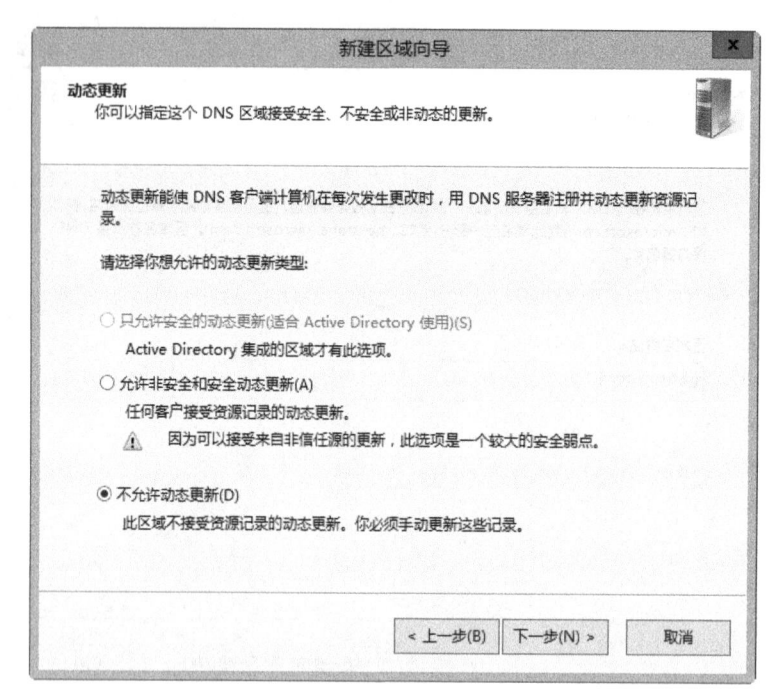

图 3-3-14　设置委派域不允许动态更新

步骤 7：在"正在完成新建区域向导"对话框中，单击"完成"按钮，即完成了子域的创建。

步骤 8：按需在委派域的 DNS 服务器中为 gz.tianyi.com 添加记录，如图 3-3-15 所示。至此受委派域的 DNS 服务器配置完毕。

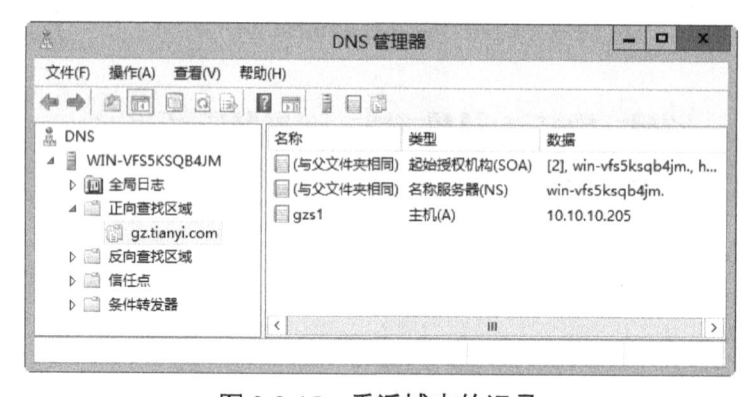

图 3-3-15　委派域中的记录

3. 配置转发器

> **小贴士**
>
> 企业内部的 DNS 服务器往往只包含企业所在 DNS 域的解析记录，而公网中区域记录的查询工作应交给公用 DNS 服务器（转发器）来完成。客户端只需将首选 DNS 服务器指向企业内部 DNS 服务器，后者会将公网记录查询交给公用 DNS 服务器，公用 DNS 服务器会处理当前的查询请求，一般把这种查询方式称为迭代查询。

步骤 1：在企业内部 DNS 服务器 S1 的"DNS 管理器"窗口中右击服务器"S1"选项，在弹出的快捷菜单中选择"属性"命令，如图 3-3-16 所示。

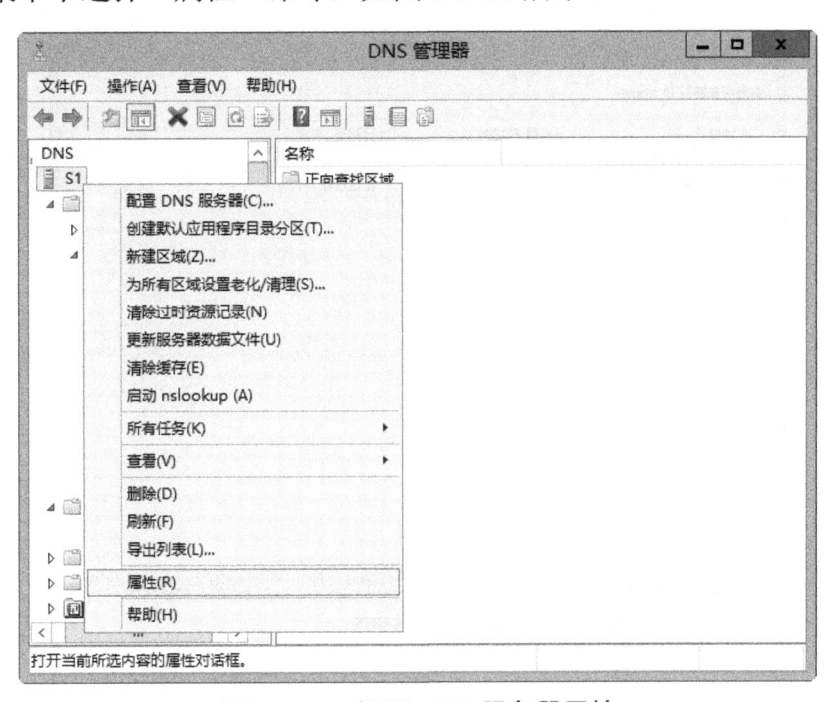

图 3-3-16　设置 DNS 服务器属性

步骤 2：在"S1 属性"对话框的"转发器"选项卡中，单击"编辑"按钮，如图 3-3-17 所示。

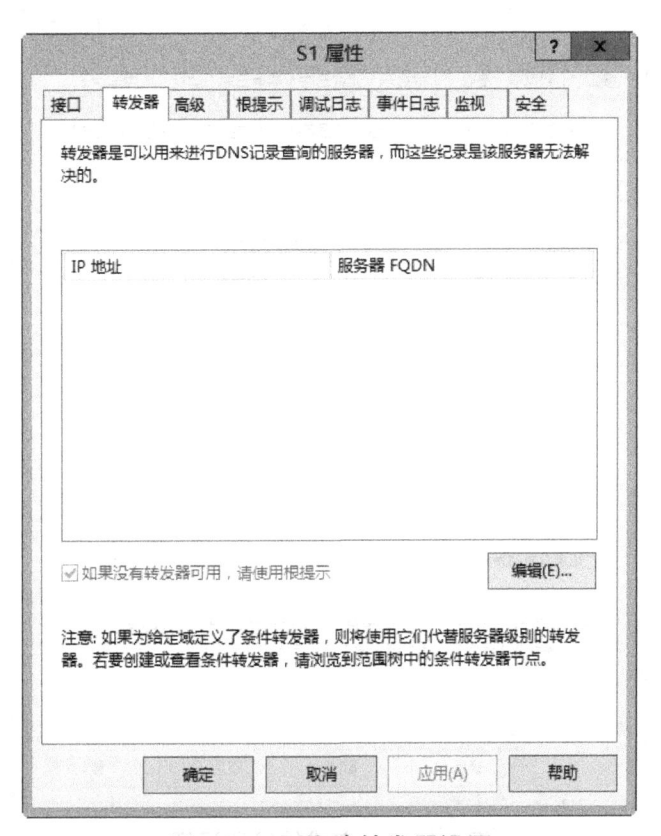

图 3-3-17　修改转发器设置

步骤3：在"编辑转发器"对话框中单击"单击此处添加 IP 地址或 DNS 名称"，输入转发器 IP 地址，然后单击"确定"按钮，如图 3-3-18 所示。

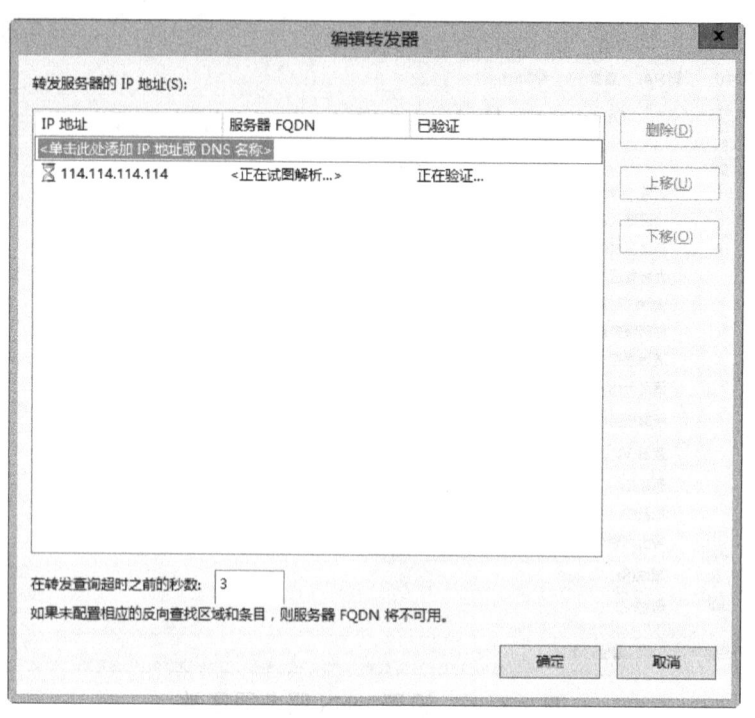

图 3-3-18　输入转发器 IP 地址

步骤4：返回"转发器"选项卡后，单击"确定"按钮，如图 3-3-19 所示。

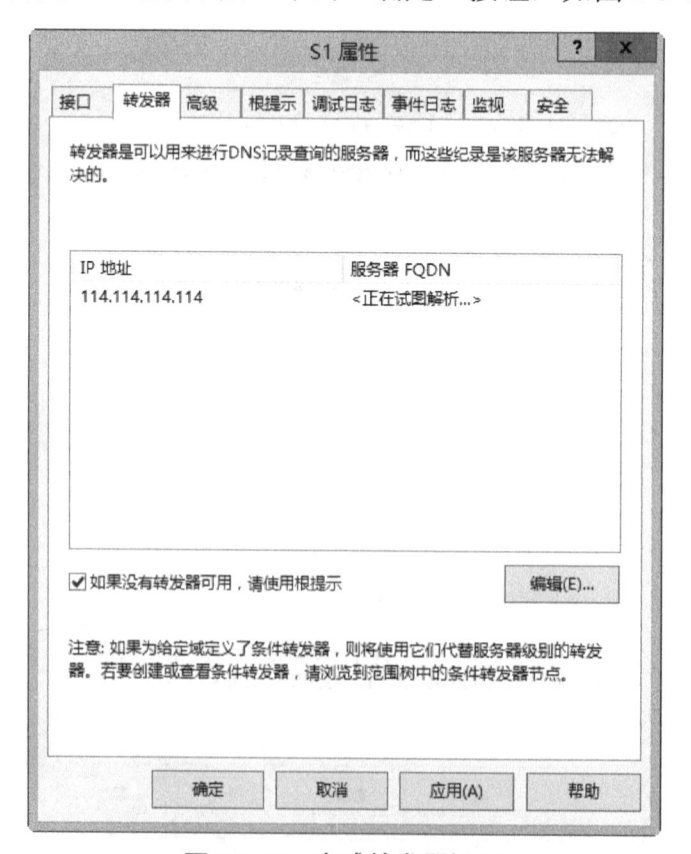

图 3-3-19　完成转发器设置

4．测试子域、委派域、转发器

步骤 1：将客户端的首选 DNS 服务器的 IP 地址设置为企业内部 DNS 服务器的 IP 地址，即 10.10.10.101。

步骤 2：测试子域。在客户端的"命令提示符"窗口中执行"nslookup bjs1.bj.tianyi.com"命令，可看到子域记录的查询结果，如图 3-3-20 所示。

图 3-3-20 测试子域

步骤 3：测试委派域。执行"nslookup gzs1.gz.tianyi.com"命令，可看到委派域记录的查询结果，由于是迭代查询而来，因此结果中具有"非权威应答"提示，如图 3-3-21 所示。

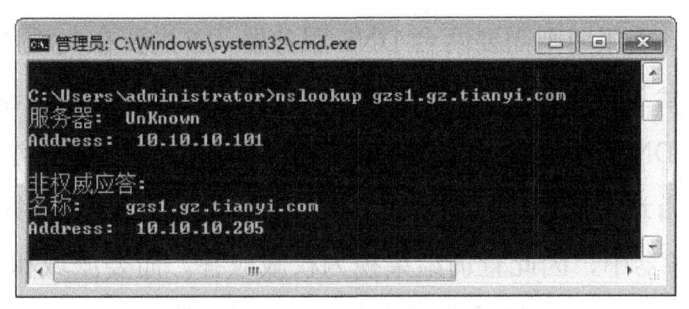

图 3-3-21 测试委派域

步骤 4：测试转发器。执行"nslookup www.baidu.com"命令来查询公网中的域名，可看到查询结果，由于也是迭代查询而来，因此结果中同样具有"非权威应答"提示，如图 3-3-22 所示。

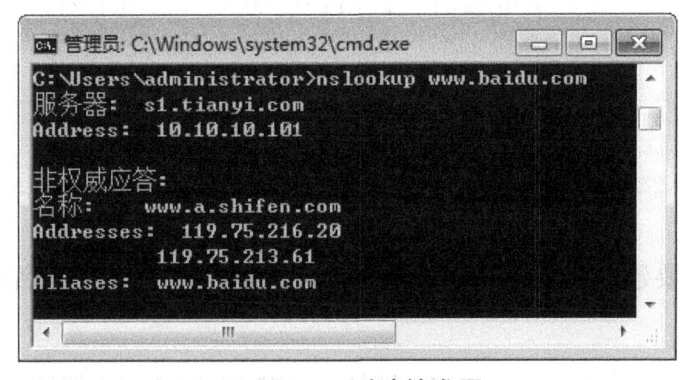

图 3-3-22 测试转发器

知识链接

1. DNS 查询中的递归

在递归查询模式下,若 DNS 服务器 S1 接收到客户端请求,则必须使用一个准确的查询结果回复客户端。如果 S1 本地没有存储要查询的区域记录,那么 S1 会询问其他服务器,由 S1 将返回的查询结果提交给客户端。

2. DNS 查询中的迭代

在迭代查询模式下,当客户端发送查询请求时,DNS 服务器 S1 并不直接回复查询结果,而是告诉客户端另一台 DNS 服务器 S2 的 IP 地址,客户端再向 S2 提交请求,重复执行这样的步骤直到返回查询的结果。迭代查询一般用于查找当前 DNS 服务器中不能直接解析的区域记录,结果在 DNS 客户端中具有"非权威应答"提示。

任务小结

本任务完成了对 DNS 子域、委派域及转发器的配置。子域需要在父域所在的 DNS 服务器上建立并添加记录。委派域则需要两台 DNS 服务器,首先要在父域所在的 DNS 服务器上指明子域要委派给哪台 DNS 服务器来管理,然后在受委派的 DNS 服务器上建立子域及记录。转发器则是公网上的 DNS 服务器,用来处理公司内部 DNS 服务器无法解析的区域记录。

如果将客户端的首选 DNS 服务器指向任务中父域所在的 DNS 服务器,由于子域与父域位于同一台 DNS 服务器中,因此查询结果视为权威应答。而委派域和转发器则不然,由于它们都采用了迭代查询模式,虽然是公司内部 DNS 服务器告诉客户端找谁来进一步处理查询请求,但是最终的结果是由受委派的 DNS 服务器或公用 DNS 服务器来解析的,因此查询结果视为非权威应答。

若要建立子域、委派域及配置转发器,则要求客户端与公司内部 DNS 服务器、受委派 DNS 服务器及转发器之间能够正常通信,否则客户端无法查询结果。

项 目 实 训

奇幻动漫公司需要建立自己的 DNS 服务器,用来为员工提供域名解析服务,具体要求如下。

(1)在计算机中的一台名为 mys1、IP 地址为 172.31.1.151/24 的服务器上安装 DNS 服务器角色。

(2)申请并使用 qihuandongman.com 作为公司域名,建立 DNS 域。

（3）实现公司的域名解析：服务器 test1 的 IP 地址为 172.31.1.201/24，服务器 test2 的 IP 地址为 172.31.1.202/24；存放公司 WWW 服务的服务器为 test1。

（4）在计算机中的一台名为 mys2、IP 地址为 172.31.1.152/24 的服务器上安装 DNS 服务器角色，并作为公司域的辅助 DNS 服务器来使用。

（5）为设计部建立子域。

（6）将测试部子域委派给一台名为 mys3 的服务器（IP 地址为 172.31.1.244/24）来处理。

（7）当公司自己的 DNS 服务器无法处理请求时，交由本地区的公用 DNS 服务器（IP 地址为 202.106.0.20）处理。

项目四

配置 DHCP 服务器

项目描述

为计算机设置 IP 地址有两种方法：第一种方法是手动输入，适合具备一定计算机网络基础的用户使用，但这种方法容易因输入错误而造成 IP 地址冲突，如有多台计算机，则每台计算机需要单独完成手动设置；第二种方法是自动向 DHCP 服务器获取，适合计算机数量较多的网络环境，这种方法需要一台 DHCP 服务器，由 DHCP 服务器为计算机分配 IP 地址及其参数，可减轻网络管理员的负担，以及减少手动输入的错误。

在本项目中，要为天驿公司配置 DHCP 服务器以满足计算机的 IP 地址分配需求，并使用 DHCP 的故障转移功能预防 DHCP 服务器的单点故障。

知识目标

1. 了解 DHCP 服务器的基本概念和作用。
2. 掌握 IP 地址的动态管理和工作原理。
3. 掌握 IP 地址作用域和超级作用域的区别。
4. 能规划网络中 IP 地址的范围。

能力目标

1. 能熟练安装 DHCP 服务器。
2. 能正确新建作用域。
3. 能配置 DHCP 客户端并获取 IP 地址。
4. 能熟练配置 DHCP 的故障转移。

项目四 配置 DHCP 服务器

思政目标

1．能主动收集客户需求，按需配置服务器，逐步养成爱岗敬业精神和服务意识。
2．发扬工匠精神，努力实现服务器业务高可用性。
3．具有节约意识，能均衡使用硬件资源实现服务器搭建。

思维导图

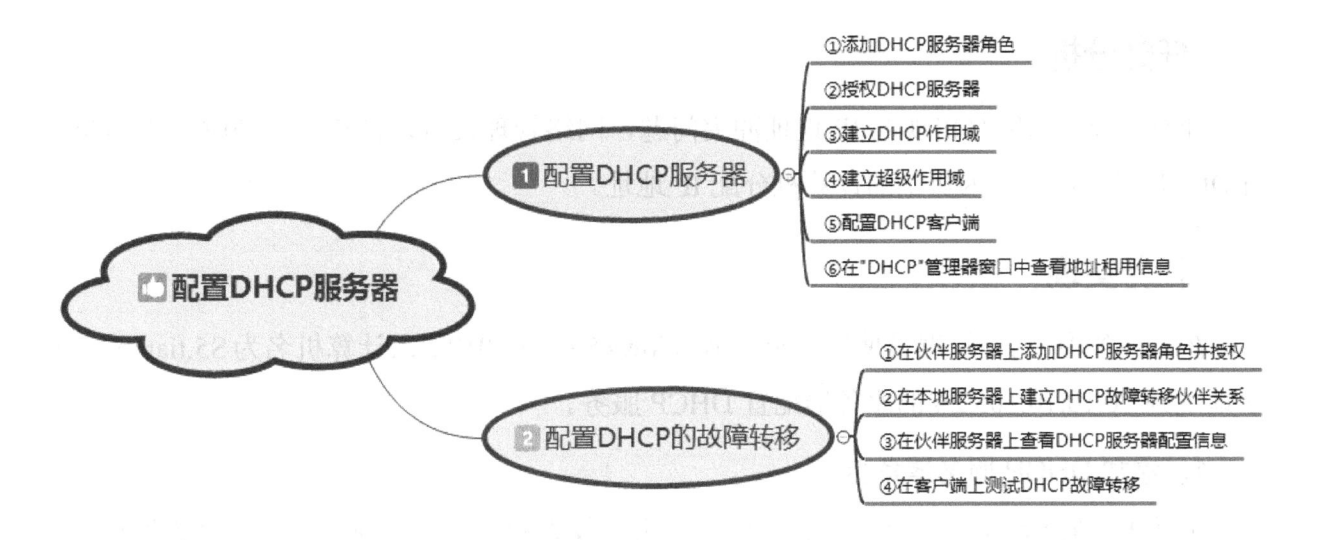

配置DHCP服务器
- 1 配置DHCP服务器
  - ①添加DHCP服务器角色
  - ②授权DHCP服务器
  - ③建立DHCP作用域
  - ④建立超级作用域
  - ⑤配置DHCP客户端
  - ⑥在"DHCP"管理器窗口中查看地址租用信息
- 2 配置DHCP的故障转移
  - ①在伙伴服务器上添加DHCP服务器角色并授权
  - ②在本地服务器上建立DHCP故障转移伙伴关系
  - ③在伙伴服务器上查看DHCP服务器配置信息
  - ④在客户端上测试DHCP故障转移

项目拓扑

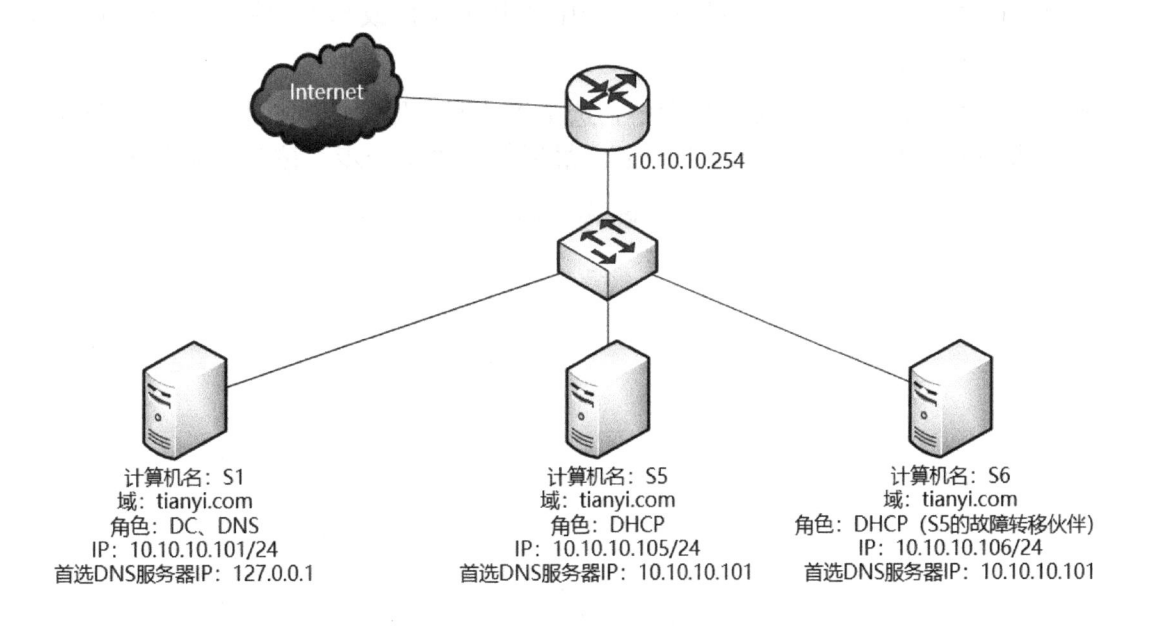

Internet —— 路由器 10.10.10.254 —— 交换机

- 计算机名：S1
  域：tianyi.com
  角色：DC、DNS
  IP：10.10.10.101/24
  首选DNS服务器IP：127.0.0.1

- 计算机名：S5
  域：tianyi.com
  角色：DHCP
  IP：10.10.10.105/24
  首选DNS服务器IP：10.10.10.101

- 计算机名：S6
  域：tianyi.com
  角色：DHCP（S5的故障转移伙伴）
  IP：10.10.10.106/24
  首选DNS服务器IP：10.10.10.101

任务1 配置DHCP服务器

任务描述

最近一段时间，天驿公司的网络管理员收到了不少计算机出现IP地址冲突的求助，经检查发现，是由部分员工自行设置IP地址造成的，网络管理员需解决这一问题。

任务分析

针对天驿公司网络出现的IP地址冲突问题，网络管理员可以搭建一台DHCP服务器，由DHCP服务器统一为员工的计算机分配IP地址。

任务实现

在本任务中，网络管理员使用安装有Windows Server 2012 R2、计算机名为S5.tianyi.com、IP地址为10.10.10.105/24的服务器配置DHCP服务。

1. 添加DHCP服务器角色

步骤1：在"服务器管理器"窗口中，单击"仪表板"→"快速启动"→"添加角色和功能"链接，打开"添加角色和功能向导"窗口，然后单击"下一步"按钮。

步骤2：在"选择安装类型"界面中，选中"基于角色或基于功能的安装"单选按钮，然后单击"下一步"按钮。

步骤3：在"选择目标服务器"界面中，选中"从服务器池中选择服务器"单选按钮，然后选择当前服务器，本例为"S5.tianyi.com"，最后单击"下一步"按钮，如图4-1-1所示。

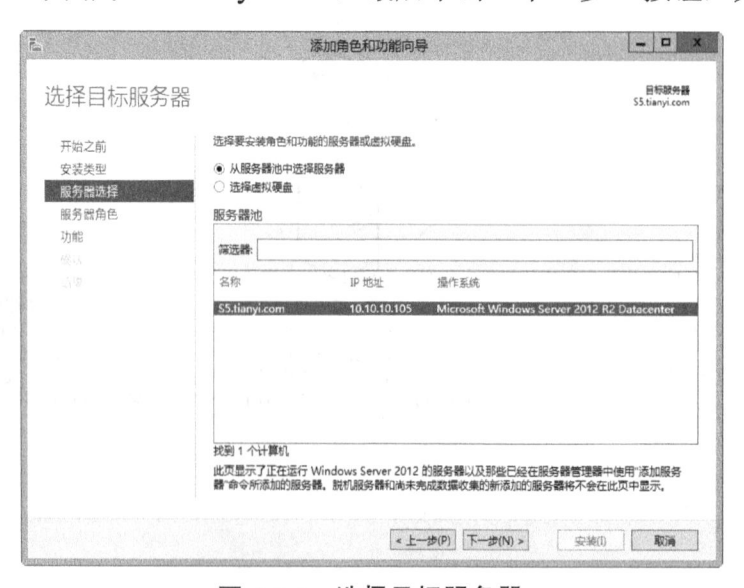

图4-1-1 选择目标服务器

步骤 4：在"选择服务器角色"界面中，勾选"DHCP 服务器"复选框，在弹出的所需功能对话框中单击"添加功能"按钮，如图 4-1-2 所示。

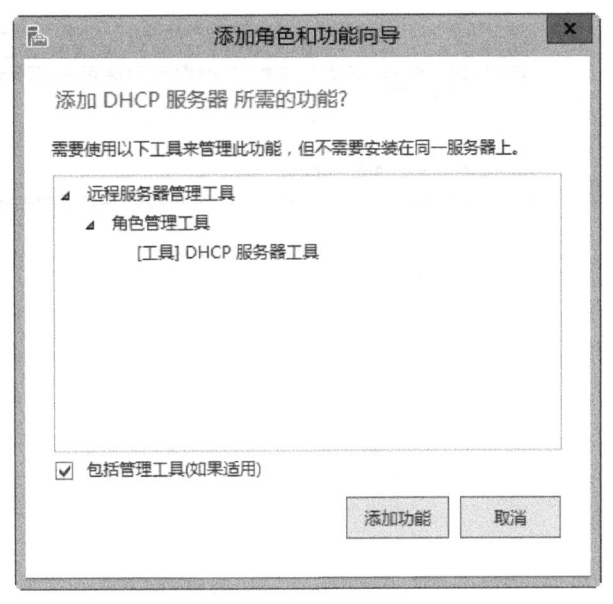

图 4-1-2　添加角色和功能向导

步骤 5：返回"选择服务器角色"界面，单击"下一步"按钮，如图 4-1-3 所示。

步骤 6：在"选择功能"界面中，单击"下一步"按钮。

步骤 7：在"DHCP 服务器"界面中，单击"下一步"按钮，如图 4-1-4 所示。

步骤 8：在"确认安装所选内容"界面中，单击"安装"按钮，开始安装 DHCP 服务器，如图 4-1-5 所示。

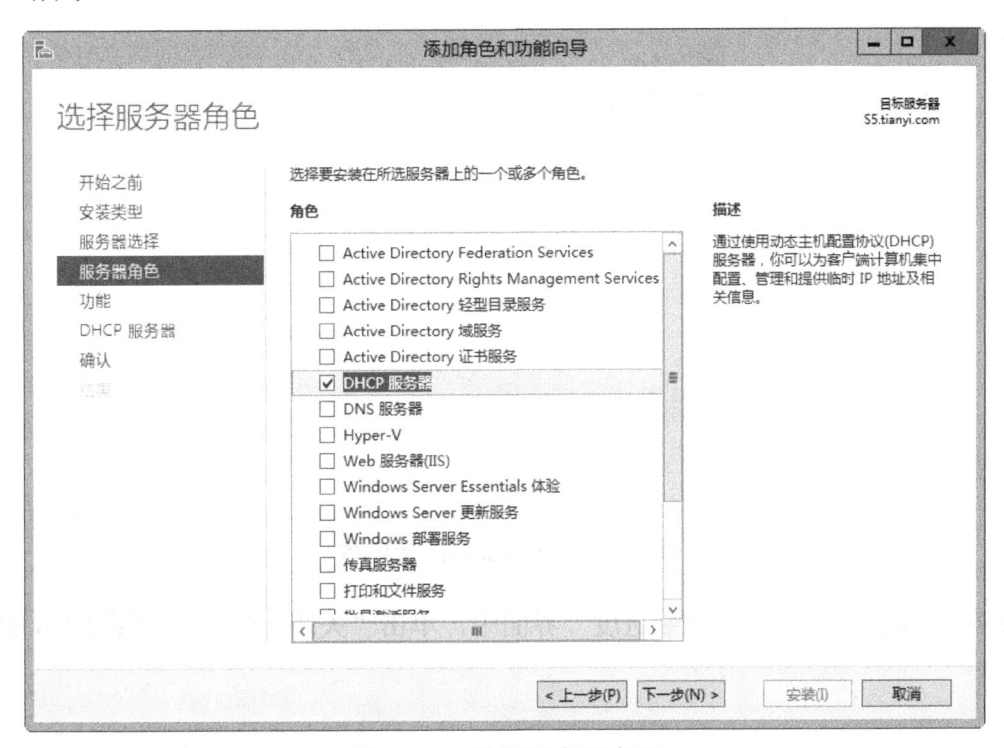

图 4-1-3　选择服务器角色

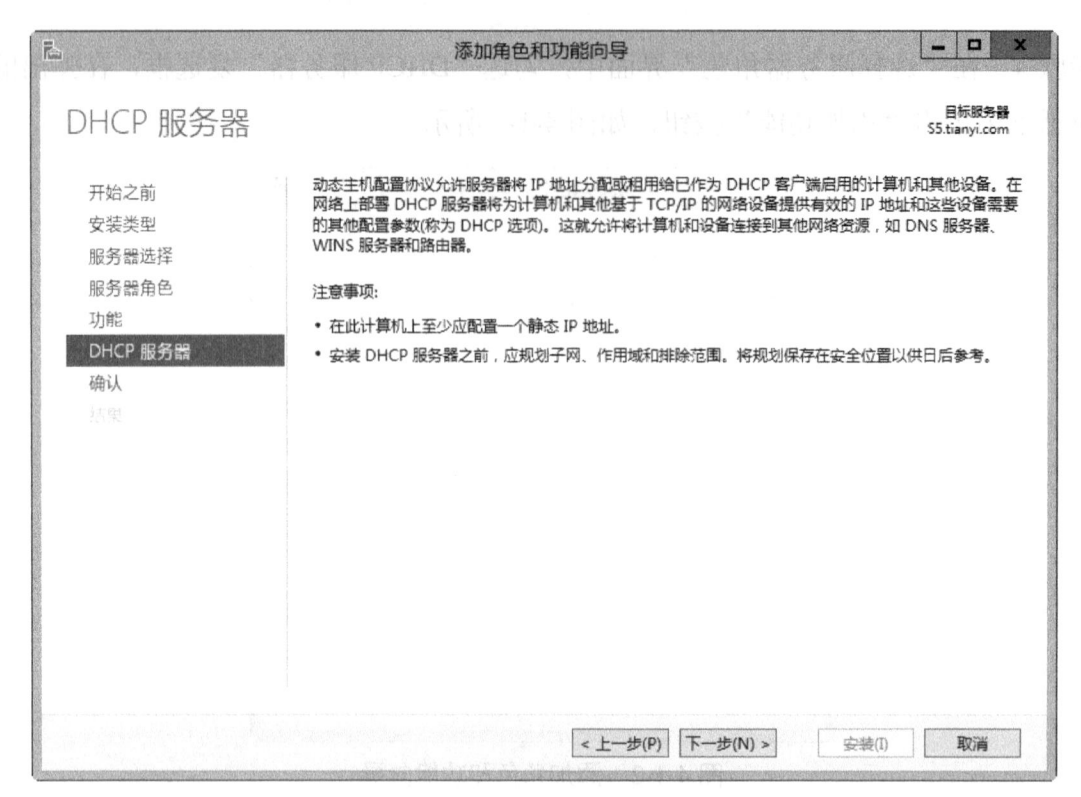

图 4-1-4 DHCP 服务器注意事项提示

图 4-1-5 确认安装所选内容

步骤 9：安装完毕后，在"安装进度"界面中，单击"关闭"按钮，如图 4-1-6 所示。

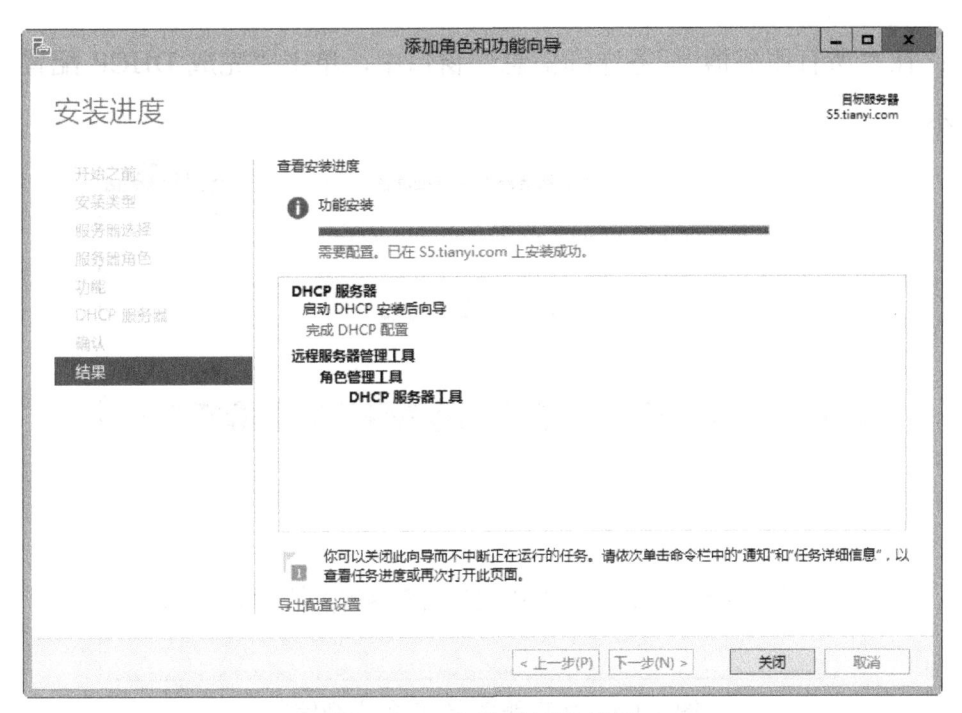

图 4-1-6　安装进度及结果

2．授权 DHCP 服务器

在 Active Directory 域环境中，DHCP 服务器安装完成之后，并不能立即启动，还需要使用域中 Enterprise Admins 组的用户（TIANYI\administrator 即可）进行授权方可启动。

步骤 1：打开"服务器管理器"窗口，在窗口左侧功能项中选择"DHCP"角色，然后在服务器列表中选择当前服务器"S5"，单击上面黄色警告中的"更多…"链接，如图 4-1-7 所示。

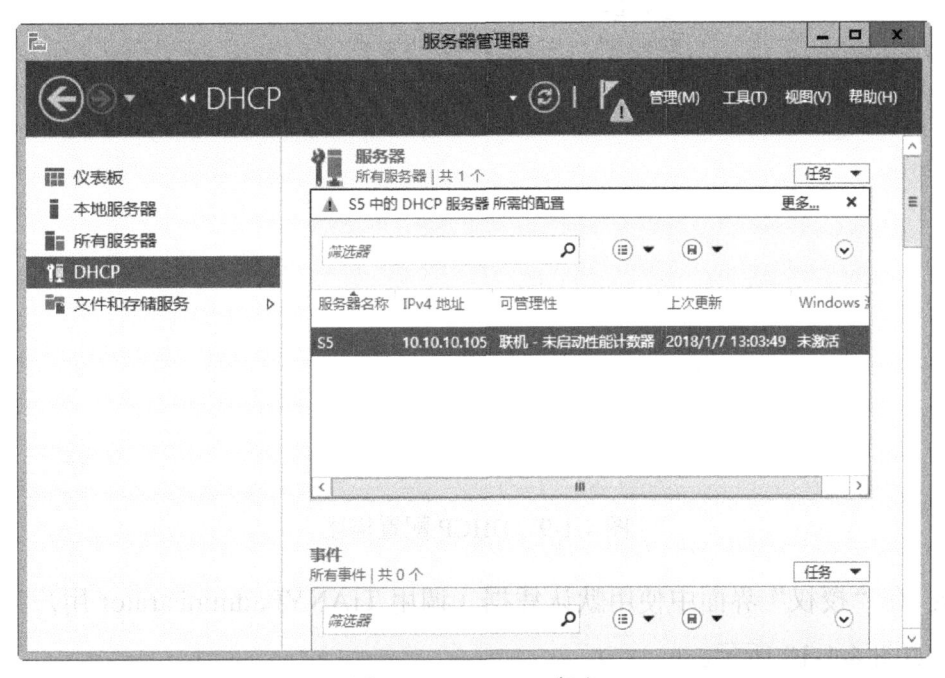

图 4-1-7　DHCP 角色

步骤 2：在"所有服务器 任务详细信息"窗口中，单击"完成 DHCP 配置"链接，如图 4-1-8 所示。

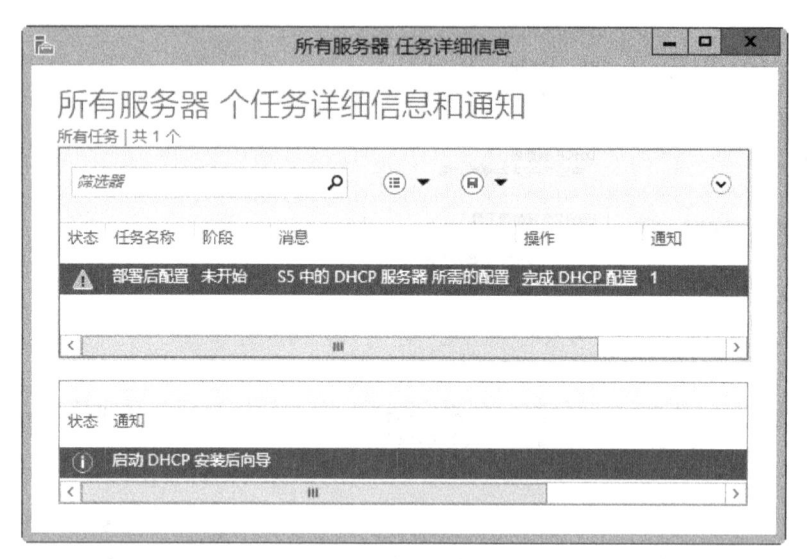

图 4-1-8　所有服务器 任务详细信息

步骤 3：在"DHCP 安装后配置向导"的"描述"界面中，单击"下一步"按钮，如图 4-1-9 所示。

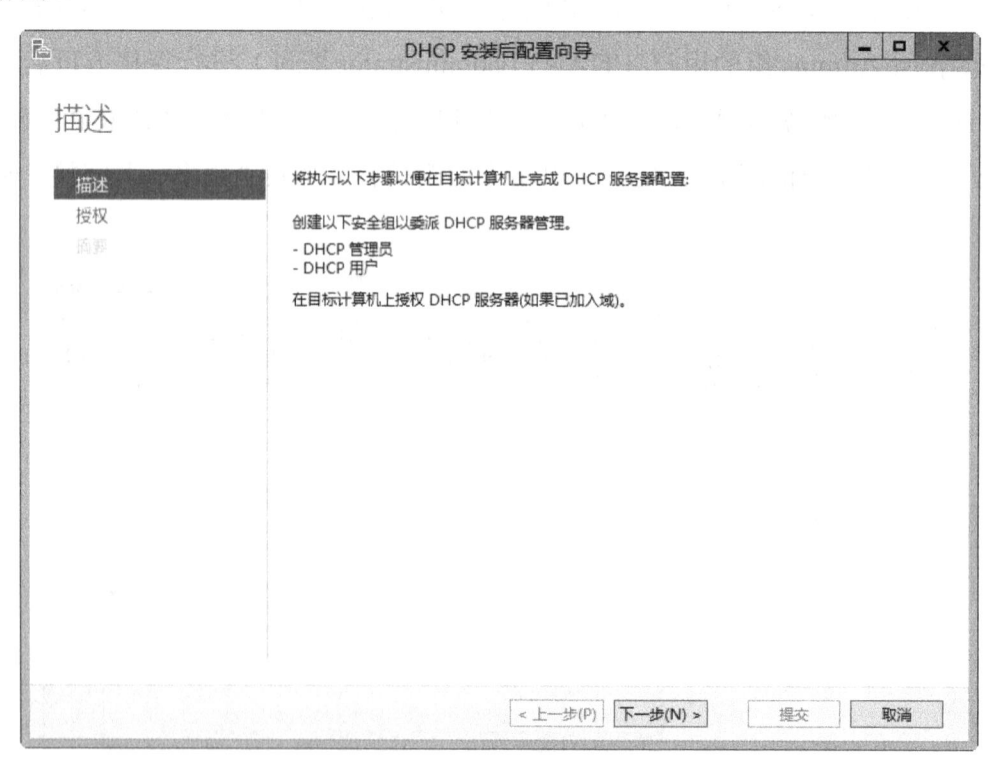

图 4-1-9　DHCP 配置描述

步骤 4：在"授权"界面中使用默认凭据（调用 TIANYI\administrator 用户），单击"提交"按钮，如图 4-1-10 所示。

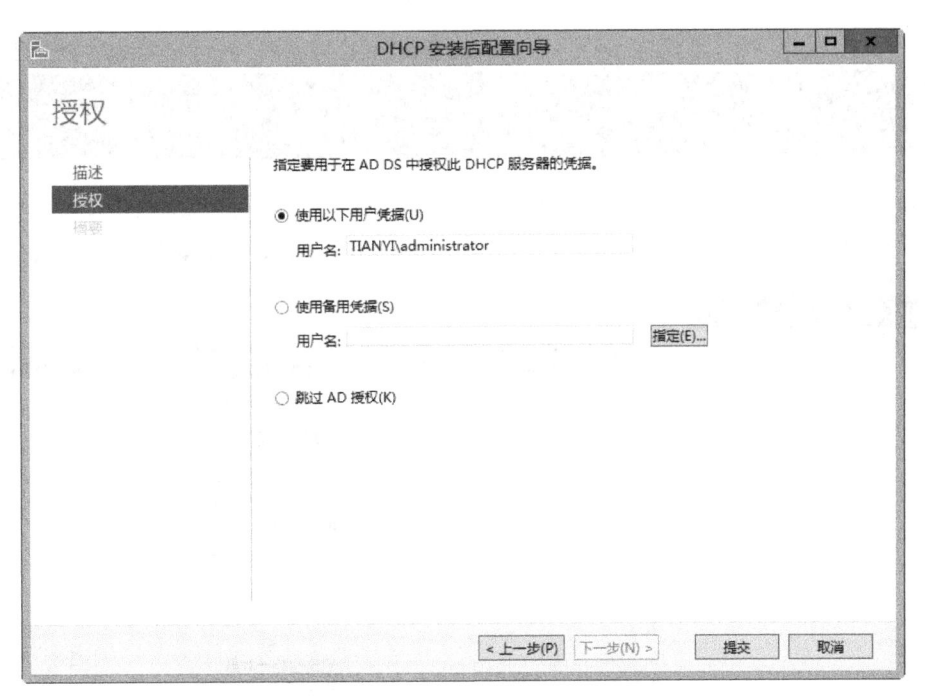

图 4-1-10 指定授权的凭据

步骤 5：在"摘要"界面中，单击"关闭"按钮，至此，对当前 DHCP 服务器的授权已完成，如图 4-1-11 所示。

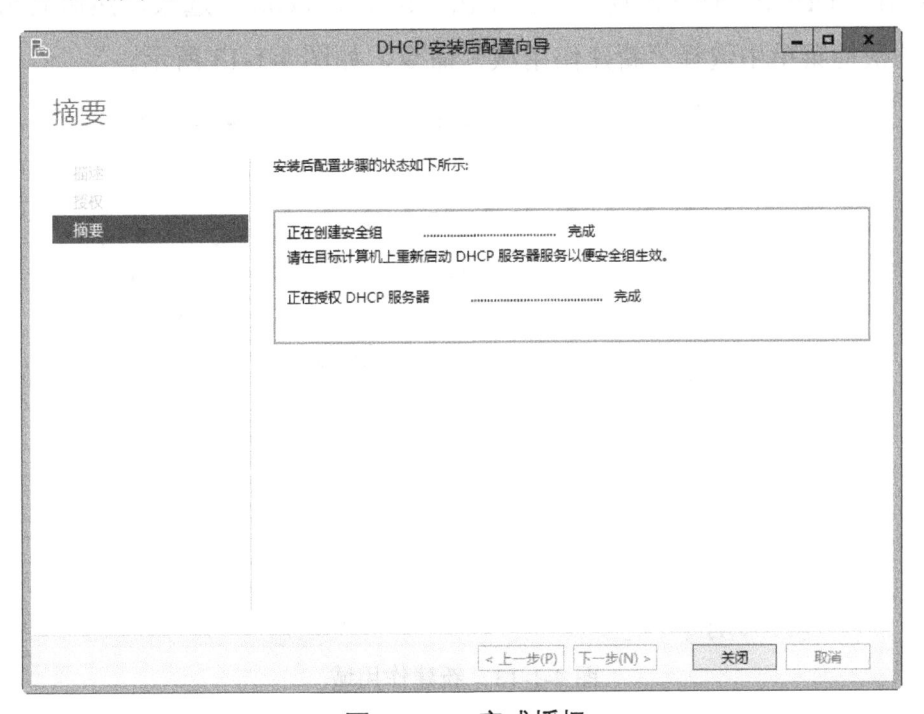

图 4-1-11 完成授权

3. 建立 DHCP 作用域

步骤 1：打开"服务器管理器"窗口，在窗口左侧功能项中选择"DHCP"角色，然后右击服务器列表中的服务器"S5"，在弹出的快捷菜单中选择"DHCP 管理器"命令，如图 4-1-12 所示。

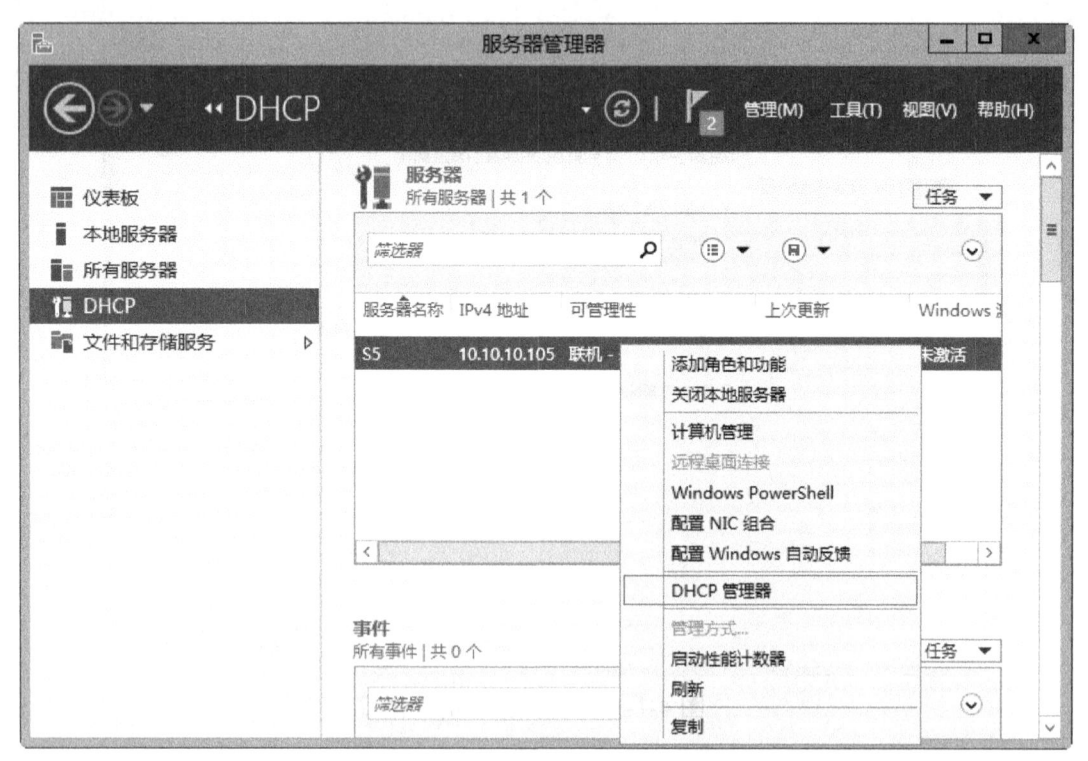

图 4-1-12　打开 DHCP 管理器

步骤 2：在"DHCP"管理器窗口中，单击"S5.tianyi.com"选项，然后右击"IPv4"选项，在弹出的快捷菜单中选择"新建作用域"命令，如图 4-1-13 所示。

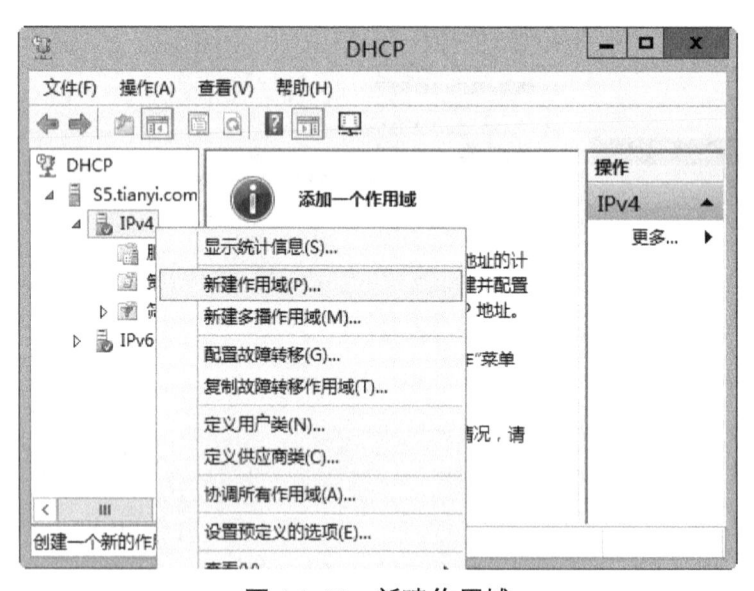

图 4-1-13　新建作用域

步骤 3：在"欢迎使用新建作用域向导"对话框中，单击"下一步"按钮，如图 4-1-14 所示。

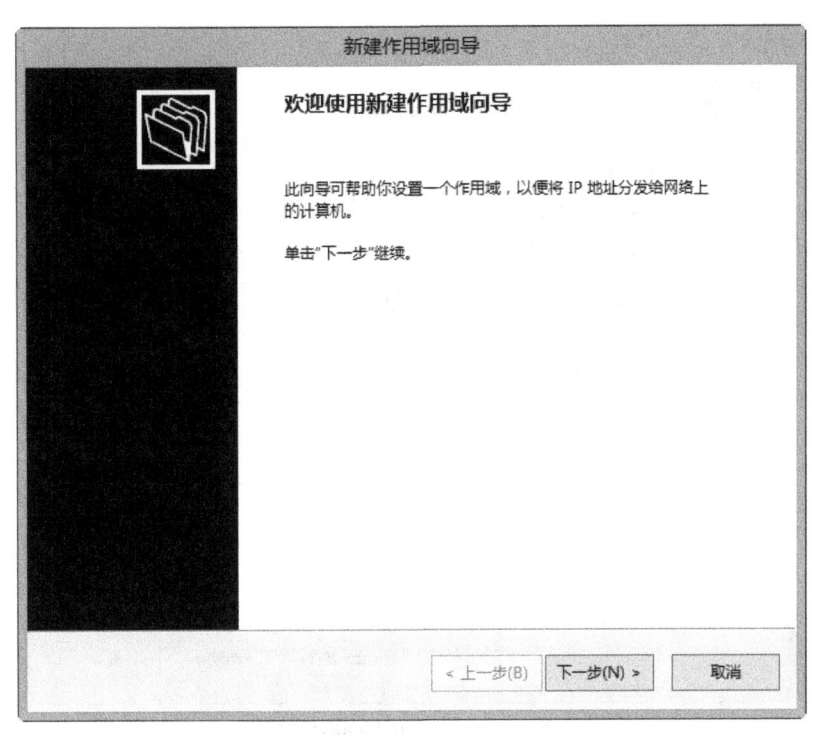

图 4-1-14 新建作用域向导欢迎页

步骤 4：在"作用域名称"对话框中输入作用域的名称，如"tianyi 总部网络 1"，然后单击"下一步"按钮，如图 4-1-15 所示。

步骤 5：在"IP 地址范围"对话框中输入地址池的起始和结束 IP 地址（在本任务中，地址池的 IP 地址范围为 10.10.10.11～10.10.10.200），然后设置子网掩码长度或直接输入子网掩码，输入完毕后单击"下一步"按钮，如图 4-1-16 所示。

图 4-1-15 作用域名称

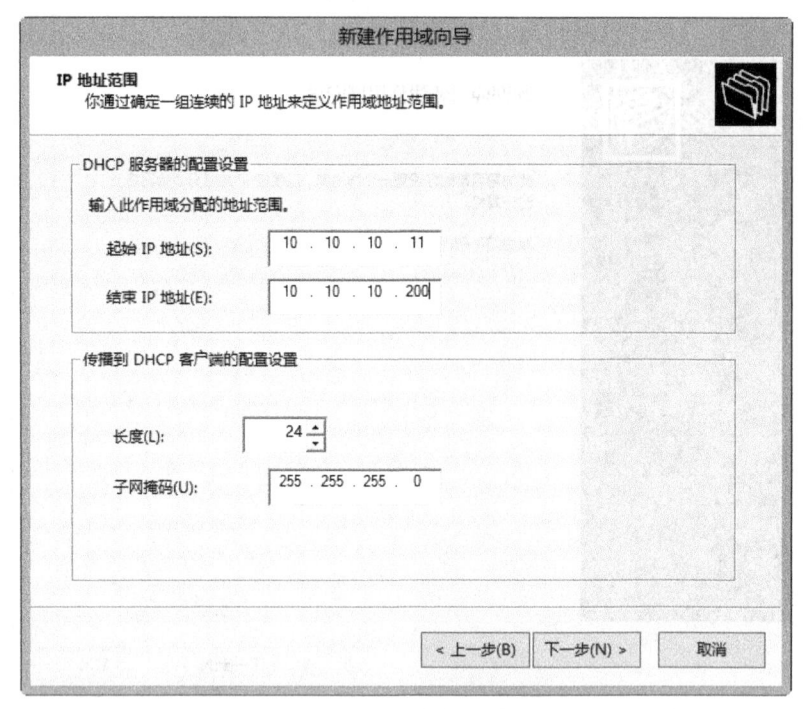

图 4-1-16　IP 地址范围

步骤 6：在"添加排除和延迟"对话框中，添加排除地址范围的起始和结束 IP 地址（在本任务中，排除服务器专用地址范围为 10.10.10.101～10.10.10.120），输入完毕后单击"添加"按钮，然后单击"下一步"按钮，如图 4-1-17 所示。

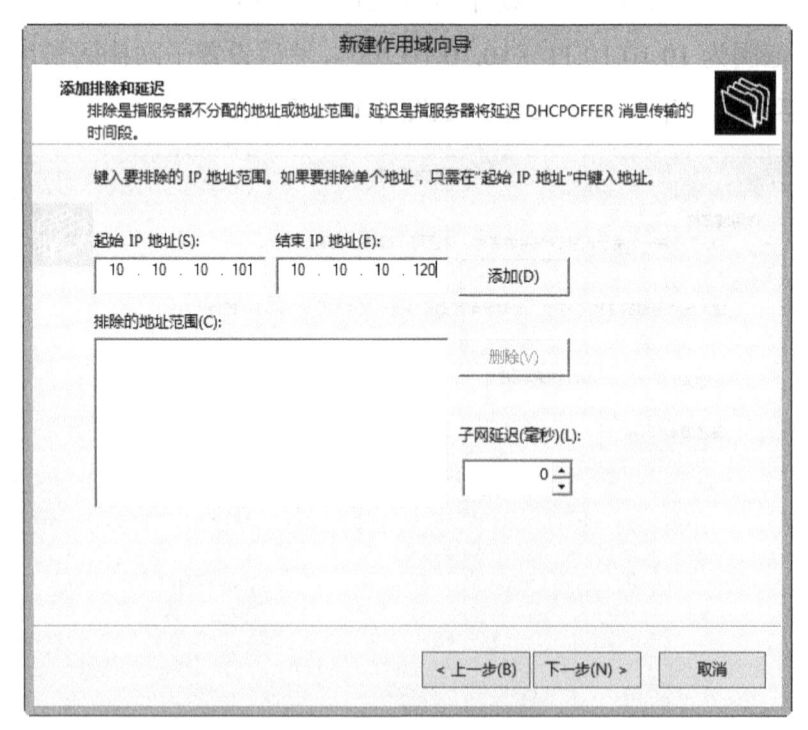

图 4-1-17　添加排除和延迟

步骤 7：在"租用期限"对话框中设置租约，设置完毕后，单击"下一步"按钮，如图 4-1-18 所示。

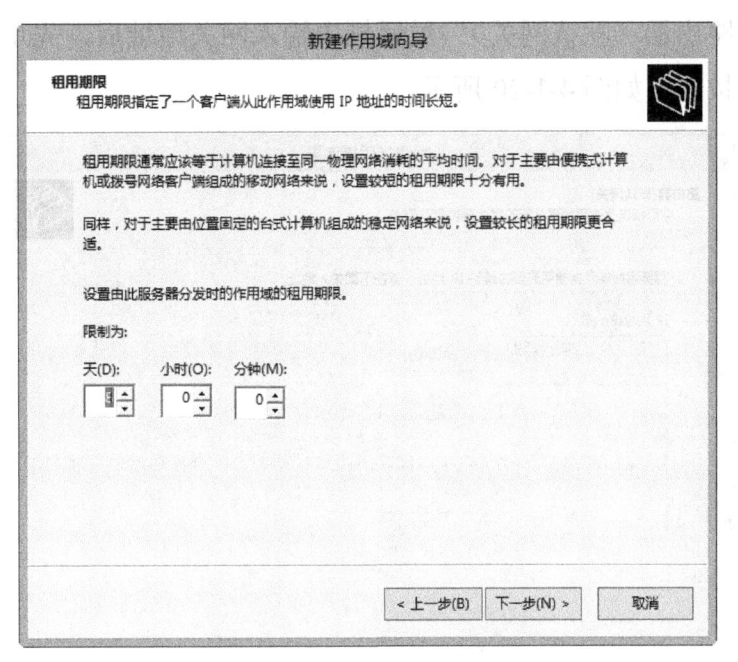

图 4-1-18　设置租约期限

> **小贴士**

租约期限是指客户端可以使用自动获得的 IP 地址的时间长短，设置时需考虑日常工作周期，如大于 1 天或大于 1 个星期。在一个全都是有线网络的环境中，可使用默认的租约期限 8 天，而如果网络中存在手机、平板电脑等可移动设备，则可设置租约期限为 1 天。

步骤 8：在"配置 DHCP 选项"对话框中，选中默认的"是，我想现在配置这些选项"单选按钮，然后单击"下一步"按钮，如图 4-1-19 所示。

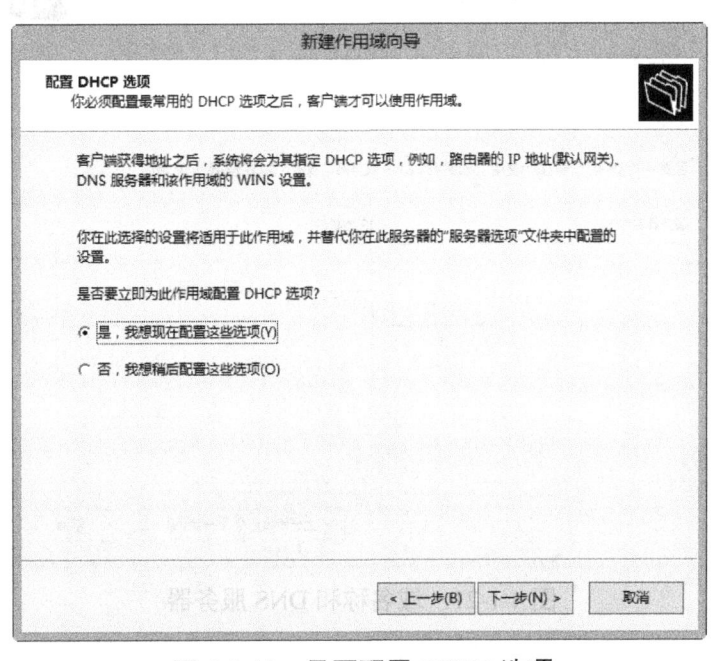

图 4-1-19　是否配置 DHCP 选项

步骤 9：在"路由器（默认网关）"对话框中输入网关地址后，先单击"添加"按钮，再单击"下一步"按钮，如图 4-1-20 所示。

图 4-1-20　添加网关地址

步骤 10：在"域名称和 DNS 服务器"对话框中输入父域名称（Active Directory 中的 DHCP 服务器自动填入域名），在"IP 地址"下的文本框中输入 DNS 服务器的 IP 地址，输入完毕后单击"添加"按钮，然后单击"下一步"按钮，如图 4-1-21 所示。

图 4-1-21　域名称和 DNS 服务器

项目四　配置 DHCP 服务器

> **小贴士**
>
> DHCP 作用域配置向导为了检验 DNS 服务器的有效性，在单击"添加"按钮后会自动进行测试，如果此时无法和 DNS 服务器通信，则会弹出提示；但如果只是暂时无法通信，则可以忽略警告继续添加该 DNS 服务器地址。

步骤 11：在"WINS 服务器"对话框中，单击"下一步"按钮，如图 4-1-22 所示。

图 4-1-22　WINS 服务器

步骤 12：在"激活作用域"对话框中，选中默认的"是，我想现在激活此作用域"单选按钮，然后单击"下一步"按钮，如图 4-1-23 所示。

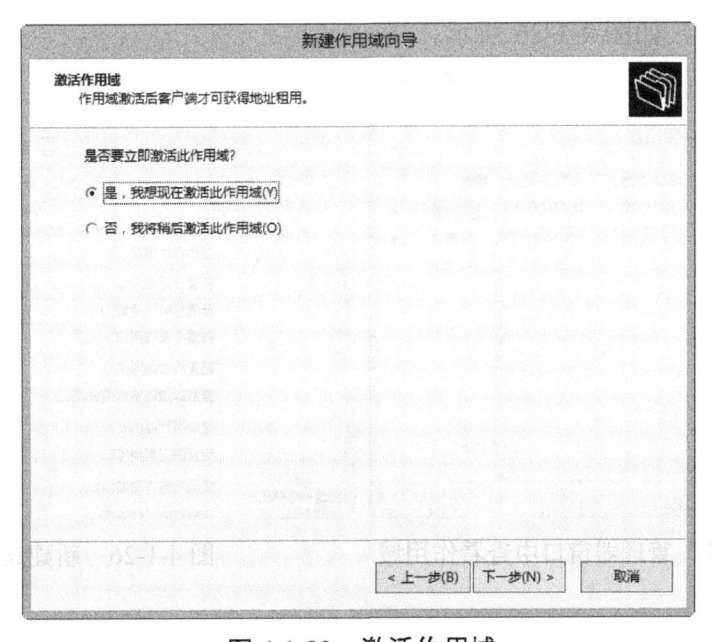

图 4-1-23　激活作用域

109

步骤 13：在"正在完成新建作用域向导"对话框中，单击"完成"按钮，如图 4-1-24 所示。

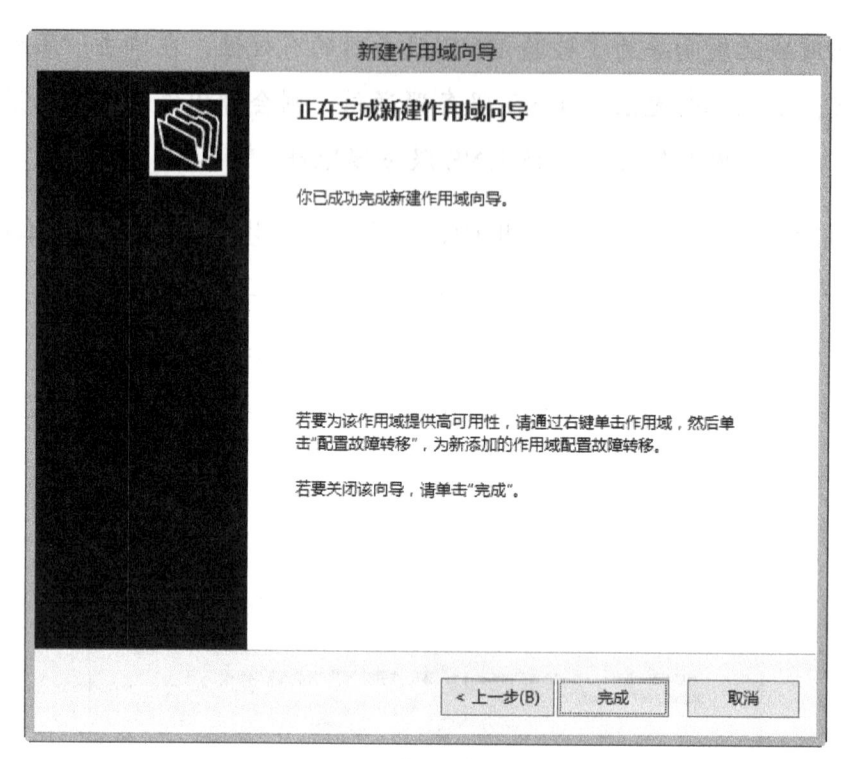

图 4-1-24　作用域创建完成

步骤 14：返回"DHCP"管理器窗口，可看到已经创建完成的作用域，如图 4-1-25 所示。

4．建立超级作用域

步骤 1：在"DHCP"管理器窗口中，右击"IPv4"选项，在弹出的快捷菜单中选择"新建超级作用域"命令，如图 4-1-26 所示。

图 4-1-25　在"DHCP"管理器窗口中查看作用域　　图 4-1-26　新建超级作用域

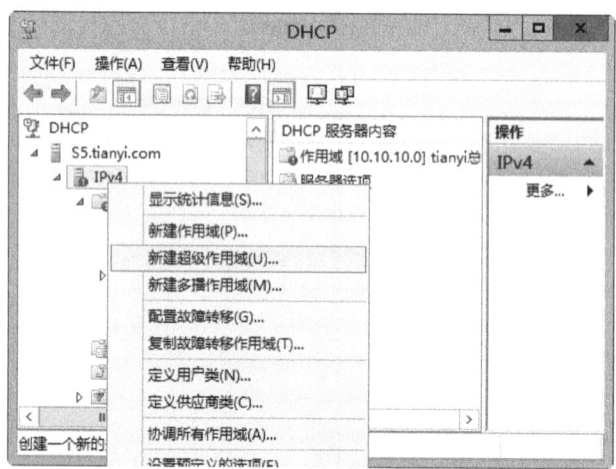

> **小贴士**
>
> 超级作用域是多个作用域的集合，常用在一个物理网络中具有多个子网的环境中。例如，如果一个物理网络中具有多台计算机，一个子网 ID 无法满足地址分配需求，则可使用包含多个子网作用域的超级作用域。超级作用域需要在路由器上配置子接口 IP，以保证不同子网间的连通，但随着三层交换机和 VLAN 技术的普及，超级作用域一般用来将多个作用域分组。

步骤 2：在"欢迎使用新建超级作用域向导"对话框中，单击"下一步"按钮，如图 4-1-27 所示。

图 4-1-27　新建超级作用域向导欢迎页

步骤 3：在"超级作用域名"对话框中输入超级作用域的名称，然后单击"下一步"按钮，如图 4-1-28 所示。

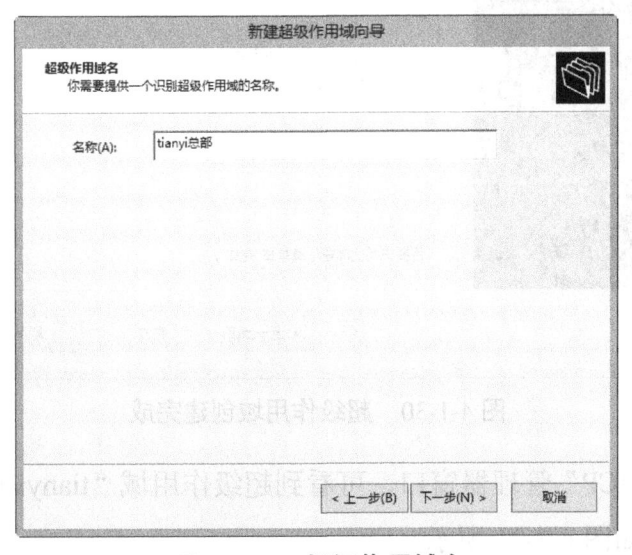

图 4-1-28　超级作用域名

步骤4：在"选择作用域"对话框中选择已有的作用域，如"tianyi总部网络1"，然后单击"下一步"按钮，如图4-1-29所示。

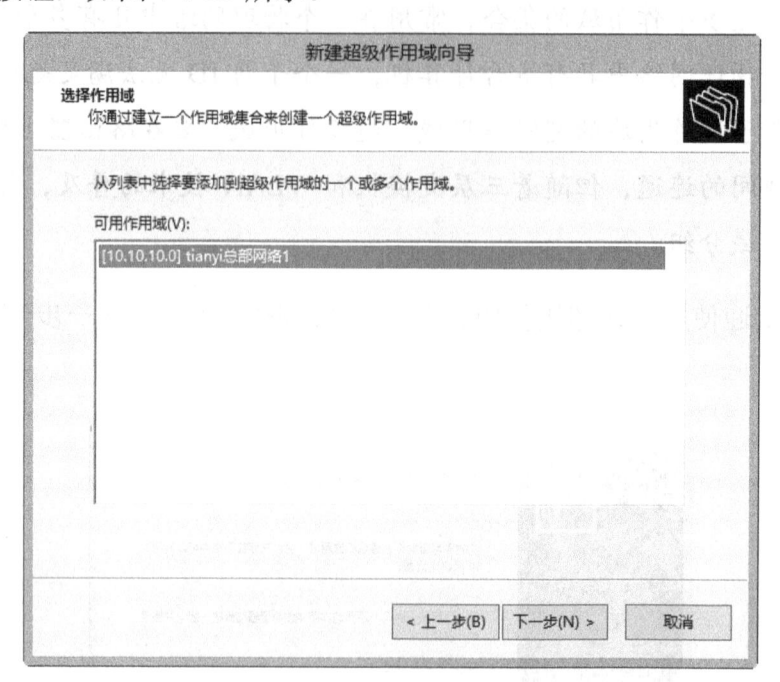

图4-1-29　选择作用域

步骤5：在"正在完成新建超级作用域向导"对话框中，单击"完成"按钮，如图4-1-30所示。

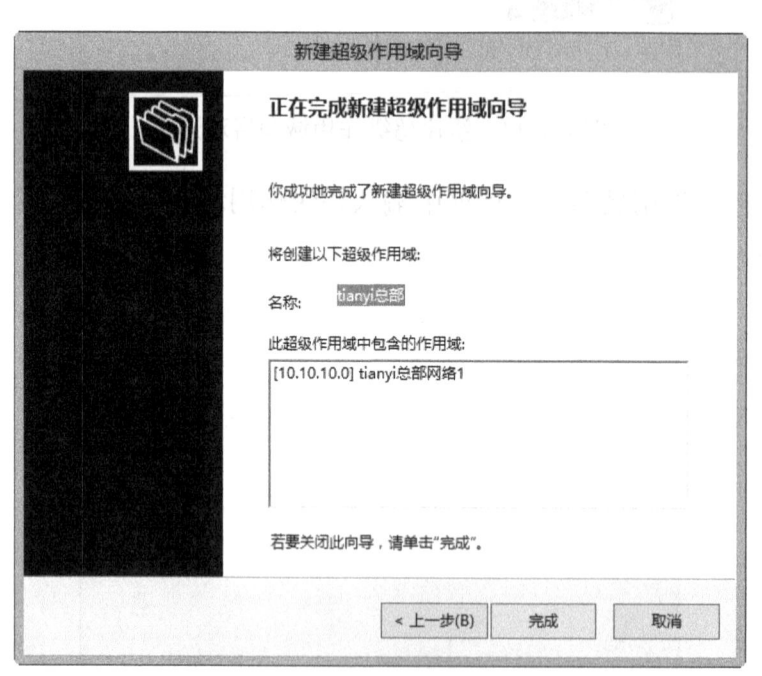

图4-1-30　超级作用域创建完成

步骤6：返回"DHCP"管理器窗口，可看到超级作用域"tianyi总部"已包含了作用域"tianyi总部网络1"，如图4-1-31所示。

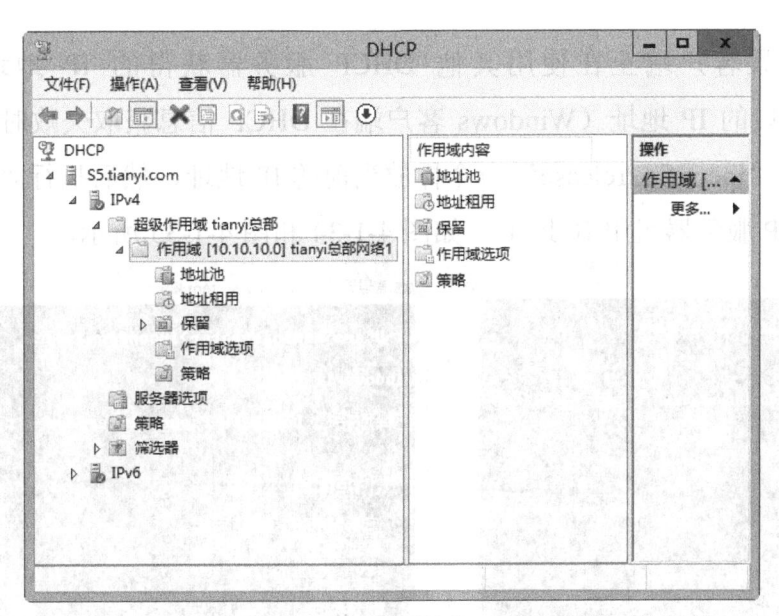

图 4-1-31 在"DHCP"管理器窗口中查看超级作用域

5. 配置 DHCP 客户端

步骤 1：在"Internet 协议版本 4（TCP/IPv4）属性"窗口中，修改客户端本地连接属性，设置为"自动获得 IP 地址"及"自动获得 DNS 服务器地址"，如图 4-1-32 所示。

步骤 2：在客户端的"命令提示符"窗口中执行"ipconfig /all"命令，查看自动获得的 IP 地址，可看到"本地连接"获得的 IP 地址（10.10.10.11）、网关、DHCP 服务器 IP 地址、DNS 服务器 IP 地址、租约期限等信息，如图 4-1-33 所示。

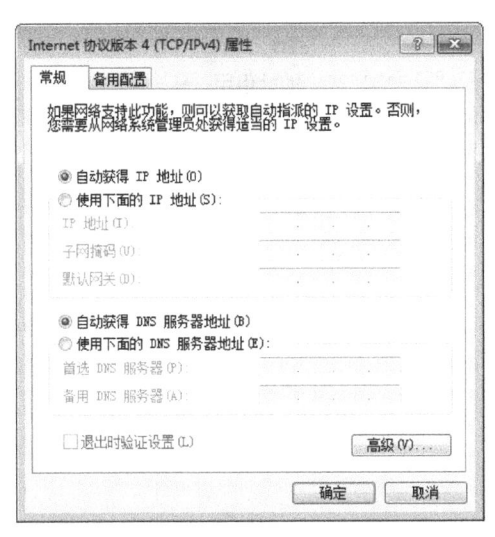

图 4-1-32 修改客户端本地连接属性 　　图 4-1-33 查看自动获得 IP 地址的详细信息

步骤 3：如果客户端正在使用其他 DHCP 服务器获得的 IP 地址，或正在使用 169.254.0.0/16 网段的 IP 地址（Windows 客户端在 DHCP 信息获取失败时给自己使用的 IP 地址），则可使用"ipconfig /release"命令释放当前的 IP 地址，然后执行"ipconfig /renew"命令重新向 DHCP 服务器租用 IP 地址，如图 4-1-34 和图 4-1-35 所示。

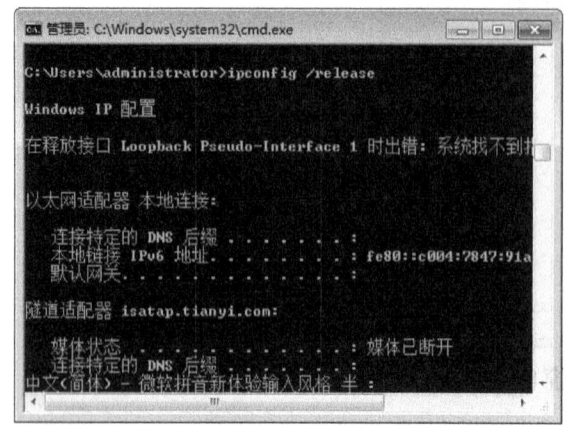

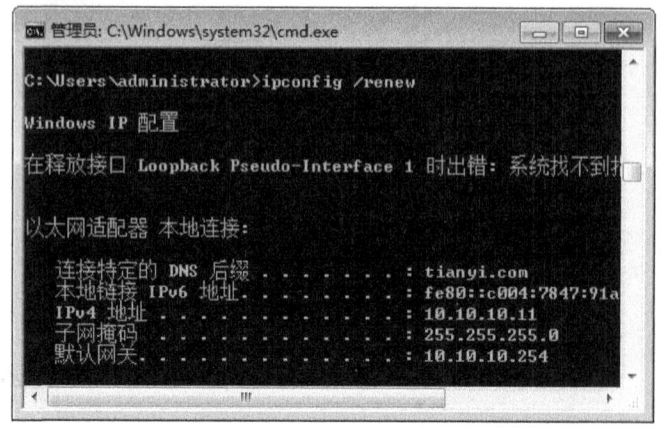

图 4-1-34　释放正在使用的 IP 地址　　　　图 4-1-35　重新向 DHCP 服务器租用 IP 地址

6. 在"DHCP"管理器窗口中查看地址租用信息

返回 DHCP 服务器，打开"DHCP"管理器窗口，双击"S5.tianyi.com"→"IPv4"→"超级作用域 tianyi 总部"→"作用域 [10.10.10.0] tianyi 总部网络 1"→"地址租用"选项，可看到 IP 地址 10.10.10.11 已经分配给计算机 PC1.tianyi.com，如图 4-1-36 所示。

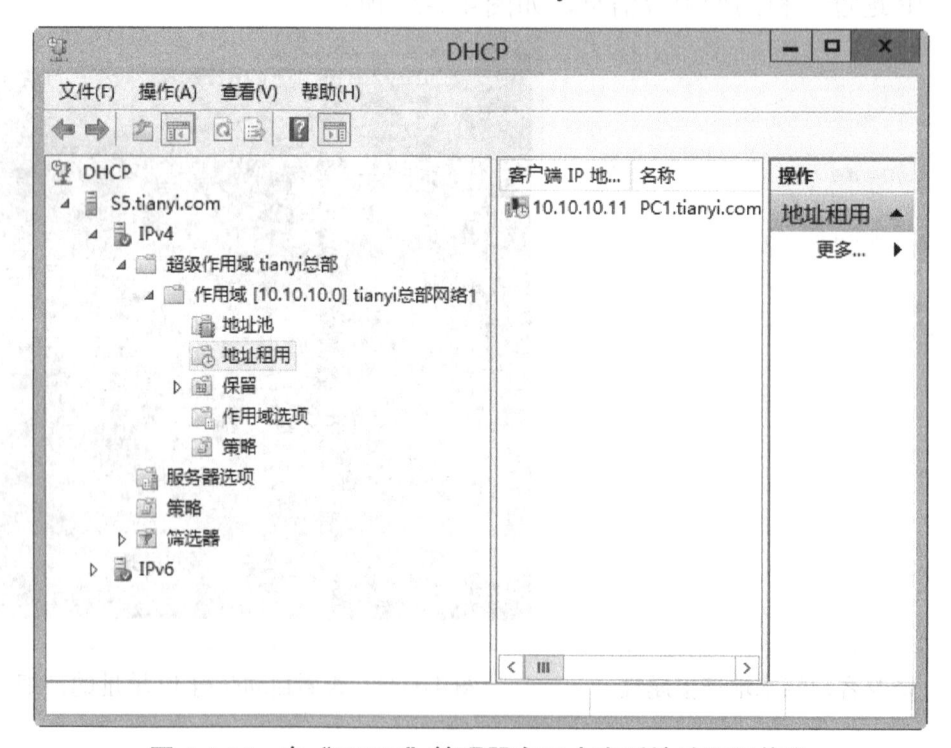

图 4-1-36　在"DHCP"管理器窗口中查看地址租用信息

知识链接

1. DHCP 常见数据包

DHCP DISCOVER：IP 地址租用申请，是一个广播包。DHCP 客户端会使用 UDP 68 端口向 UDP 67 端口发送 DHCP DISCOVER 广播包，该广播包中包含客户端的硬件地址（MAC 地址）和计算机名。

DHCP OFFER：IP 地址租用提供，是一个广播包。DHCP 服务器在收到客户端请求后，会从地址池中拿出一个未分配的 IP 地址，通过 DHCP OFFER 广播包告知客户端。如果有多台 DHCP 服务器，则客户端会使用第一个收到的 DHCP OFFER 广播包。

DHCP REQUEST：IP 地址租用选择，是一个广播包。客户端在收到 DHCP 服务器发来的 IP 地址后，会发送 DHCP REQUEST 广播包以告知网络中的 DHCP 服务器到底使用了谁分配的 IP 地址。

DHCP ACK：IP 地址租用确认，是一个广播包。被选中的 DHCP 服务器会回应一个 DHCP ACK 广播包以将这个 IP 地址分配给这个客户端使用。

2. DHCP 授权

授权是 Active Directory 中防止非法 DHCP 服务器运行的一种安全机制，未经授权的 DHCP 服务器将无法启动。在一个均为独立服务器的子网环境中，DHCP 服务器不需要授权，可以直接启动。若在 Active Directory 域所在子网中，有一台独立服务器承担 DHCP 服务器角色，则其 DHCP 服务器启动时，会发送 DHCP INFORM 广播包来查询已被授权的 DHCP 服务器，后者会发送 DHCP ACK 广播包来告知独立服务器已存在被授权的 DHCP 服务器（域成员），独立服务器的 DHCP 服务就不会启动。若独立服务器无法检测到已经授权的 DHCP 服务器，则可启动 DHCP 服务。

3. DHCP 中继代理

由于 DHCP 的客户端和服务器之间使用广播包进行通信，因此限制了 DHCP 服务器只能在一个广播域中使用。若客户端与 DHCP 服务器位于不同的广播域，则客户端的 DHCP DISCOVER 广播包便无法发送给 DHCP 服务器，这就需要一个 DHCP 中继代理（DHCP Relay Agent）设备。DHCP 中继代理设备一般为三层交换机、路由器、防火墙等，它会告知没有 DHCP 服务器的广播域位于另一广播域中 DHCP 服务器的 IP 地址。DHCP 中继代理设备在收到客户端的 DHCP DISCOVER、DHCP REQUEST 等广播包后，会将其变成单播包转发给 DHCP 服务器，DHCP 服务器以单播回应，然后 DHCP 中继代理设备将单播包变成广播包发给客户端。

一般来说，若一个网络拥有多个广播域（企业中多为 VLAN），则连接这些广播域的设备需要启用 DHCP 中继代理。

4. DHCP 保留

DHCP 保留是指 DHCP 服务器能在 DHCP 作用域中为某一客户端始终分配一个无租约期限的 IP 地址。例如，在某些软件测试环境中，需要多次为客户端重新安装操作系统，那么使用 DHCP 保留就能够确保客户端自动获得的始终为同一 IP 地址，其操作方法是在作用域中新建保留项，绑定客户端的 MAC 地址与要分配的 IP 地址。

5. BOOTP

BOOTP（Bootstrap Protocol，引导程序协议）一般用于在局域网中部署无盘工作站，现在也常用于客户端使用网络引导安装操作系统，如后续章节的 WDS（Windows 部署服务）需要开启 BOOTP。DHCP 是在 BOOTP 的基础上发展而来的，二者使用的端口相同。DHCP 的优势在于可以设置一些 DHCP 分配的策略，如在 Windows Server 2008 R2 及后续版本的系统中，可将 NAP（Network Access Protection，网络访问保护）和 DHCP 联动，以根据客户端的实际情况（是否开启了防火墙、Windows Update 等）来决定如何为客户端分配 IP 地址。

任务小结

本任务不仅完成了 DHCP 服务器的配置，包括安装 DHCP 服务器组件、新建作用域、配置作用域选项、新建超级作用域等，而且完成了 DHCP 客户端的设置，包括如何查看通过 DHCP 获得的 IP 地址信息、释放并重新获得 IP 地址等。

任务 2 配置 DHCP 的故障转移

任务描述

自从天驿公司使用 DHCP 服务器来为客户端分配 IP 地址后，网络中很少再出现 IP 地址冲突等问题，员工不用再为设置 IP 地址而苦恼。但由于现有的 DHCP 服务器也要定期停机维护，因此在 DHCP 服务器停机维护期间，客户端将无法获得 IP 地址。

网络管理员尝试采用 5/5 或 8/2 原则部署两台 DHCP 服务器，但这种方式存在不足，即一台 DHCP 服务器停机维护后另一台 DHCP 服务器的地址池只包含一部分 IP 地址，有些客户端将无法获得 IP 地址。因此，网络管理员又尝试配置故障转移群集，将 DHCP 数据库信息存放于 iSCSI 存储中，但是这种方式的步骤过于复杂，且公司并无存储设备。

任务分析

为解决天驿公司关于 DHCP 备份的问题，网络管理员决定使用 Windows Server 2012 R2 系统中的 DHCP 故障转移功能，将两台 DHCP 服务器共享同一 DHCP 数据库，在其中一台 DHCP 服务器停机维护时，另一台 DHCP 服务器可以承担工作，或两台 DHCP 服务器同时工作。

任务实现

本任务需要两台 DHCP 服务器，原有 S5.tianyi.com 服务器（IP 地址为 10.10.10.105）作为本地服务器（指 DHCP 故障转移的源），另外一台 S6.tianyi.com 服务器（IP 地址为 10.10.10.106）作为伙伴服务器。

1. 在伙伴服务器上添加 DHCP 服务器角色并授权

在伙伴服务器 S6.tianyi.com 上添加 DHCP 服务器角色，并在 DHCP 配置向导或 DHCP 管理器中完成授权，确保伙伴服务器 S6.tianyi.com 上的 DHCP 服务能够正常运行。

2. 在本地服务器上建立 DHCP 故障转移伙伴关系

步骤 1：在本地服务器 S5.tianyi.com 的 "DHCP" 管理器窗口中，右击 "超级作用域 tianyi 总部"选项，在弹出的快捷菜单中选择 "配置故障转移"命令，如图 4-2-1 所示。

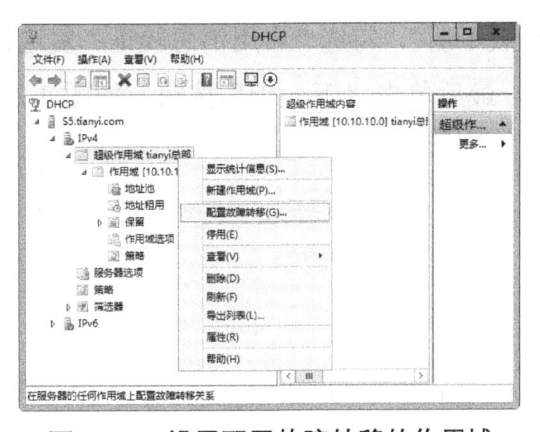

图 4-2-1　设置配置故障转移的作用域

小贴士

在配置 DHCP 故障转移时，如果选择了超级作用域，那么故障转移对其包含的所有作用域生效。

步骤 2：在 "DHCP 故障转移简介" 对话框中选择需要配置故障转移的作用域，由于要对超级作用域配置故障转移，因此此处的 "可用作用域" 设置为 "全选" 状态，然后单击 "下一步" 按钮，如图 4-2-2 所示。

步骤3：在"指定要用于故障转移的伙伴服务器"对话框中输入伙伴服务器的主机名或IP地址，也可单击"添加服务器"按钮，在tianyi.com域中通过浏览的方式选择"s6.tianyi.com"，然后单击"下一步"按钮，如图4-2-3所示。

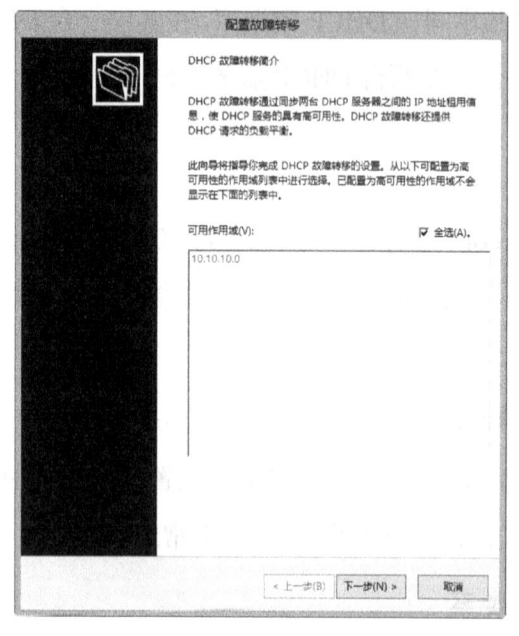

图4-2-2　选择需要配置故障转移的作用域 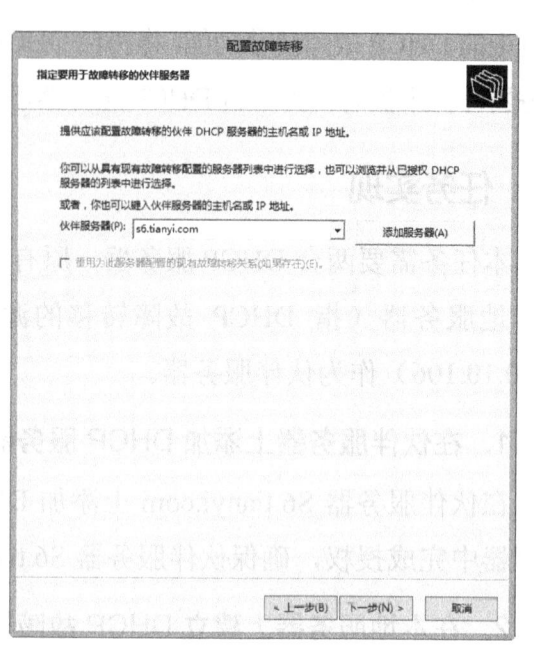　　　　图4-2-3　指定要用于故障转移的伙伴服务器

步骤4：在"新建故障转移关系"对话框中可看到伙伴关系的名称，此处无须修改，故障转移模式使用默认的"负载平衡"，勾选"启用消息验证"复选框，然后输入共享机密（服务器之间相互验证的密码），最后单击"下一步"按钮，如图4-2-4所示。

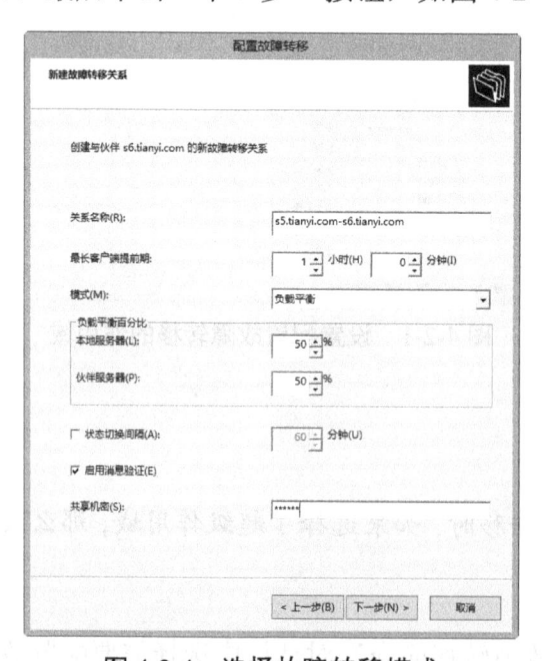

图4-2-4　选择故障转移模式

步骤5：在故障转移汇总信息对话框中，单击"完成"按钮，如图4-2-5所示。

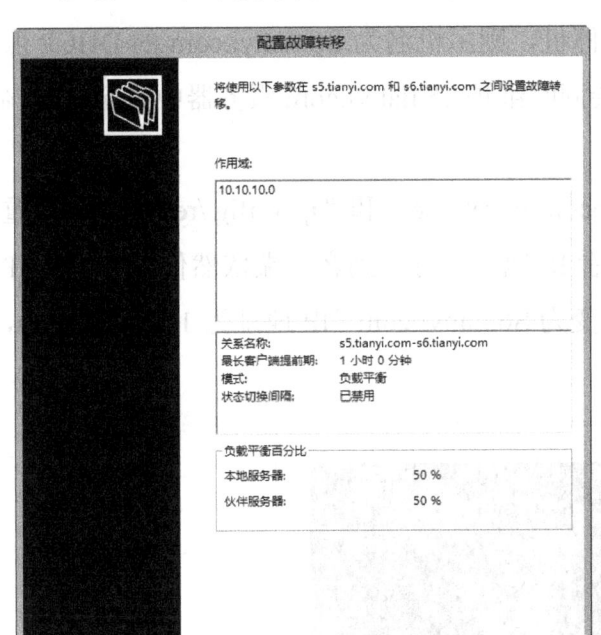

步骤 6：在故障转移配置成功提示框中，单击"关闭"按钮，如图 4-2-6 所示。

图 4-2-5　DHCP 故障转移汇总信息

图 4-2-6　DHCP 故障转移配置完成

3. 在伙伴服务器上查看 DHCP 服务器配置信息

在伙伴服务器 S6.tianyi.com 的"DHCP"管理器窗口查看 DHCP 服务器配置信息，可看到 DHCP 配置了故障转移的作用域均已同步，如图 4-2-7 所示。

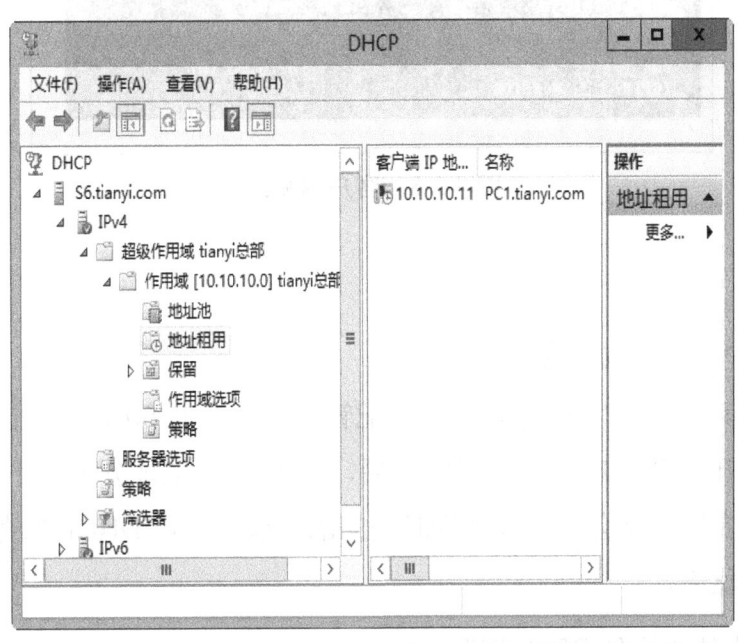

图 4-2-7　在伙伴服务器上查看 DHCP 服务器配置信息

4. 在客户端上测试 DHCP 故障转移

将主机名为 S5.tianyi.com 的 DHCP 服务器停机，则主机名为 S6.tianyi.com 的 DHCP 服务器除维护自身地址池中 50%的 IP 地址外，还会同时维护 S5.tianyi.com 服务器中分配的 50% 的 IP 地址。

在客户端的"命令提示符"窗口中使用"ipconfig /release"和"ipconfig /renew"命令重新获取 IP 地址，并使用"ipconfig /all"命令查看 IP 地址，可看到客户端依然使用原来的 IP 地址，而为其分配 IP 地址的 DHCP 服务器已经变为 S6.tianyi.com（IP 地址为 10.10.10.106），如图 4-2-8 所示。

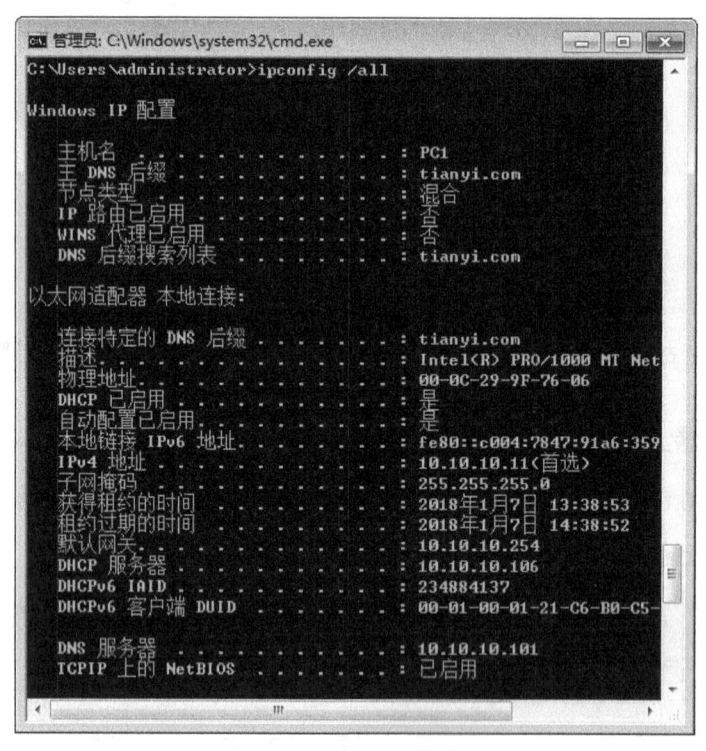

图 4-2-8　客户端测试

知识链接

1. 伙伴关系中的"负载平衡"

负载平衡是指两台 DHCP 服务器分别分配管理地址池中 50%的地址。由于受网络延迟等因素的影响，在开始出租 IP 地址一段时间后，会出现 IP 地址分配并不均衡的情况，因此伙伴关系中的第一台服务器会以 5 分钟为时间间隔，检查两台 DHCP 服务器的 IP 地址的租用情况，自动调整比率。

2. 伙伴关系中的"热备用服务器"

热备用服务器是指两台 DHCP 服务器中有一台处于活动状态，备用服务器处于待机状态，只有当活动状态的 DHCP 服务器出现停机等现象时，备用服务器才会变为活动状态。一般情况下，备用服务器会保留 5%的 IP 地址，当活动服务器发生故障，且备用服务器还尚未取得 DHCP 的管理权时，可将这些 IP 地址分配给客户端。

任务小结

为保证公司中 DHCP 服务器的可靠运行，可采用故障转移方式实现一个没有地址冲突的双 DHCP 环境，其做法是在其中一台 DHCP 服务器上针对作用域或超级作用域开启故障转移功能，并建立伙伴关系、设置故障转移模式和共享机密。

在客户端获取 IP 地址时，使用的"ipconfig"命令不需要参数，"ipconfig /release"命令的作用是释放 IP 地址，"ipconfig /renew"命令的作用是重新获得 IP 地址，"ipconfig /all"命令的作用是详细查看 IP 地址信息。

项 目 实 训

联盛公司的网络地址段为 172.17.1.0/24，现准备使用两台已安装 Windows Server 2012 R2 系统的服务器来配置 DHCP 服务器，用来为客户端分配 IP 地址，具体要求如下。

（1）在 DHCP1 服务器（IP 地址为 172.17.1.168）上建立作用域，地址池的 IP 地址范围为 172.17.1.11～172.17.1.240，DNS 服务器使用的 IP 地址为 114.114.144.114，网关为 172.17.1.1。

（2）172.17.1.161～172.17.1.170 作为服务器用 IP 地址。

（3）为计算机名为 pc5、MAC 地址为 01-20-3E-EF-A4-87 的计算机保留 IP 地址 172.17.1.188。

（4）用 DHCP2 服务器（IP 地址为 172.17.1.169）作为 DHCP1 服务器的伙伴服务器，建立 DHCP 故障转移，转移模式为热备用，DHCP1 承担 80%的地址分配工作，DHCP2 承担 20%的地址分配工作。

项目五

配置 WDS 服务器

项目描述

安装操作系统的方法有多种，可使用光盘完整安装，可使用软件克隆，还可进行网络安装。Windows 部署服务（Windows Deployment Service，WDS）是 Windows Server 2012 R2 等系统提供的用于部署操作系统的服务。WDS 在大规模部署操作系统时优势明显，通过一台服务器能够为多台客户机同时安装操作系统，操作系统也可以不同。

客户机在使用 WDS 进行网络安装操作系统时，计算机只需要支持网络启动即可，不再需要系统安装光盘。配置 WDS 服务器需要设置 PXE 参数、启动映像、安装映像等，甚至通过进一步配置可实现无人值守安装、自定义桌面设置等。

在本项目中，网络管理员将配置一台 WDS 服务器，这样客户机便可以使用网络方式安装 Windows 操作系统。

知识目标

1．了解 WDS 的定义和作用。
2．了解 PXE 的概念。
3．理解启动映像与安装映像的不同和作用。
4．熟悉使用 WDS 服务器为客户机远程安装操作系统的流程。

能力目标

1．能正确安装 WDS 服务器。
2．能以向导方式正确配置 WDS 服务器。
3．能以网络适配器引导的方式启动系统。
4．能熟练使用网络引导的方式安装操作系统。

项目五 配置 WDS 服务器

思政目标

1．能主动收集客户需求，按需配置服务器，逐步养成爱岗敬业精神和服务意识。
2．具有知识产权意识，在部署操作系统时使用正版软件。

思维导图

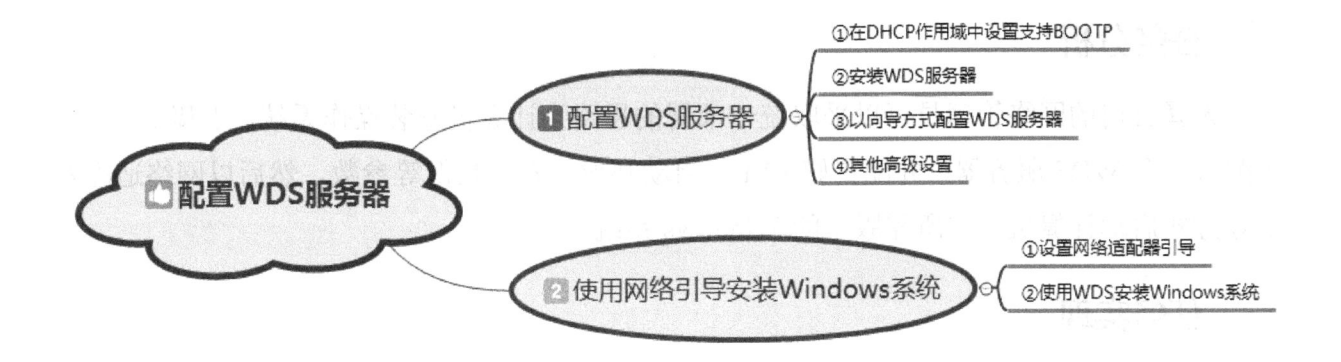

配置WDS服务器
- 1 配置WDS服务器
  - ①在DHCP作用域中设置支持BOOTP
  - ②安装WDS服务器
  - ③以向导方式配置WDS服务器
  - ④其他高级设置
- 2 使用网络引导安装Windows系统
  - ①设置网络适配器引导
  - ②使用WDS安装Windows系统

项目拓扑

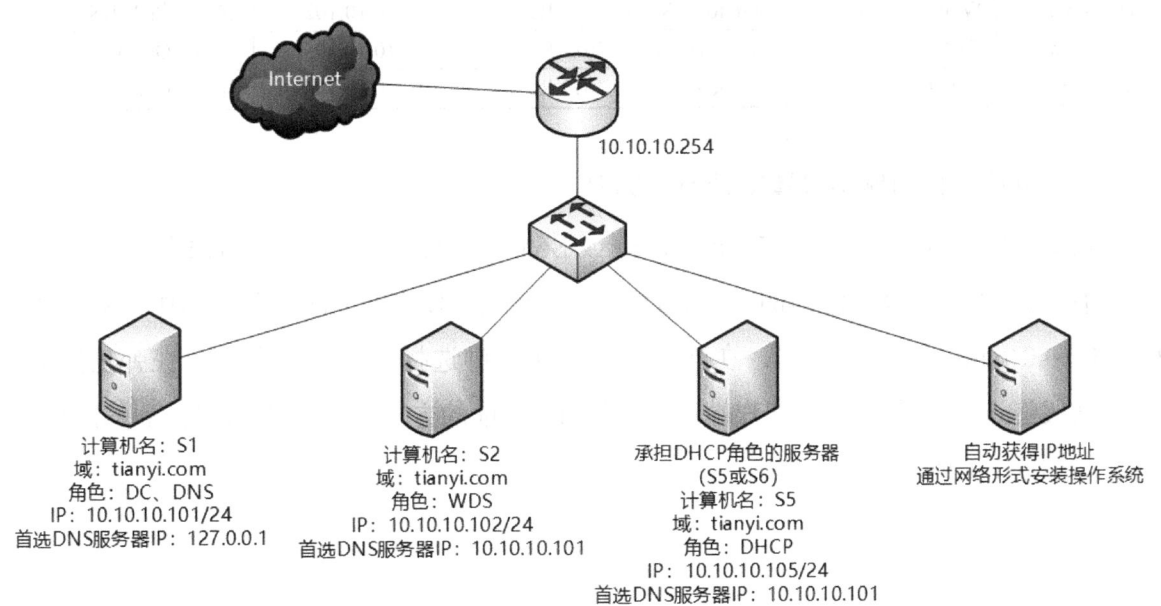

Internet —— 路由器 10.10.10.254 —— 交换机

- 计算机名：S1
  域：tianyi.com
  角色：DC、DNS
  IP：10.10.10.101/24
  首选DNS服务器IP：127.0.0.1

- 计算机名：S2
  域：tianyi.com
  角色：WDS
  IP：10.10.10.102/24
  首选DNS服务器IP：10.10.10.101

- 承担DHCP角色的服务器（S5或S6）
  计算机名：S5
  域：tianyi.com
  角色：DHCP
  IP：10.10.10.105/24
  首选DNS服务器IP：10.10.10.101

- 自动获得IP地址
  通过网络形式安装操作系统

任务 1　配置 WDS 服务器

任务描述

天驿公司有了新的网络需求，网络管理员要对一批新采购的计算机安装操作系统。

任务分析

天驿公司的网络管理员可以采取统一部署的思路为计算机安装操作系统，步骤如下：首先配置一台 WDS 服务器，并配置好 PXE、启动映像、安装映像等参数，然后以网络适配器引导方式启动计算机安装所需版本的 Windows 系统。

任务实现

服务器角色分配如表 5-1-1 所示。

表 5-1-1　服务器角色分配

计算机名	角　　色	操 作 系 统	IP 地址	所 需 设 置
S2.tianyi.com	WDS 服务器	Windows Server 2012 R2	10.10.10.102	安装配置 WDS
S5.tianyi.com	DHCP 服务器	Windows Server 2012 R2	10.10.10.105	开启 BOOTP
S6.tianyi.com	DHCP 服务器	Windows Server 2012 R2	10.10.10.106	开启 BOOTP

1. 在 DHCP 作用域中设置支持 BOOTP

步骤 1：在 DHCP 服务器 S5.tianyi.com 或 S6.tianyi.com 上打开"DHCP"管理器，本任务以其中一台 DHCP 服务器为例。在 S5.tianyi.com 的"DHCP"管理器窗口中，右击"作用域[10.10.10.0]tianyi 总部网络 1"，在弹出的快捷菜单中选择"属性"命令，在弹出的对话框中的"高级"选项卡中选择为客户端动态分配 IP 地址的方式为"两者"，然后单击"确定"按钮，如图 5-1-1 所示。

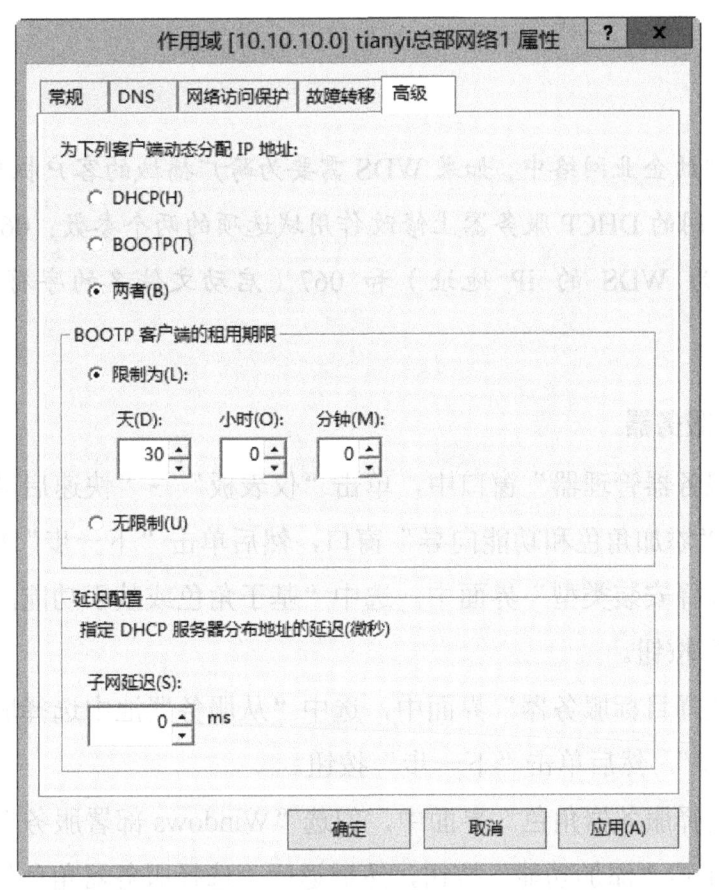

图 5-1-1　在 DHCP 作用域上开启对 BOOTP 的支持

步骤 2：重新启动 DHCP 服务器。在 "DHCP" 管理器窗口中，右击 "S5.tianyi.com" 选项，在弹出的快捷菜单中选择 "所有任务" → "重新启动" 命令，如图 5-1-2 所示。

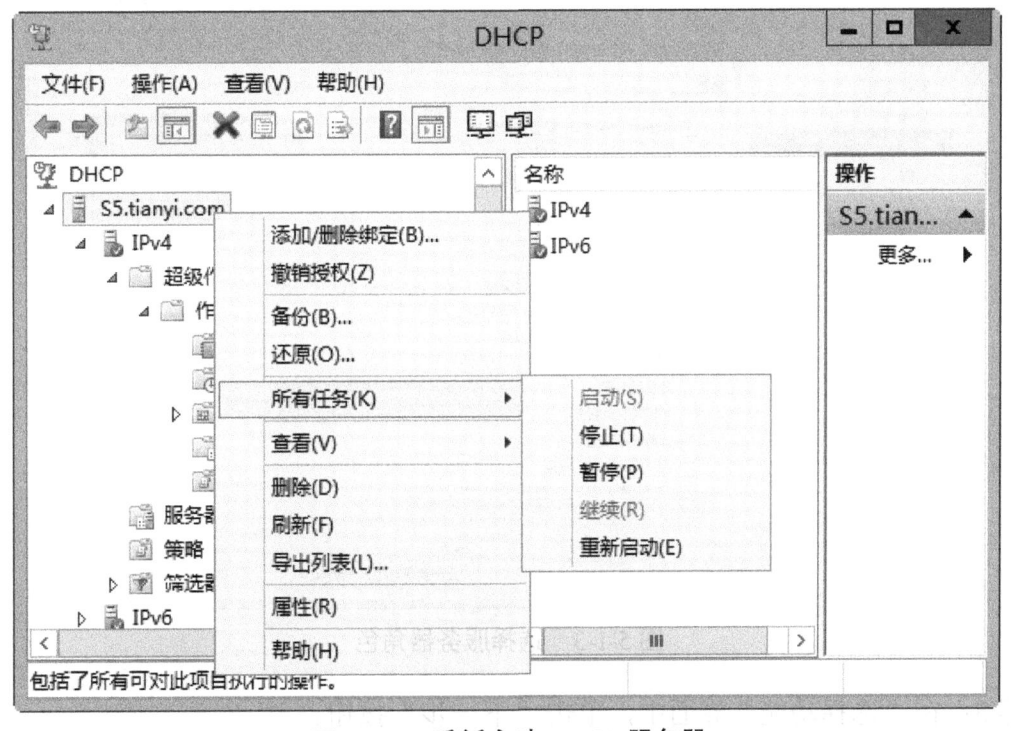

图 5-1-2　重新启动 DHCP 服务器

> **小贴士**
>
> 在有多个子网的企业网络中，如果 WDS 需要为跨广播域的客户机提供服务，则需要在与 WDS 同一子网的 DHCP 服务器上修改作用域选项的两个参数：066（启动服务器主机名的字符串值为 WDS 的 IP 地址）和 067（启动文件名的字符串值为 boot\x64\wdsnbp.com）。

2. 安装 WDS 服务器

步骤 1：在"服务器管理器"窗口中，单击"仪表板"→"快速启动"→"添加角色和功能"链接，打开"添加角色和功能向导"窗口，然后单击"下一步"按钮。

步骤 2：在"选择安装类型"界面中，选中"基于角色或基于功能的安装"单选按钮，然后单击"下一步"按钮。

步骤 3：在"选择目标服务器"界面中，选中"从服务器池中选择服务器"单选按钮，选择"S2.tianyi.com"，然后单击"下一步"按钮。

步骤 4：在"选择服务器角色"界面中，勾选"Windows 部署服务"复选框，在弹出的所需功能对话框中单击"添加功能"按钮，然后返回"选择服务器角色"界面，单击"下一步"按钮，如图 5-1-3 所示。

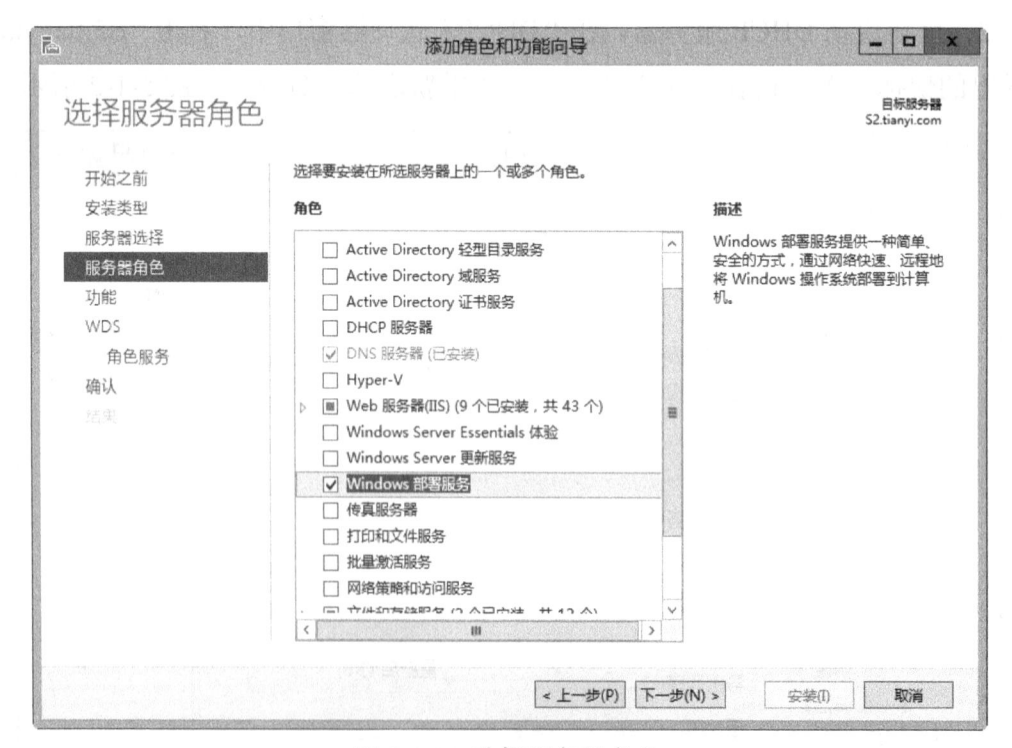

图 5-1-3 选择服务器角色

步骤 5：在"选择功能"界面中，单击"下一步"按钮。

步骤 6：在"WDS"界面中，单击"下一步"按钮。

步骤 7：在"选择角色服务"界面中，（"部署服务器"和"传输服务器"默认处于选中状态）单击"下一步"按钮，如图 5-1-4 所示。

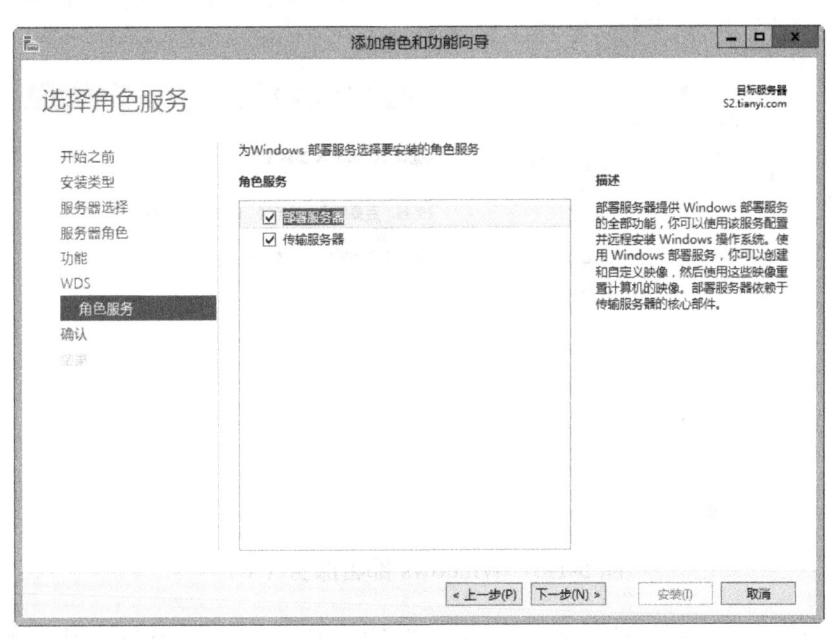

图 5-1-4　选择角色服务

步骤 8：在"确认安装所选内容"界面中，单击"安装"按钮，安装完毕后在"安装进度"界面中单击"关闭"按钮。

3．以向导方式配置 WDS 服务器

步骤 1：打开"服务器管理器"窗口，在窗口左侧功能项中选择"WDS"角色，然后右击服务器列表中的"S2"，在弹出的快捷菜单中选择"Windows 部署服务管理控制台"命令，如图 5-1-5 所示。

图 5-1-5　WDS 角色

步骤 2：在"Windows 部署服务"窗口中展开"服务器"选项，然后右击"S2.tianyi.com"

选项，在弹出的快捷菜单中选择"配置服务器"命令，如图 5-1-6 所示。

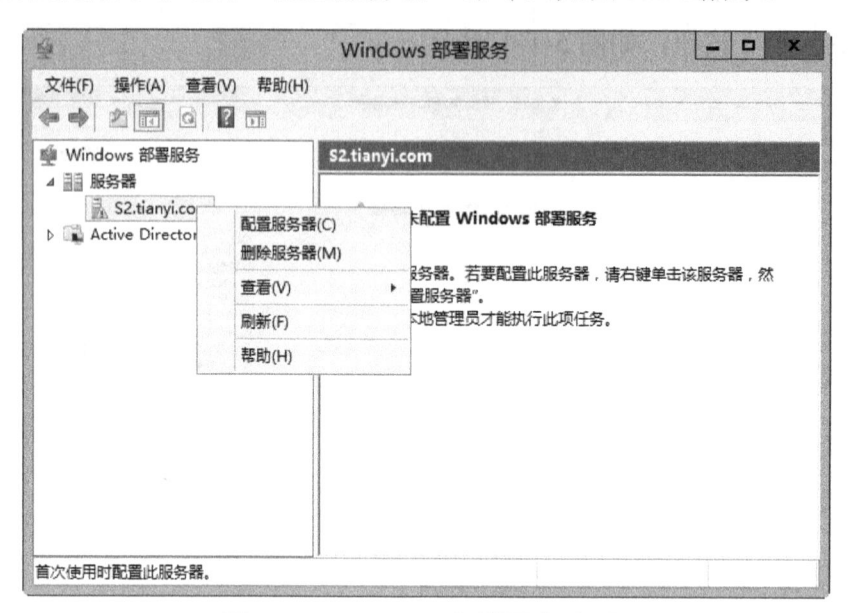

图 5-1-6 Windows 部署服务（1）

步骤 3：在"Windows 部署服务配置向导"的"开始之前"对话框中，检查现有配置是否符合 WDS 要求，准备完毕后单击"下一步"按钮，如图 5-1-7 所示。

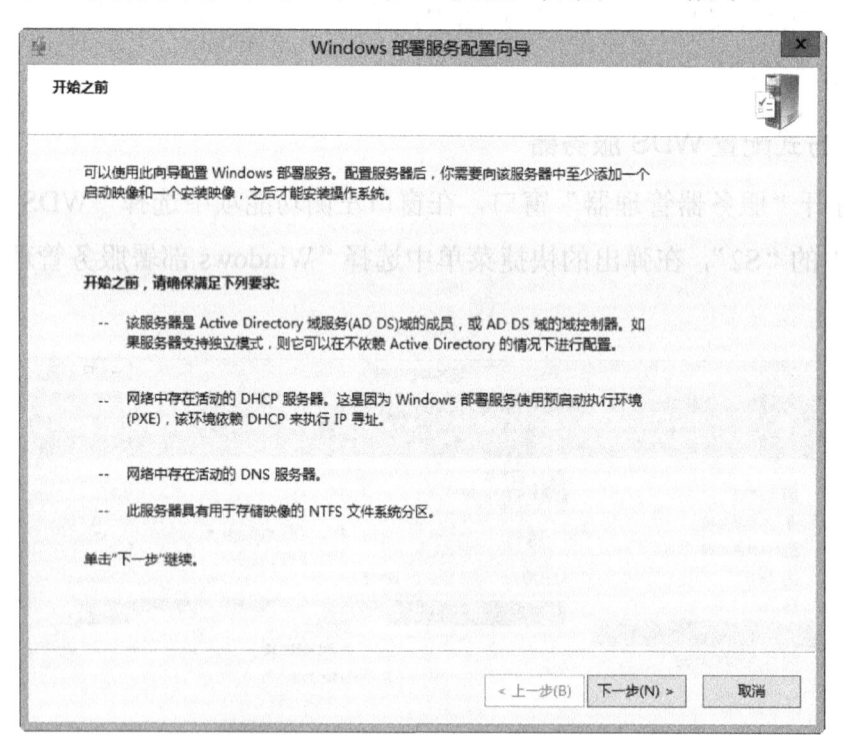

图 5-1-7 配置 WDS 的条件

步骤 4：在"安装选项"对话框中选中"与 Active Directory 集成"单选按钮，然后单击"下一步"按钮，如图 5-1-8 所示。

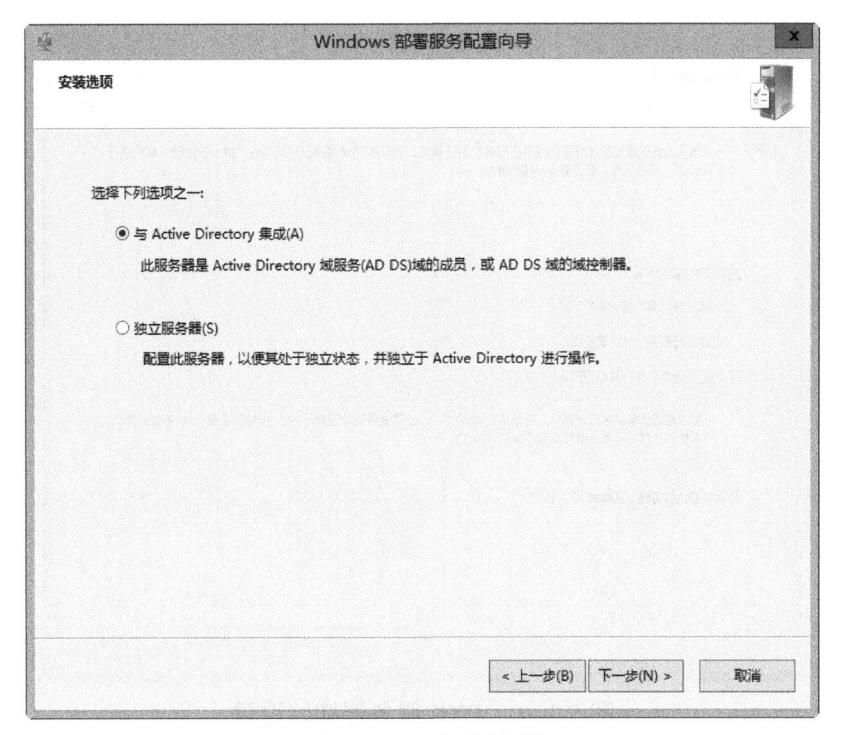

图 5-1-8 安装选项

步骤 5：在"远程安装文件夹的位置"对话框中指定远程安装文件夹的路径，建议存放在一个存储容量较大的 NTFS 分区中，本任务使用的路径为"D:\RemoteInstall"，然后单击"下一步"按钮，如图 5-1-9 所示。

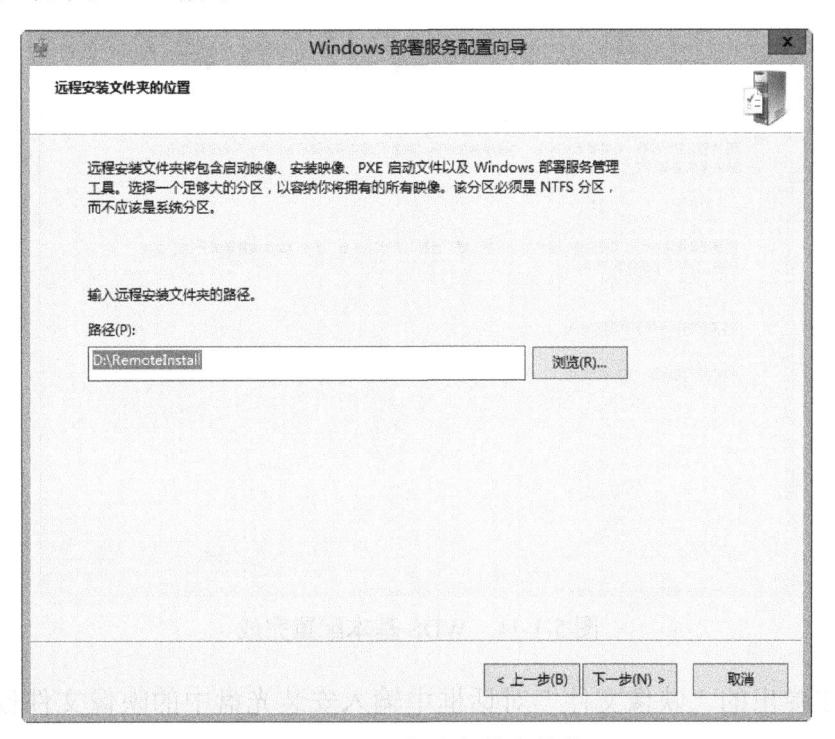

图 5-1-9 远程安装文件夹的位置

步骤 6：在"PXE 服务器初始设置"对话框中选中"响应所有客户端计算机（已知和未知）"单选按钮，然后单击"下一步"按钮，如图 5-1-10 所示。

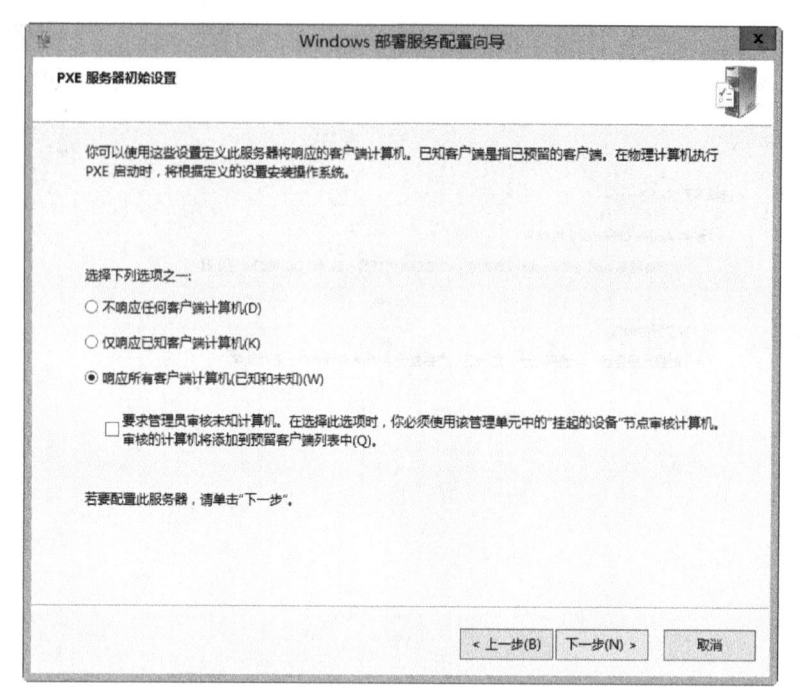

图 5-1-10　PXE 服务器初始设置

步骤 7：在"操作完成"对话框中勾选"立即向服务器中添加映像"复选框，然后单击"完成"按钮，如图 5-1-11 所示。

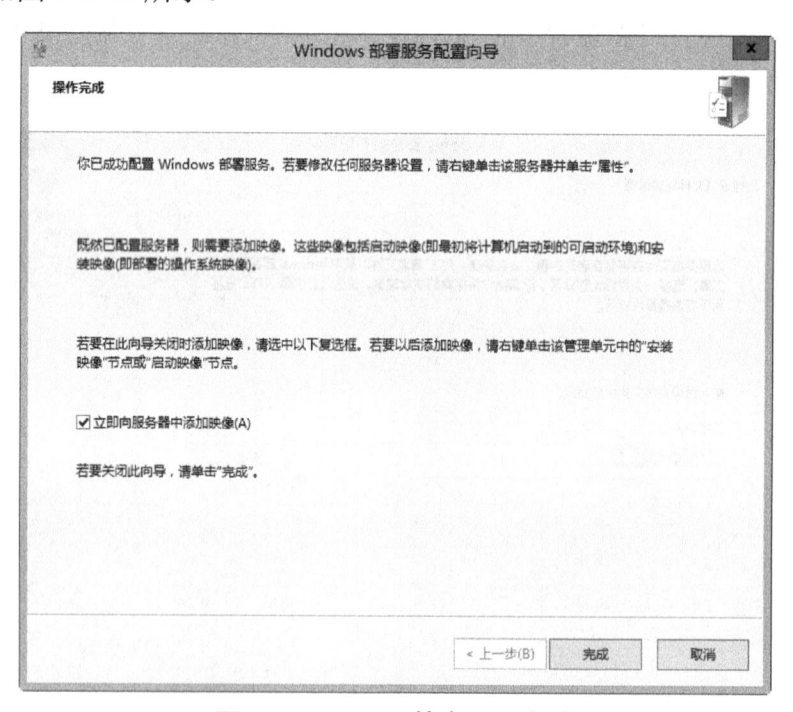

图 5-1-11　WDS 基本配置完成

步骤 8：在弹出的"映像文件"对话框中输入安装光盘中的映像文件位置，一般位于 X:\sources 下（X:为光盘驱动器号），本任务中的光盘驱动器为 E:盘，输入"E:\sources"，然后单击"下一步"按钮，如图 5-1-12 所示。

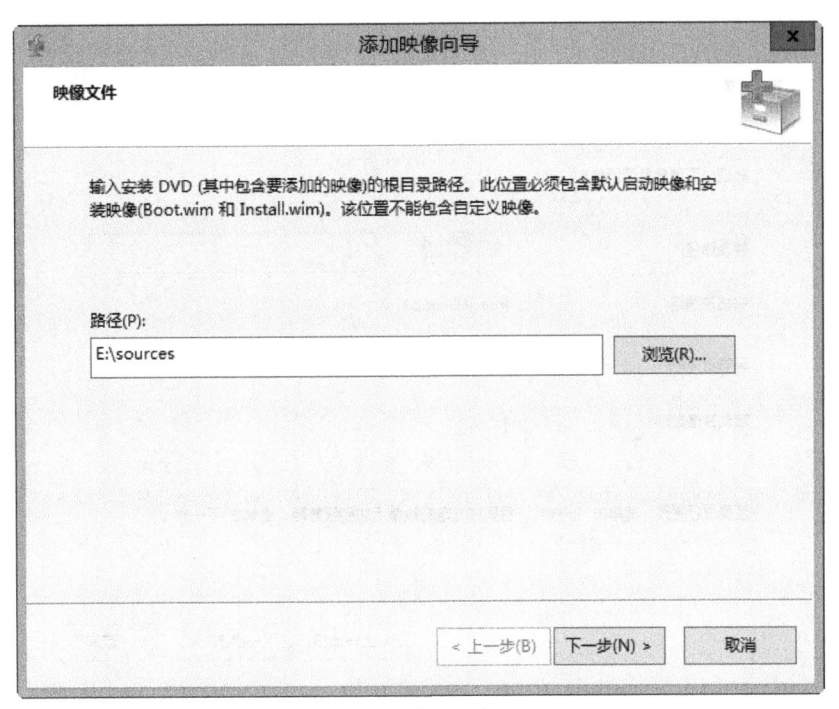

图 5-1-12　指定映像文件位置

步骤 9：在"映像组"对话框中选中"创建已命名的映像组"单选按钮，输入映像组名称，此处使用默认的"ImageGroup1"，然后单击"下一步"按钮，如图 5-1-13 所示。

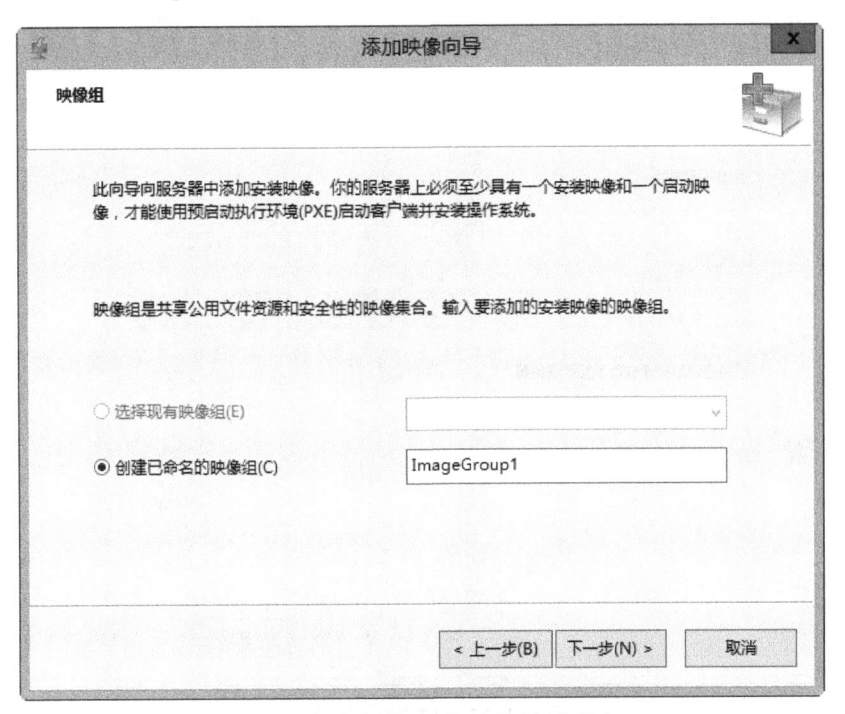

图 5-1-13　创建安装映像的映像组

步骤 10：在"复查设置"对话框中可看到 Windows Server 2012 R2 光盘中具有 1 个启动映像，4 个不同用户版本的安装映像（DataCenter 版、Standard 版等），确认设置无误后单击"下一步"按钮，如图 5-1-14 所示。

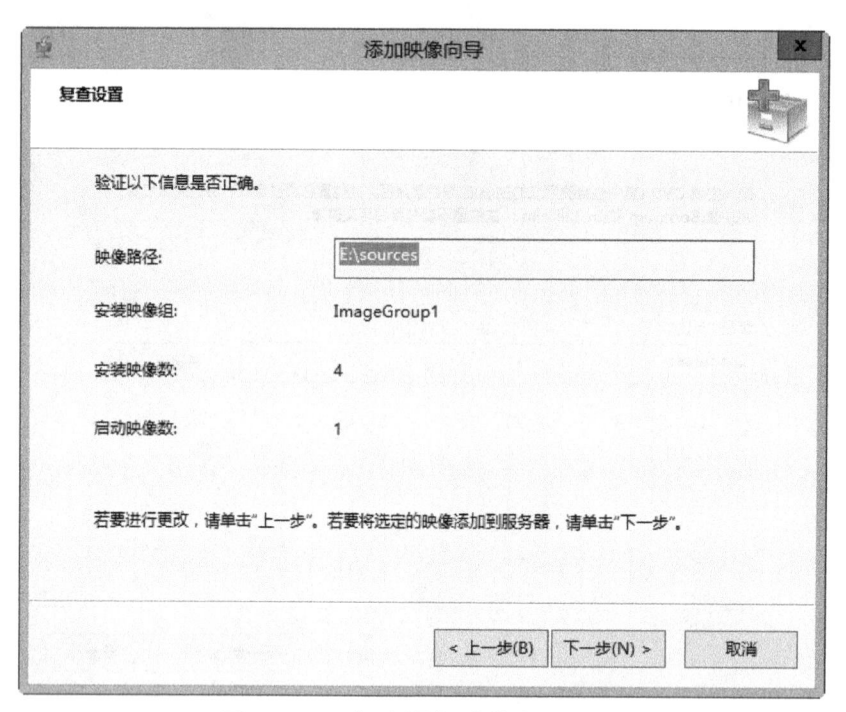

图 5-1-14 复查添加映像向导设置

步骤 11：在"任务进度"对话框中等到映像添加完成后单击"完成"按钮，如图 5-1-15 所示。

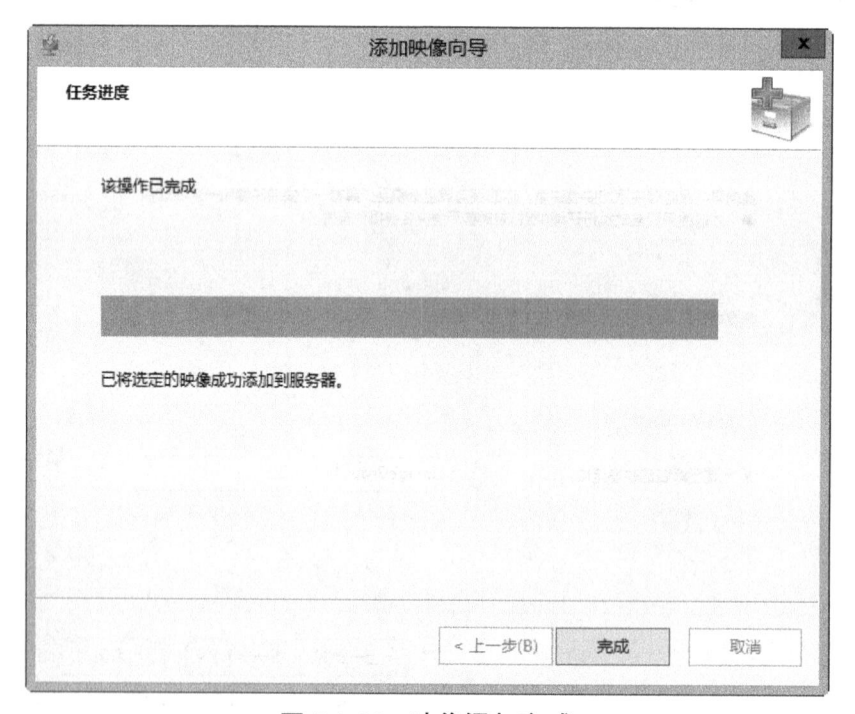

图 5-1-15 映像添加完成

步骤 12：返回"Windows 部署服务"窗口后可查看添加完成的安装映像和启动映像，如图 5-1-16 和图 5-1-17 所示。

图 5-1-16　查看安装映像

> **小贴士**
>
> 如果有多个安装映像，为便于区分可按操作系统的分类建立安装映像组，如组"Win2012R2"里包含的均为 Windows Server 2012 R2 各版本的安装映像，组"Win7"里包含的均为 Windows 7 各版本的安装映像。

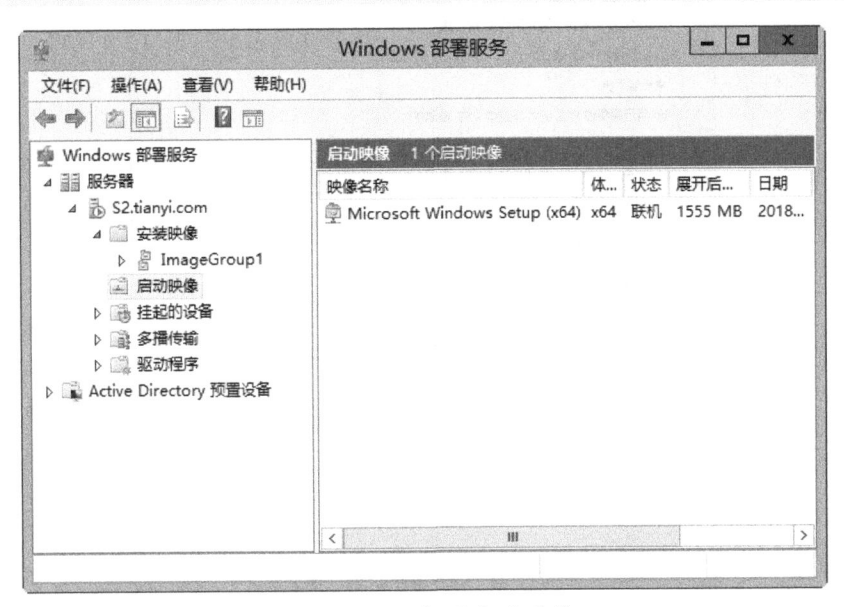

图 5-1-17　查看启动映像

4．其他高级设置

步骤 1：在"Windows 部署服务"窗口中展开"服务器"选项，然后右击"S2.tianyi.com"选项，在弹出的快捷菜单中选择"属性"命令，如图 5-1-18 所示。

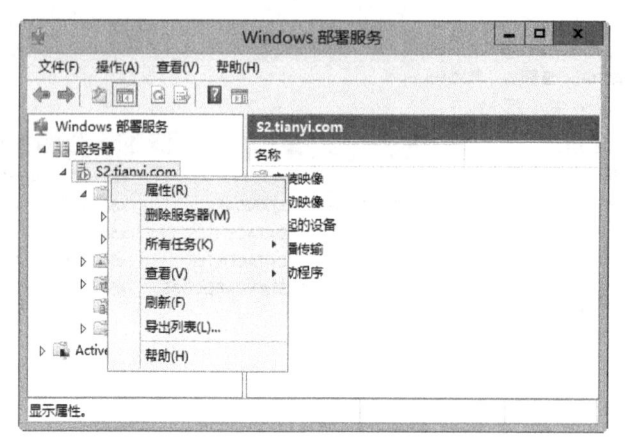

图 5-1-18 Windows 部署服务（2）

步骤 2：修改 PXE 启动设置。在当前 WDS 服务器的"S2 属性"对话框的"启动"选项卡中，可设置客户机在使用网络适配器启动时是否按 F12 键继续 PXE 启动，还可对不同硬件架构类型的计算机指定启动映像，如图 5-1-19 所示。

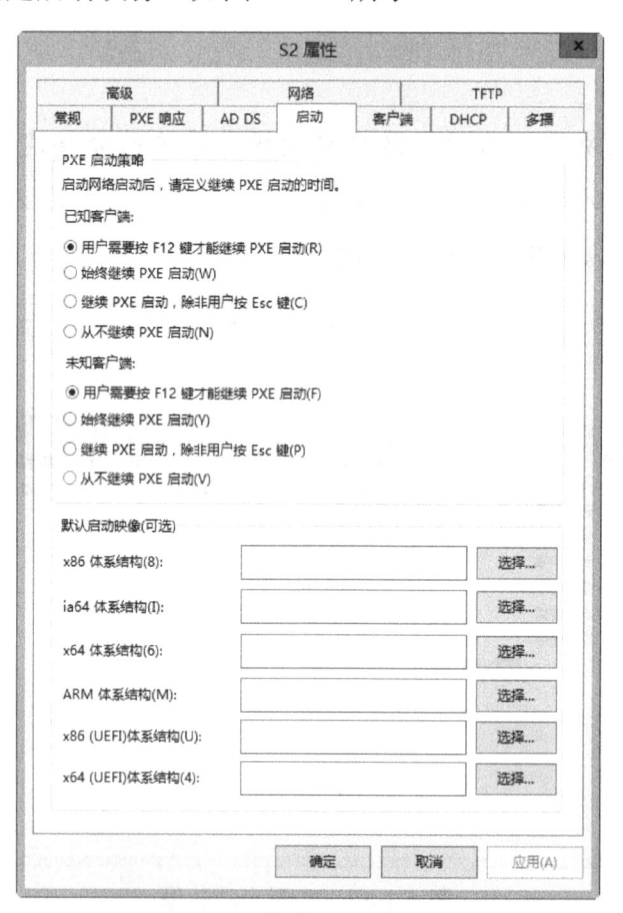

图 5-1-19 修改 PXE 启动设置

步骤 3：修改 WDS 客户端设置。在"S2 属性"对话框的"客户端"选项卡中可设置系统无人参与安装，还可设置客户机网络安装完成之后是否自动加入域，如图 5-1-20 所示。

步骤 4：设置 WDS 服务器的 DHCP 侦听。此设置分为三种情况，如果此 WDS 服务器也配置了 Microsoft DHCP 服务，则勾选两个复选框；如果此 WDS 服务器启动了非 Microsoft

DHCP 服务，则勾选第一个复选框；如果此 WDS 服务器并未运行 Microsoft DHCP 服务，则无须勾选任何复选框，如图 5-1-21 所示。

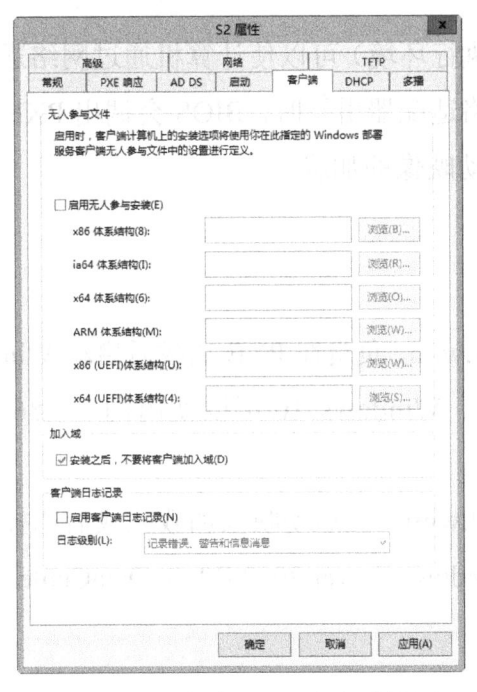

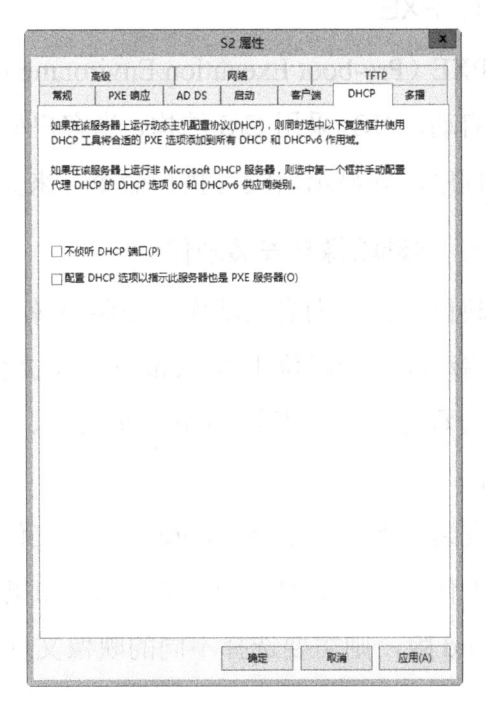

图 5-1-20　修改 WDS 客户端设置　　　　图 5-1-21　设置 WDS 服务器的 DHCP 侦听

步骤 5：加载网络适配器驱动。在实际应用中，有一些型号较新的网络适配器在启动时需要加载 Windows 下的驱动，可在 WDS 管理器的"驱动程序包位置"对话框中添加外部驱动程序，如图 5-1-22 所示。

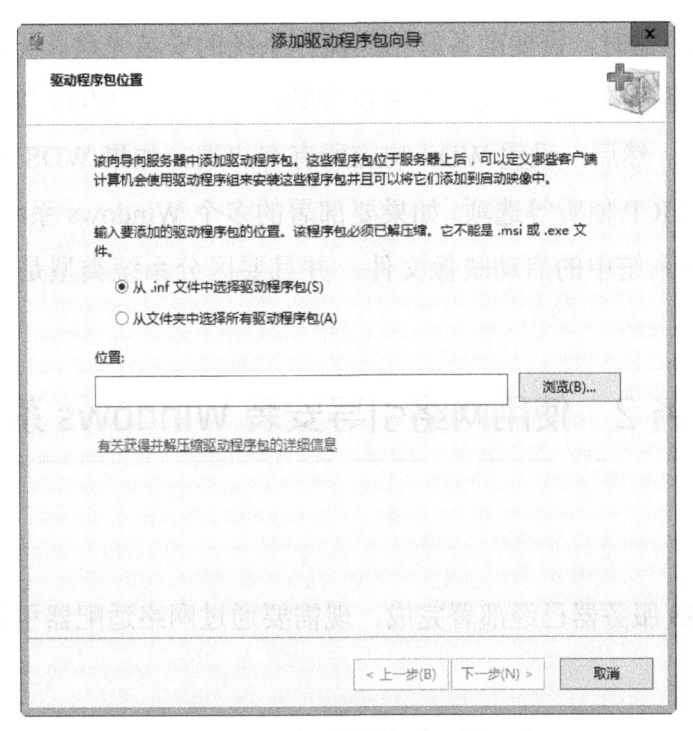

图 5-1-22　加载网络适配器驱动

知识链接

1. PXE

PXE（Pre-boot Execution Environment，预启动执行环境）可以使计算机通过网络适配器引导启动。PXE 采用 C/S 结构，当客户机在进行网络适配器引导时，BIOS 会调出 PXE 的客户机程序，并显示后续可执行命令，来完成后续启动映像的加载。

2. 启动映像与安装映像

映像文件分为启动映像与安装映像。

启动映像一般位于 X:\sources 下，文件名为 boot.wim，负责在 PXE 加载后启动 Windows 的安装程序。x86 架构的 Windows 7、Windows 8、Windows 10 可以使用同一 x86 启动映像。

安装映像也位于 X:\sources 下，文件名为 install.wim，在启动映像加载完成后选择某一安装映像即可安装对应版本的系统，如果要安装 Windows Server 2012 R2 的 DataCenter 版或 Standard 版，则需要选择不同的映像文件。

任务小结

本任务完成了部署 WDS 服务器的关键配置，包括在 DHCP 服务器中为 WDS 开启 BOOTP 支持、安装 WDS 服务器、配置 WDS 服务器，并介绍了实际应用环境中会用到的一些高级设置。

在配置 WDS 服务器时，需要准备好相应操作系统的安装光盘。无论是使用向导方式还是逐项配置 WDS 服务器都需要设置几个关键参数：首先，在 WDS 管理工具中添加对应的启动映像与安装映像；然后，设置 WDS 响应所有客户端，如果 WDS 与 DHCP 位于同一台服务器还需要设置 DHCP 侦听等选项。如果要部署的多个 Windows 系统使用一个启动映像，则建议添加较高版本系统中的启动映像文件，并且要区分系统类型是 x64 还是 x86。

任务 2　使用网络引导安装 Windows 系统

任务描述

天驿公司的 WDS 服务器已经部署完成，现需要通过网络适配器引导的方式为客户机安装操作系统。

任务分析

通过网络适配器引导的方式安装操作系统的步骤：首先，在 BIOS（或 UEFI）中设置网络适配器启动优先（或者在 BIOS 启动菜单中选择网络适配器），启动后客户机进入 PXE 环境，并可通过 DHCP 服务器获得 IP 地址；然后，选择相应的启动映像及安装映像，并输入具有安装权限的域用户信息；最后，安装操作系统（安装步骤与光盘安装相同）。

任务实现

1. 设置网络适配器引导

在 BIOS 中设置启动项，以网络适配器方式引导，如图 5-2-1 所示。

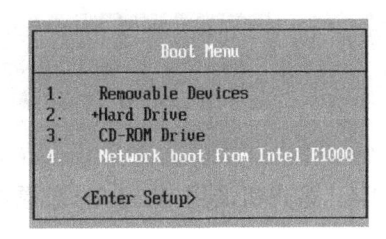

图 5-2-1　设置网络适配器引导

2. 使用 WDS 安装 Windows 系统

步骤 1：使用网络适配器引导方式启动客户机后，可看到获得的 IP 地址和 WDS 服务器的简要信息，如本任务中客户机的 IP 地址为 10.10.10.96，WDS 的启动文件名为 WDSNBP，启动服务器的 IP 地址为 10.10.10.102，然后按 F12 键启动网络引导，如图 5-2-2 所示。引导程序为加载启动映像文件，本任务中为 boot.wim，如图 5-2-3 所示。

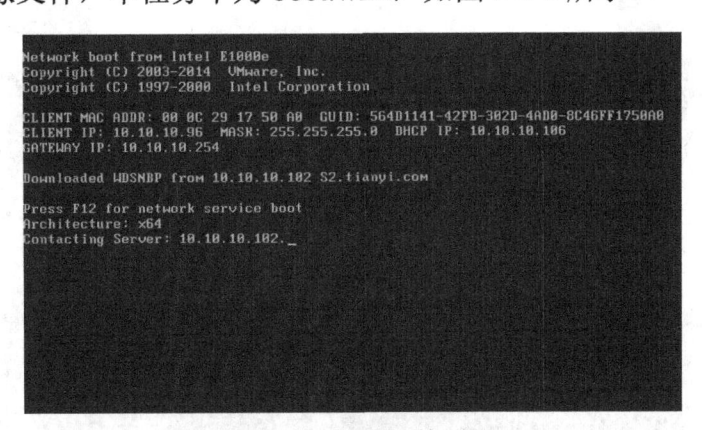

图 5-2-2　启动网络引导

图 5-2-3　加载启动映像

步骤2：在"Windows 部署服务"对话框中单击"下一步"按钮，如图 5-2-4 所示。

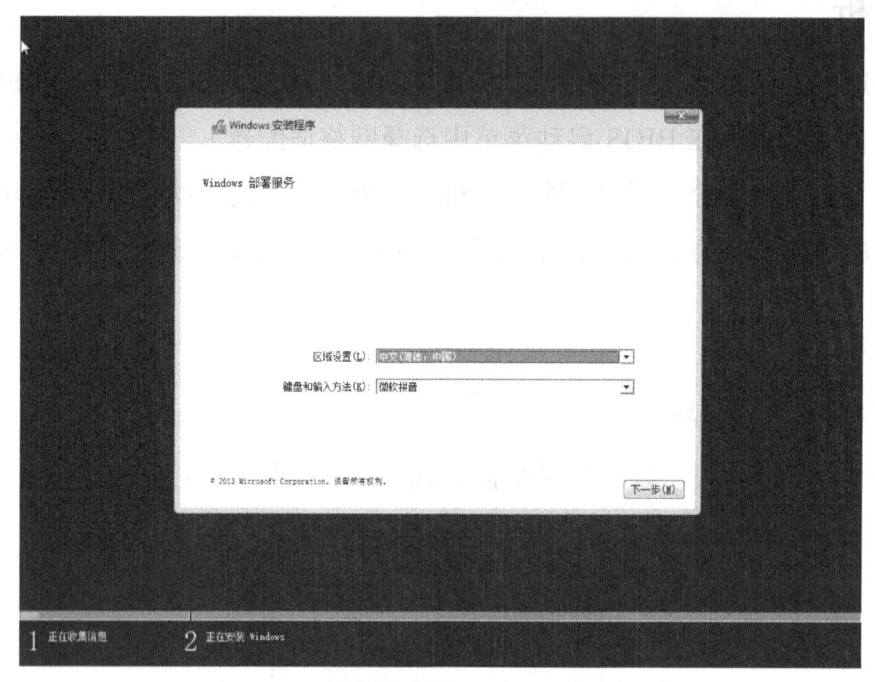

图 5-2-4　客户机调用 Windows 部署服务

步骤3：在"连接到 S2.tianyi.com"对话框中，输入具有安装权限的用户名和密码，然后单击"确定"按钮，如图 5-2-5 所示。

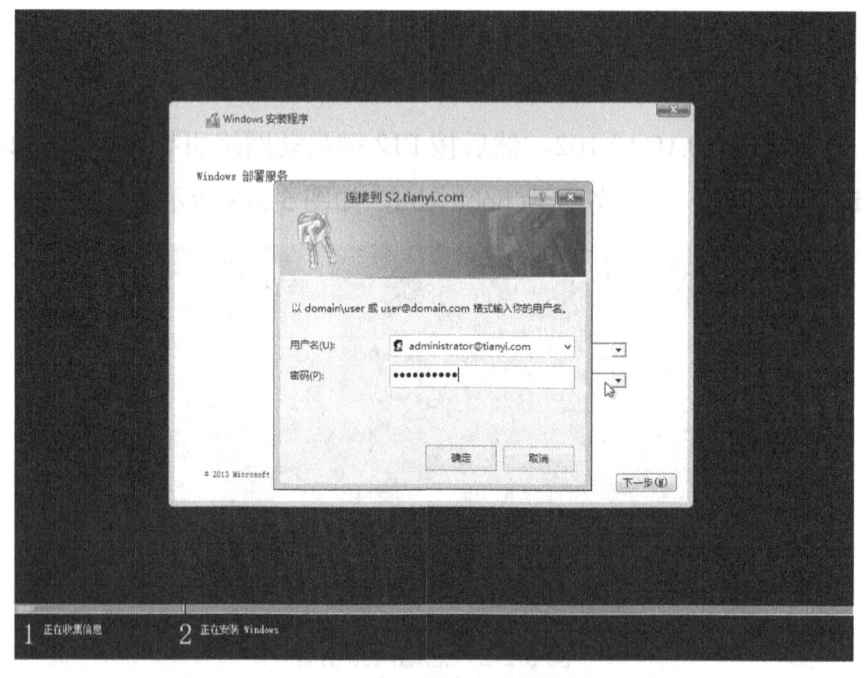

图 5-2-5　输入具有安装权限的用户名和密码

步骤4：在"选择要安装的操作系统"对话框中选择要安装的系统版本，然后单击"下一步"按钮，如图 5-2-6 所示。剩余安装步骤与光盘安装相同，此处略。

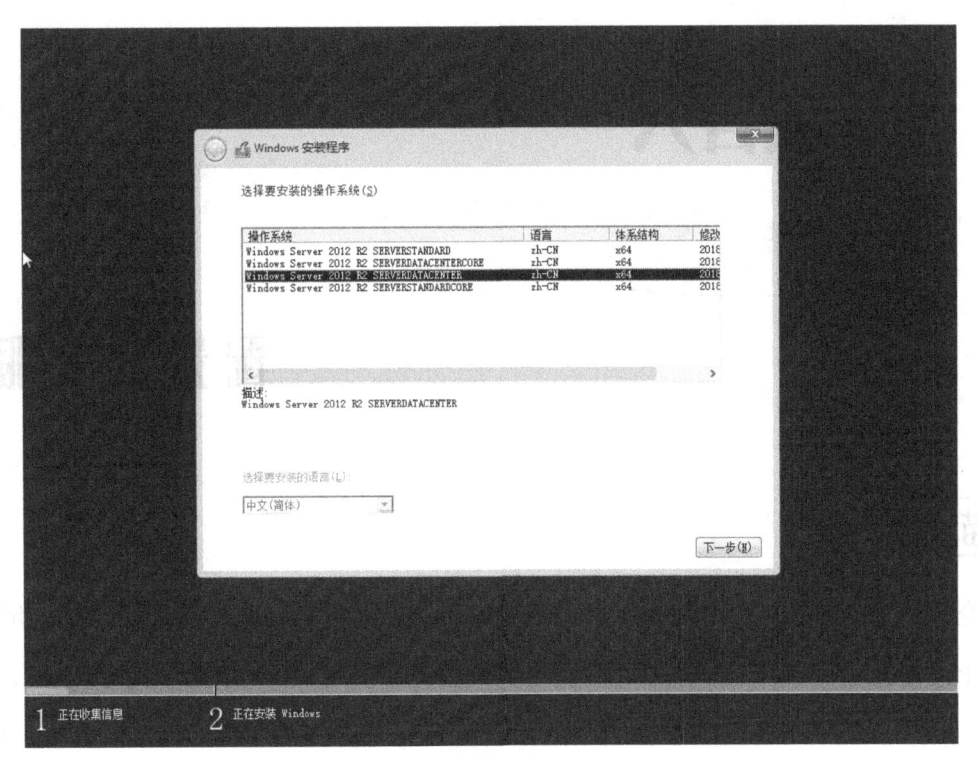

图 5-2-6 选择要安装的操作系统

任务小结

本任务以安装 Windows Server 2012 R2 系统为例,介绍了通过网络适配器引导的方式安装操作系统的关键步骤,包括使用网络适配器引导启动计算机,进入 PXE 环境后获得 IP 地址,加载启动映像,加载安装映像并选择对应的系统版本,输入具有安装权限的用户账户信息等。

项 目 实 训

晨曦公司的 Active Directory 域名为 newsunrise.cn,现准备使用域内的一台已安装 Windows Server 2012 R2 系统的服务器来配置 WDS 服务器,具体要求如下。

(1) 远程安装文件夹位于 F:盘。

(2) 能够支持 Windows 7、Windows 10 系统的网络安装。

(3) 用户无须按 F12 键即可继续 PXE 引导。

(4) 客户机完成安装后不自动加入 Active Directory 域。

项目六

配置 DFS 服务器

项目描述

很多企业内部都部署了文件服务器用于文件共享,但文件服务器一旦停机,用户就无法使用。此外,很多公司只在总部部署了文件服务器,但因广域网带宽等问题影响了分部员工访问总部文件服务器的速度,为解决这个问题,我们可以在分部部署总部文件服务器的副本,分部员工访问副本即可。

使用 DFS(Distributed File System,分布式文件系统)服务即可实现上述功能。DFS 是 Windows Server 2012 R2 系统中"文件服务"的一个功能组件,可将分布于不同服务器上的文件夹组合成一个空间文件夹,用以同步这些服务器上的指定文件夹,使用户的共享文件夹具有多个副本。在同一网络中使用 DFS,也可在一定程度上实现文件的备份。

在本项目中,天驿公司的网络管理员将使用 DFS 为文件服务器建立副本,以提高文件服务器的可靠性。

知识目标

1. 了解 DFS 的定义和作用。
2. 理解 DFS 的命名空间和类型。
3. 理解空间文件夹和复制组的作用。

能力目标

1. 能正确安装 DFS 服务器。
2. 能正确创建命名空间、空间文件夹和复制组。
3. 能成功通过 DFS 复制的测试和访问 DFS。

思政目标

1. 能主动收集客户需求，按需配置服务器，逐步养成爱岗敬业精神和服务意识。
2. 能主动建立数据安全意识，使用备份技术存储重要数据。
3. 能严格遵守法律法规，尊重用户隐私，在未经允许的情况下不私自查看服务器中存储的用户数据。

思维导图

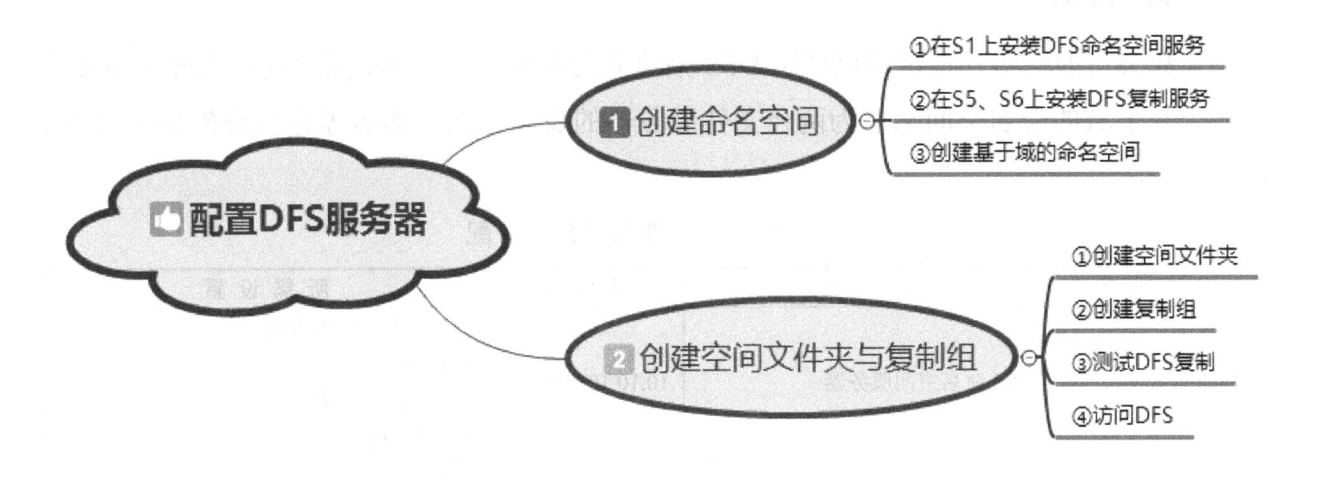

配置DFS服务器
- 1 创建命名空间
  - ①在S1上安装DFS命名空间服务
  - ②在S5、S6上安装DFS复制服务
  - ③创建基于域的命名空间
- 2 创建空间文件夹与复制组
  - ①创建空间文件夹
  - ②创建复制组
  - ③测试DFS复制
  - ④访问DFS

项目拓扑

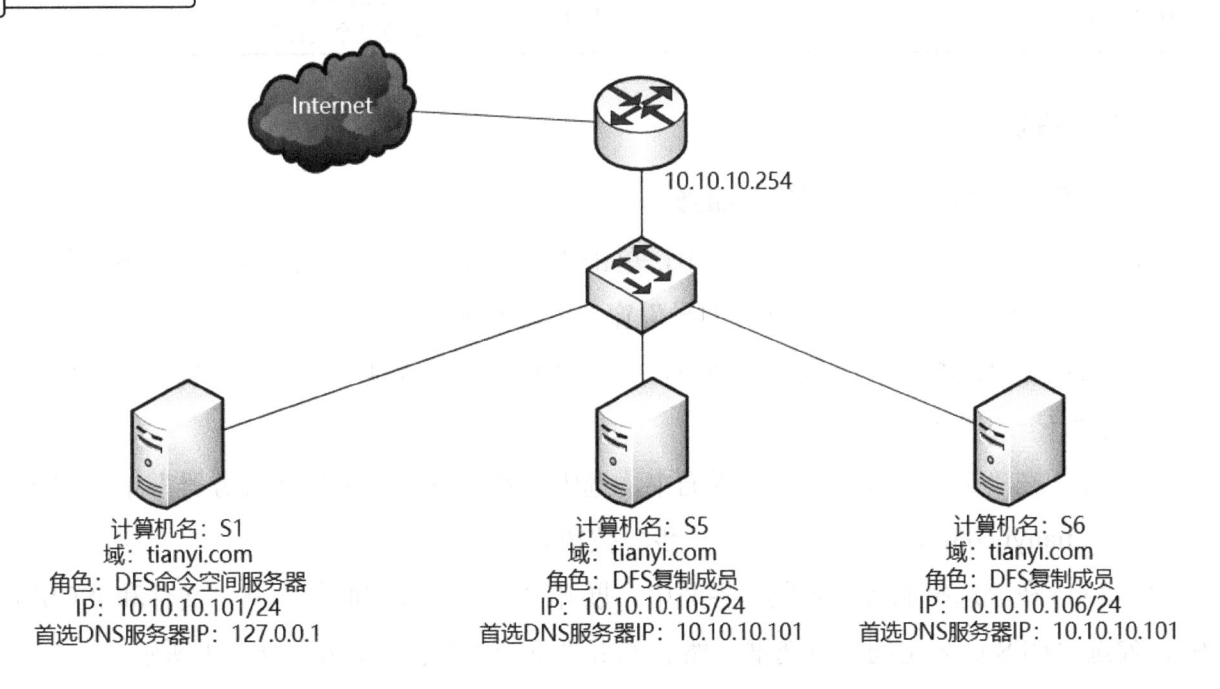

Internet — 路由器 10.10.10.254 — 交换机

计算机名：S1
域：tianyi.com
角色：DFS命令空间服务器
IP：10.10.10.101/24
首选DNS服务器IP：127.0.0.1

计算机名：S5
域：tianyi.com
角色：DFS复制成员
IP：10.10.10.105/24
首选DNS服务器IP：10.10.10.101

计算机名：S6
域：tianyi.com
角色：DFS复制成员
IP：10.10.10.106/24
首选DNS服务器IP：10.10.10.101

任务 1 创建命名空间

任务描述

天驿公司需要为文件服务器部署副本,其要求如下:一是,要保证文件存储的可靠性;二是,当一台文件服务器需要进行停机维护时,员工可以使用另外一台文件服务器。

任务分析

天驿公司的网络管理员可以使用 DFS 来建立文件服务器副本,因此网络管理员需要建立一个基于域的命名空间来作为两台文件服务器的逻辑分组。服务器角色分配如表 6-1-1 所示。

表 6-1-1 服务器角色分配

计 算 机 名	角 色	IP 地址	所 需 设 置
S1.tianyi.com	DFS 命名空间服务器	10.10.10.101	安装 DFS 命名空间服务 建立命名空间 建立空间文件夹 建立复制组
S5.tianyi.com	DFS 复制成员	10.10.10.105	安装 DFS 复制服务 建立共享文件夹
S6.tianyi.com	DFS 复制成员	10.10.10.106	安装 DFS 复制服务 建立共享文件夹

任务实现

1. 在 S1 上安装 DFS 命名空间服务

步骤 1:在"服务器管理器"窗口中,单击"仪表板"→"快速启动"→"添加角色和功能"链接,打开"添加角色和功能向导"窗口,然后单击"下一步"按钮。

步骤 2:在"选择安装类型"界面中,选中"基于角色或基于功能的安装"单选按钮,然后单击"下一步"按钮。

步骤 3:在"选择目标服务器"界面中,选中"从服务器池中选择服务器"单选按钮,选择 "S1.tianyi.com",然后单击"下一步"按钮。

步骤 4:在"选择服务器角色"界面中,展开"文件和存储服务"→"文件和 iSCSI 服务",勾选"DFS 命名空间"复选框,然后单击"下一步"按钮,如图 6-1-1 所示。

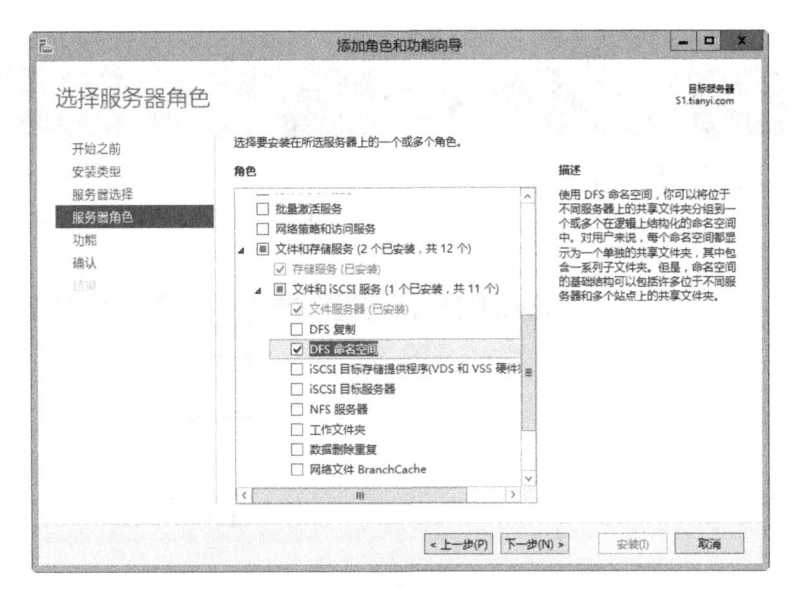

图 6-1-1 选择服务器角色

步骤 5：在"选择功能"界面中，单击"下一步"按钮。

步骤 6：在"确认安装所选内容"界面中，单击"安装"按钮，安装完毕后在"安装进度"界面中单击"关闭"按钮。

2. 在 S5、S6 上安装 DFS 复制服务

分别在 S5、S6 上安装"DFS 复制"和"文件服务器"以便作为 DFS 复制成员，如图 6-1-2 所示。

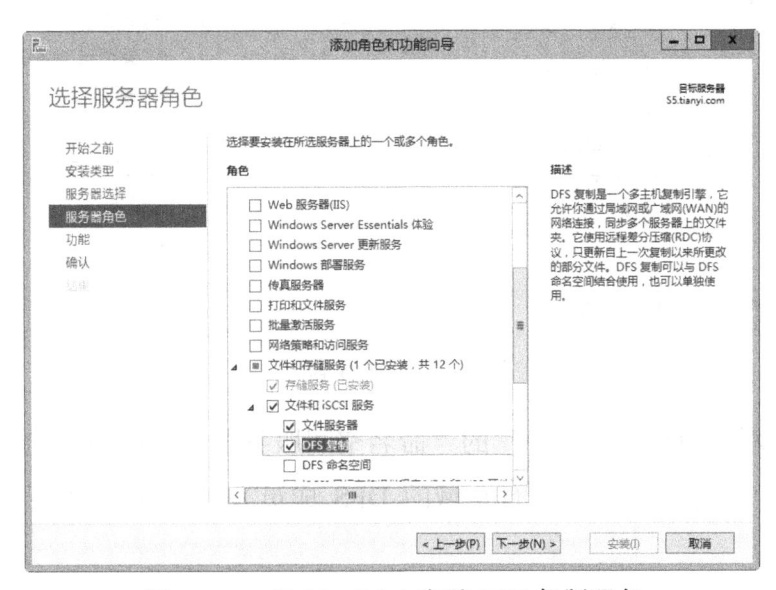

图 6-1-2 在 S5、S6 上安装 DFS 复制服务

3. 创建基于域的命名空间

步骤 1：在 S1 上打开"服务器管理器"窗口，在窗口左侧功能项中选择"文件和存储服务"角色，右击服务器列表中的"S1"，在弹出的快捷菜单中选择"DFS 管理"命令，如图 6-1-3 所示。

图 6-1-3 服务器管理器

步骤 2：在"DFS 管理"窗口中右击"命名空间"选项，在弹出的快捷菜单中选择"新建命名空间"命令，如图 6-1-4 所示。

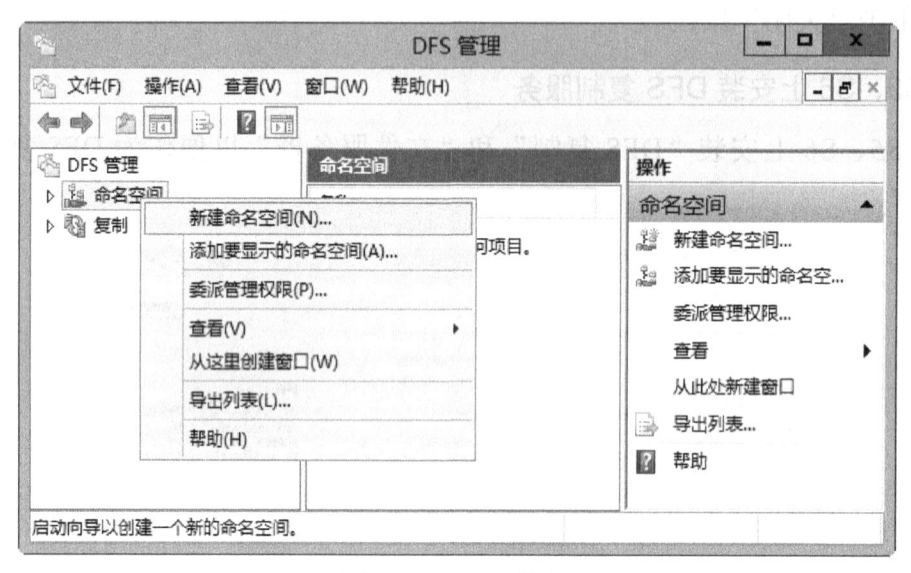

图 6-1-4 DFS 管理

步骤 3：在"新建命名空间向导"的"命名空间服务器"界面中，选择将命名空间存放在域控制器 S1 上（这样 S1 就可管理全域的 DFS 成员），然后单击"下一步"按钮，如图 6-1-5 所示。

步骤 4：在"命名空间名称和设置"界面中输入命名空间名称，本任务使用的名称为"dfs-zone"，然后单击"下一步"按钮，如图 6-1-6 所示。

步骤 5：在"命名空间类型"界面中使用默认的命名空间类型"基于域的命名空间"，单击"下一步"按钮，如图 6-1-7 所示。

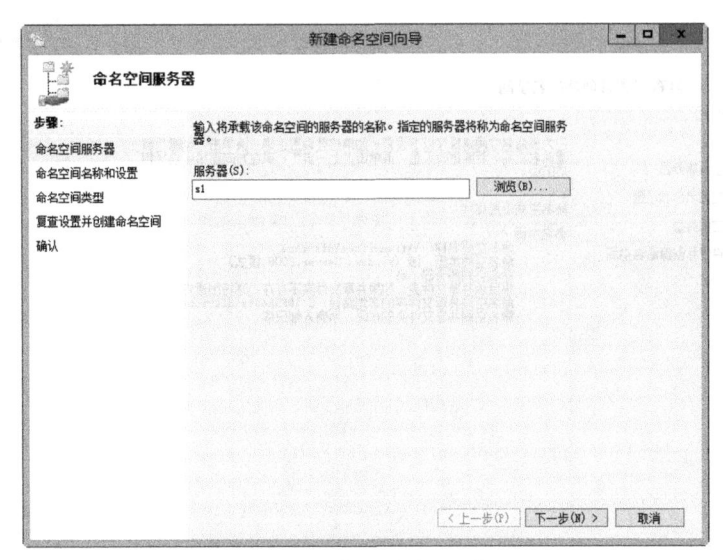

图 6-1-5　命名空间服务器

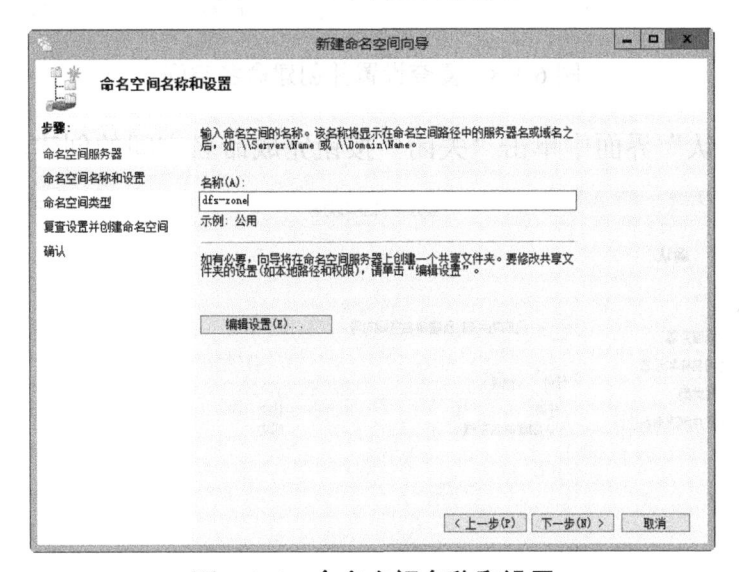

图 6-1-6　命名空间名称和设置

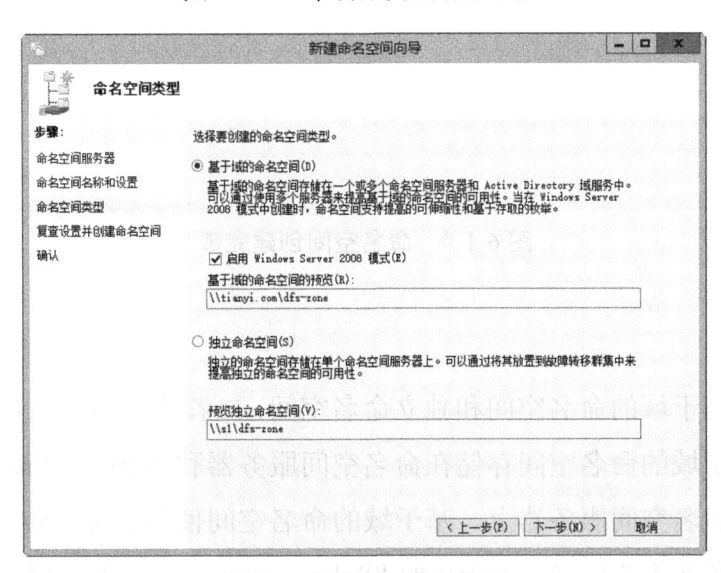

图 6-1-7　命名空间类型

步骤 6：在"复查设置并创建命名空间"界面中单击"创建"按钮，如图 6-1-8 所示。

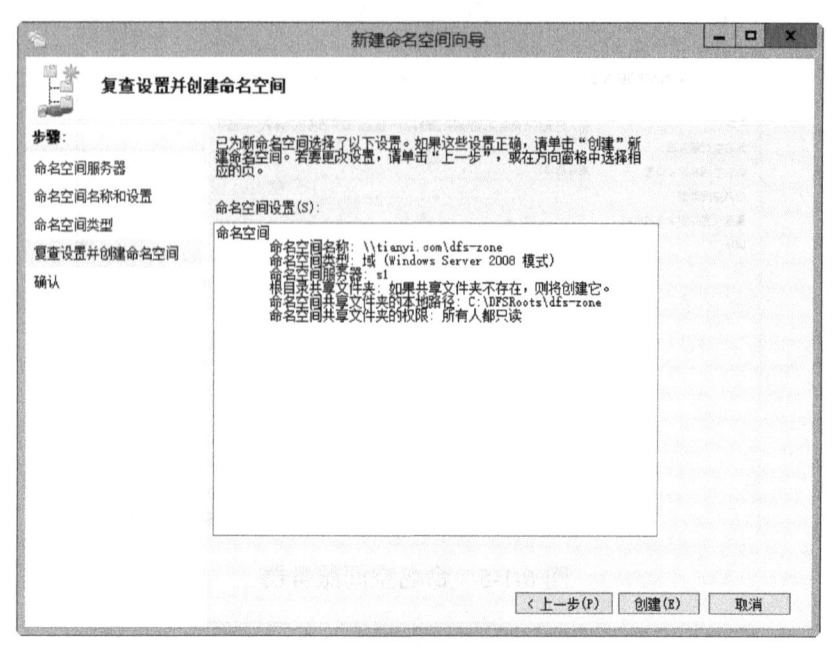

图 6-1-8　复查设置并创建命名空间

步骤 7：在"确认"界面中单击"关闭"按钮完成命名空间的创建，如图 6-1-9 所示。

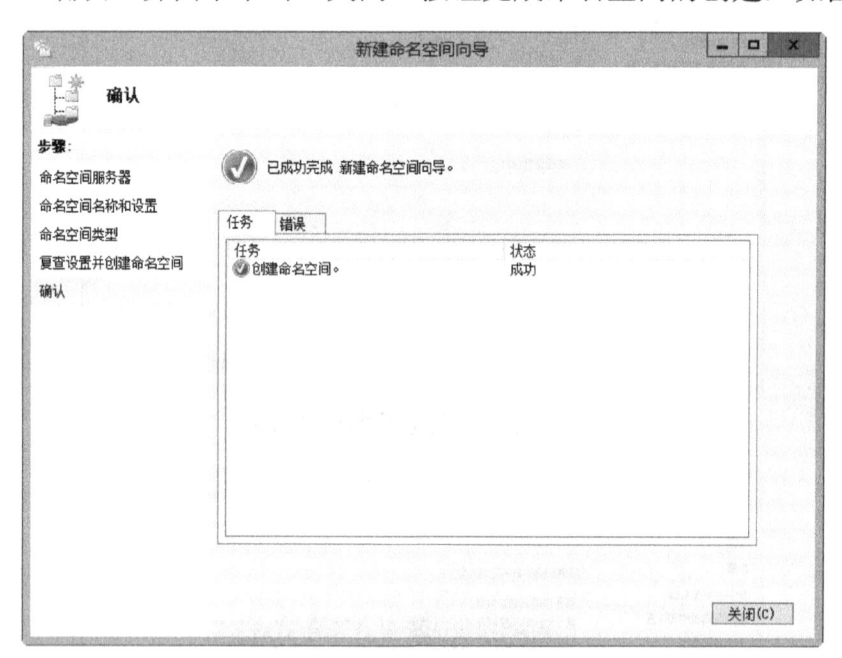

图 6-1-9　命名空间创建完成

知识链接

命名空间分为基于域的命名空间和独立命名空间，二者的主要区别是命名空间的存储位置及访问形式。基于域的命名空间存储在命名空间服务器和 Active Directory 域中，而独立命名空间只存储在命名空间服务器上。基于域的命名空间使用形如"\\Active Directory 域名\命名空间名\空间文件夹名"的格式访问，如"\\abc.com\abc-zone\abc-web-dir"；独立命名空间使用形如"\\服务器名\命名空间名\空间文件夹名"的格式访问，如"\\S1\abc-zone\ abc-web-dir"。

任务小结

本任务介绍了 DFS 的基本储存形式和使用部署架构。在 Active Directory 域中建议使用基于域的命名空间,它的好处是可以将整个 Active Directory 域的服务器作为 DFS 成员。为了提高命名空间的安全性,建议使用域控制器作为命名空间服务器,其他服务器安装 DFS 复制服务作为复制组的成员。

任务 2　创建空间文件夹与复制组

任务描述

天驿公司的网络管理员准备在公司的网络中使用 DFS,并且已经在服务器 S1 上安装了 DFS 命名空间服务,也在两台成员服务器 S5、S6 上安装了 DFS 复制服务,同时也建立了基于域的命名空间,接下来要使用 DFS 同步数据。

任务分析

在天驿公司的网络中,若使用 DFS 同步数据,则需要在基于域的命名空间内建立空间文件夹,并指定空间文件夹为用于存储数据的目标文件夹,然后建立复制组并设置 DFS 的复制方式。

任务实现

1. 创建空间文件夹

步骤 1:在"DFS 管理"窗口中,展开"命名空间"选项,然后右击"\\tianyi.com\dfs-zone"选项,在弹出的快捷菜单中选择"新建文件夹"命令,如图 6-2-1 所示。

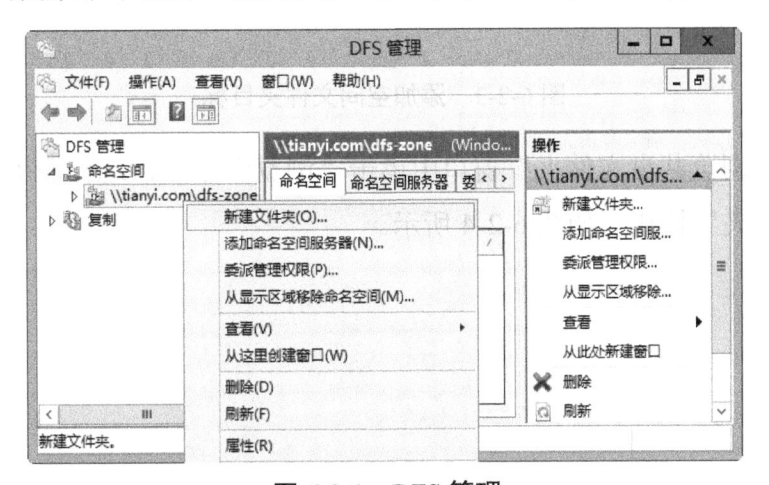

图 6-2-1　DFS 管理

步骤 2：在"新建文件夹"对话框中输入空间文件夹名称，本任务使用的名称为"dfs-dir1"，然后单击"添加"按钮添加文件夹目标，如图 6-2-2 所示。

图 6-2-2　新建空间文件夹

步骤 3：在"添加文件夹目标"对话框中单击"浏览"按钮，如图 6-2-3 所示。

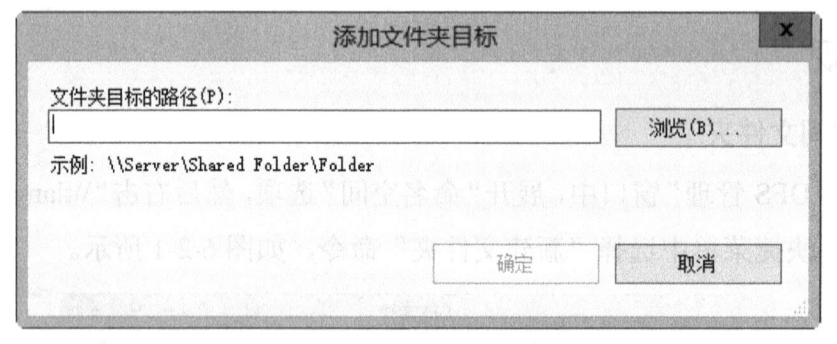

图 6-2-3　添加空间文件夹目标

步骤 4：在"浏览共享文件夹"窗口中单击"浏览"按钮，选择服务器"S5"，然后单击"新建共享文件夹"按钮，如图 6-2-4 所示。

项目六 配置 DFS 服务器

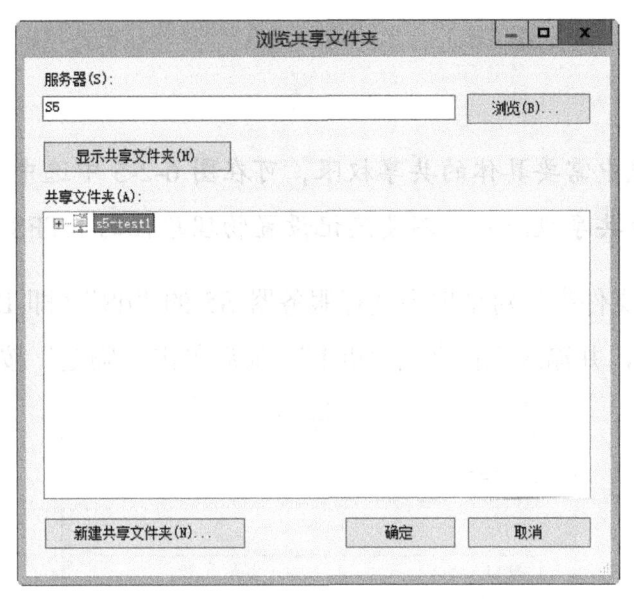

图 6-2-4 浏览共享文件夹

> **小贴士**
>
> 空间文件夹所指向的文件夹目标必须为 DFS 复制成员上的共享文件夹。这个共享文件夹可以提前建立好，也可以在指明文件夹目标时创建。为便于区分和使用，建议同一复制组的多个文件夹目标共享名、物理文件夹名、共享权限设置一致。

步骤 5：在"创建共享"对话框中输入共享名"dir1"，然后单击"浏览"按钮指定共享文件夹的本地路径，如图 6-2-5 所示。

图 6-2-5 创建共享

> 小贴士
>
> 如果在实际环境中需要具体的共享权限，可在图 6-2-5 中选中"使用自定义权限"单选按钮来设置。除共享权限外，不要忘记设置物理路径的 NTFS 权限。

步骤 6：在"浏览文件夹"对话框中选择服务器 S5 的"d$"（即 D:盘的共享名），然后单击"新建文件夹"按钮，并输入文件夹名"dir1"，最后单击"确定"按钮，如图 6-2-6 所示。

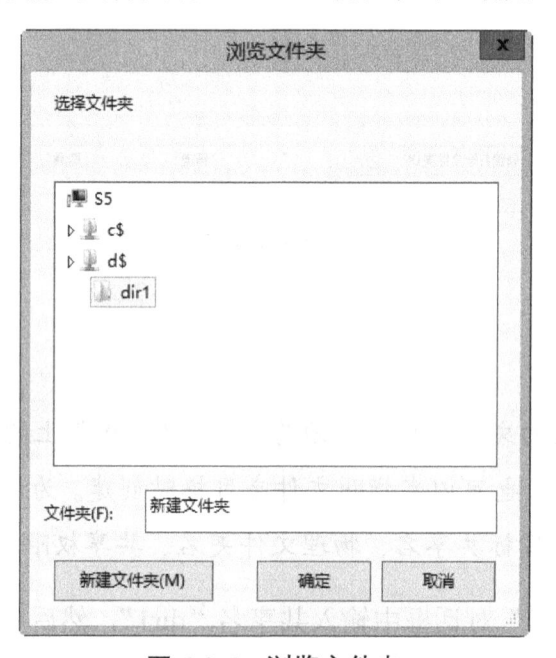

图 6-2-6　浏览文件夹

步骤 7：返回"创建共享"对话框后选择共享文件夹的权限为"Administrator 具有完全访问权限；其他用户具有只读权限"，然后单击"确定"按钮，如图 6-2-7 所示。

图 6-2-7　设置共享文件夹权限

步骤 8：返回"浏览共享文件夹"窗口后选择共享文件夹"dir1"，然后单击"确定"按钮，如图 6-2-8 所示。

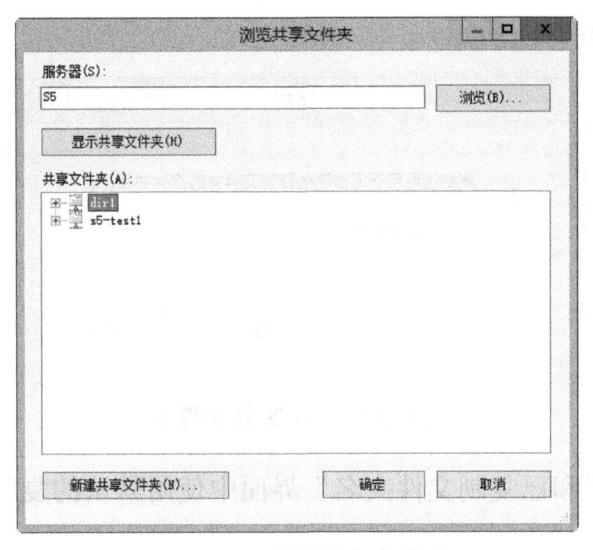

图 6-2-8　选择共享文件夹

步骤 9：返回"添加文件夹目标"对话框后单击"确定"按钮，如图 6-2-9 所示。

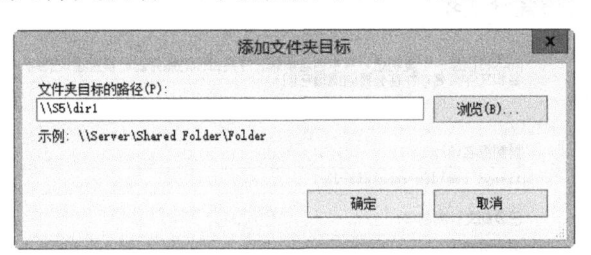

图 6-2-9　确认添加文件夹目标

步骤 10：以同样的方法和步骤，添加另一文件夹目标，即在服务器 S6 上添加共享文件夹 dir1，物理路径为 S6 的 D:\dir1，添加完毕后单击"确定"按钮，如图 6-2-10 所示。

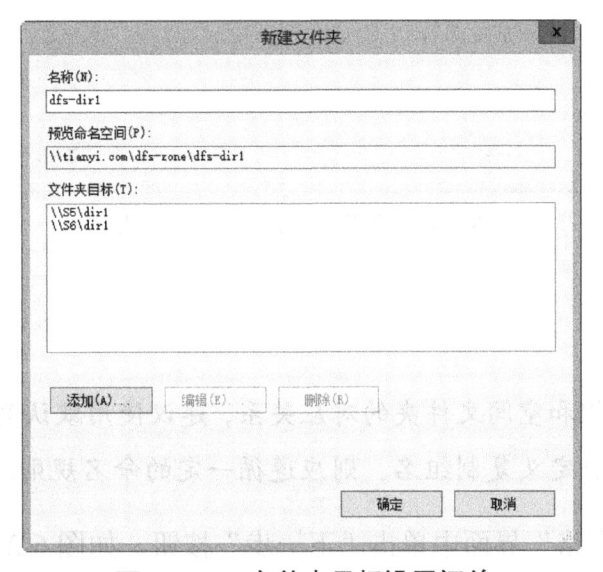

图 6-2-10　文件夹目标设置汇总

2. 创建复制组

步骤1：在空间文件夹创建完成后会自动弹出"复制"提示框，单击"是"按钮以向导方式创建复制组，如图6-2-11所示。

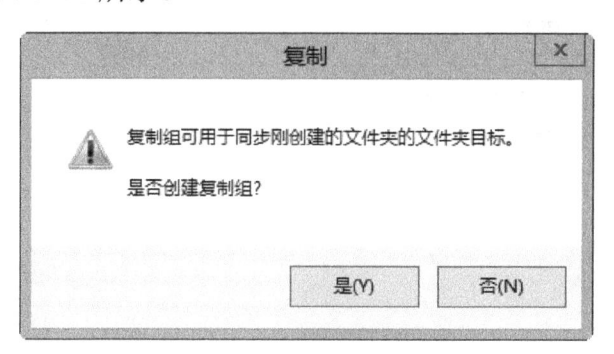

图6-2-11　DFS复制提示

步骤2：在"复制组和已复制文件夹名"界面中使用默认的复制组名，单击"下一步"按钮，如图6-2-12所示。

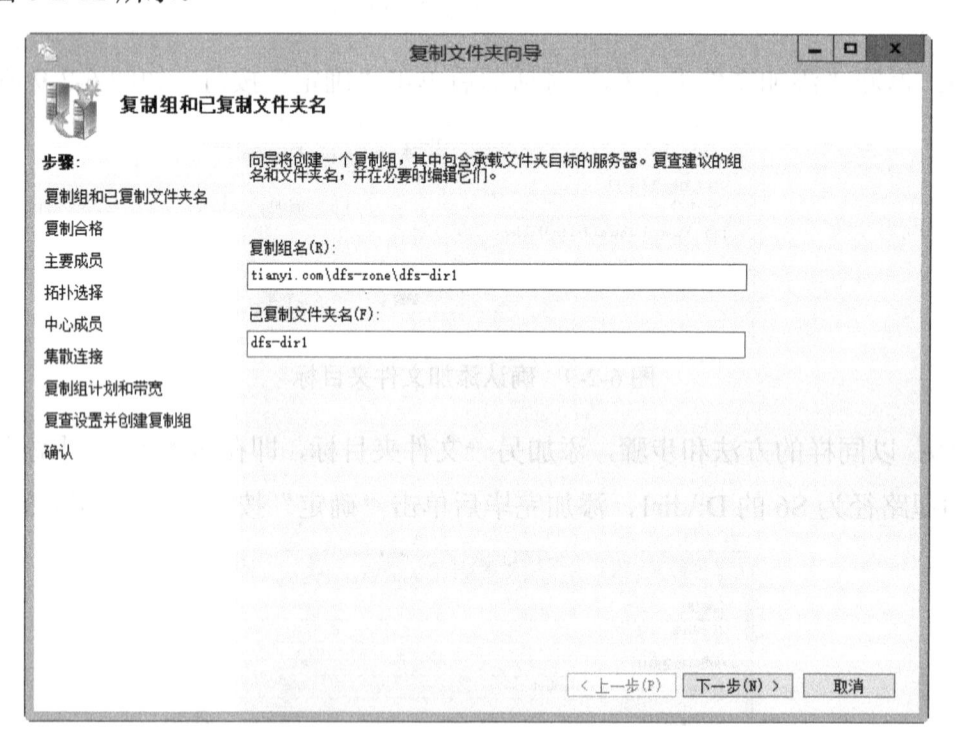

图6-2-12　复制组和已复制文件夹名

> **小贴士**
>
> 为便于区分复制组和空间文件夹的对应关系，建议使用默认复制组名，即设置成与空间文件夹同名，若自定义复制组名，则应遵循一定的命名规则。

步骤3：在"复制合格"界面中单击"下一步"按钮，如图6-2-13所示。

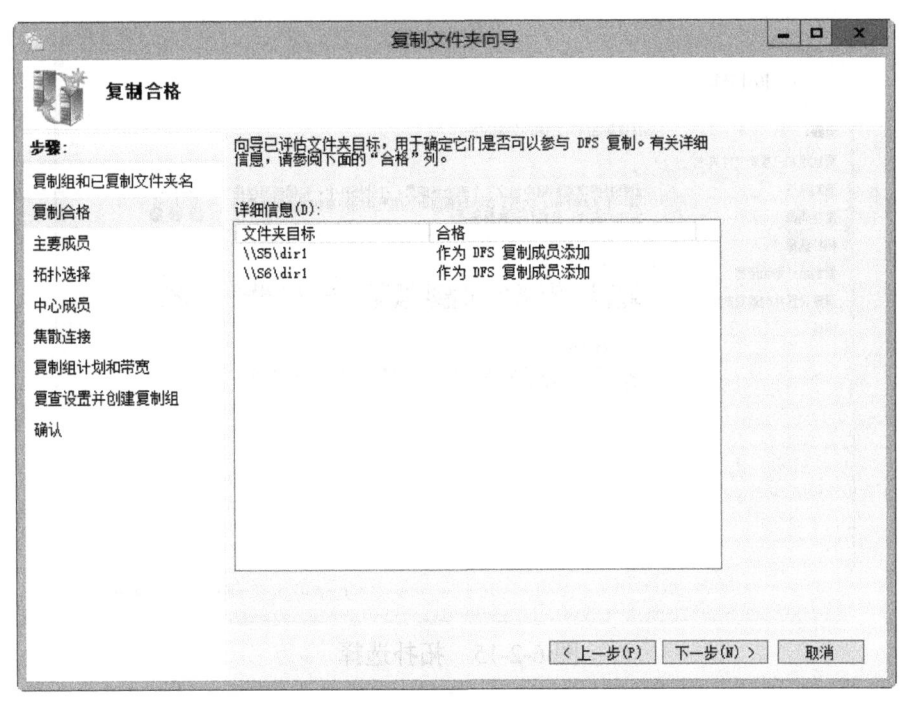

图 6-2-13　检查空间文件夹目标

步骤 4：在"主要成员"界面中选择"S5"作为主要成员，然后单击"下一步"按钮，如图 6-2-14 所示。

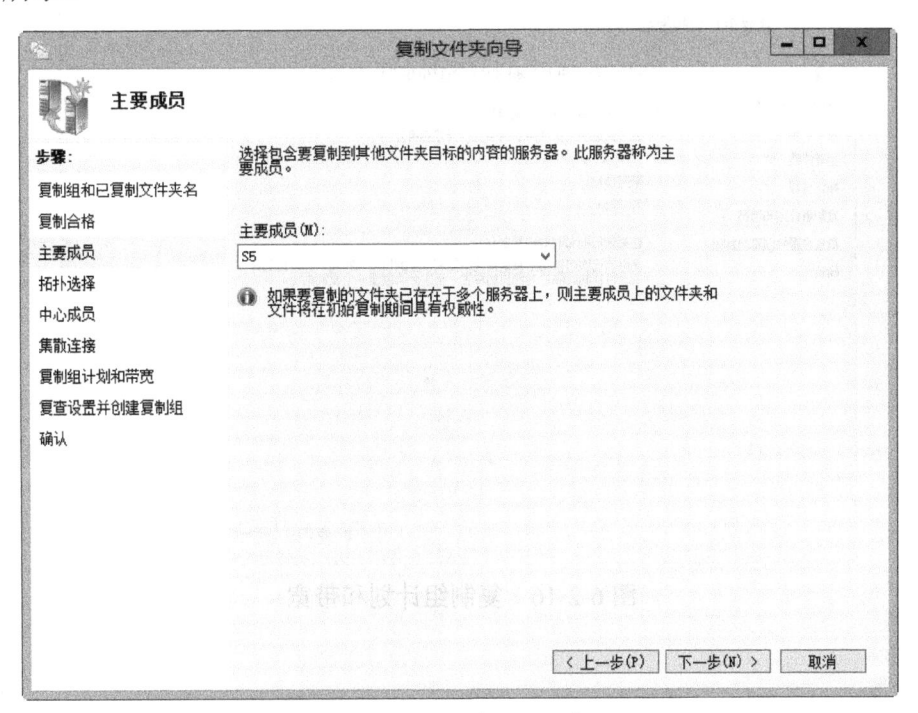

图 6-2-14　选择主要成员

步骤 5：在"拓扑选择"界面中选中"交错"单选按钮（即复制成员相互同步），然后单击"下一步"按钮，如图 6-2-15 所示。

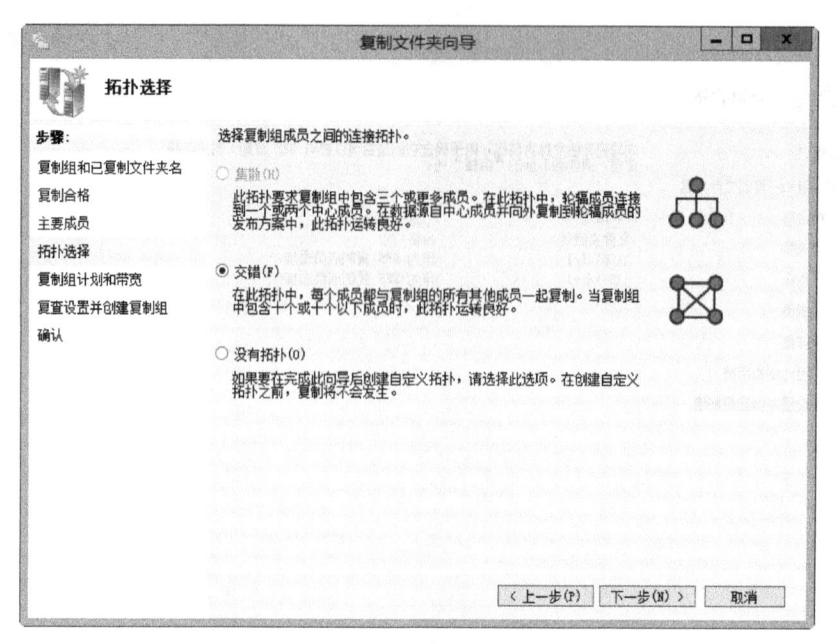

图 6-2-15 拓扑选择

步骤 6：在"复制组计划和带宽"界面中选中"使用指定带宽连续复制"单选按钮，并选择带宽为"32 Mbps"，然后单击"下一步"按钮，如图 6-2-16 所示。

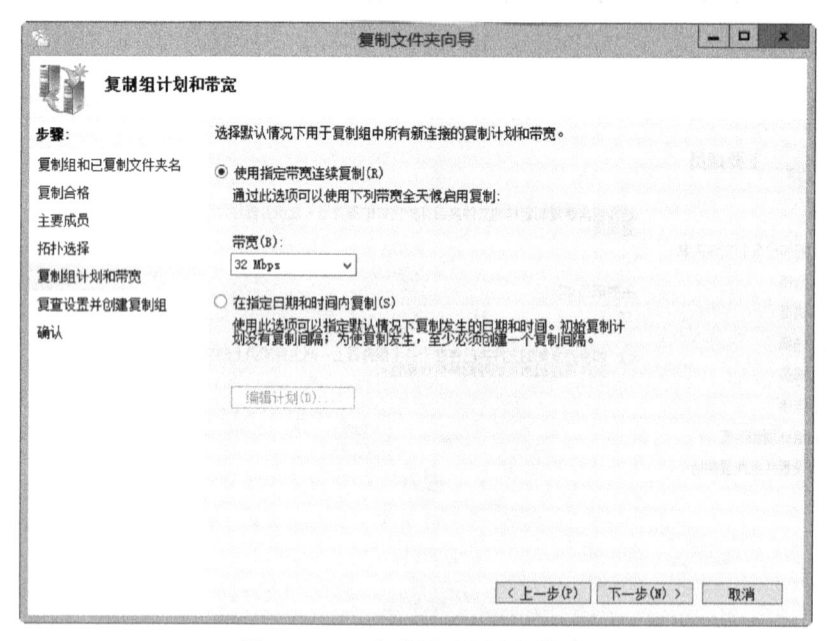

图 6-2-16 复制组计划和带宽

小贴士

DFS 成员间复制数据需要占用带宽，因此要根据网络的实际情况设置复制带宽。例如，若服务器的带宽为 100Mbps，则复制带宽可设置为 32Mbps；也可根据实际情况选择"指定日期和时间内复制"设置项，工作日可设置使用部分带宽，周六、日使用完整带宽。

步骤 7：在"复查设置并创建复制组"界面中单击"创建"按钮，如图 6-2-17 所示。

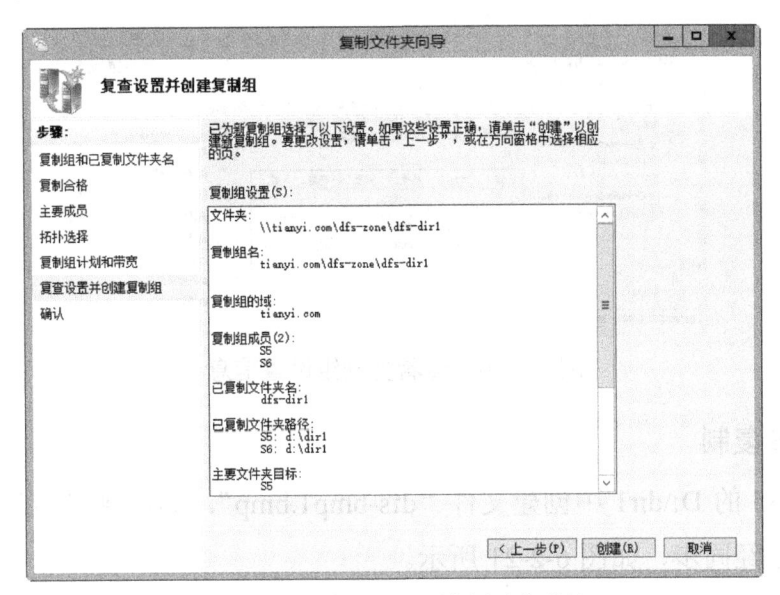

图 6-2-17　复查设置并创建复制组

步骤 8：在"确认"界面中单击"关闭"按钮，如图 6-2-18 所示。

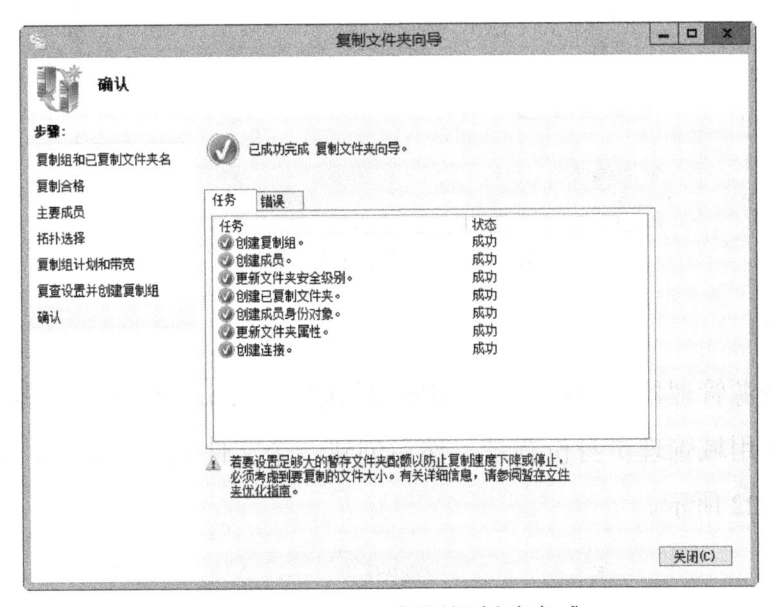

图 6-2-18　DFS 复制组创建完成

步骤 9：在"复制延迟"提示框中单击"确定"按钮，如图 6-2-19 所示。

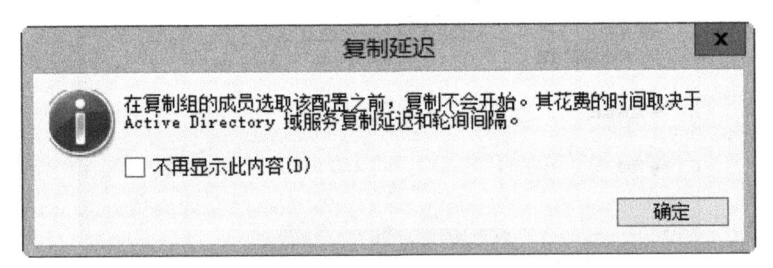

图 6-2-19　复制延迟提示

步骤10：返回"DFS 管理"窗口后可查看复制组的设置信息，如图 6-2-20 所示。

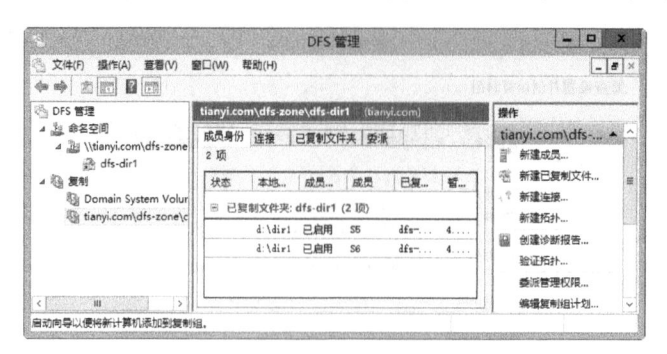

图 6-2-20　查看复制组设置信息

3．测试 DFS 复制

在复制成员 S5 的 D:\dir1 中创建文件"dfs-bmp1.bmp"，然后到 S6 的 D:\dir1 中查看数据，可看到数据已经同步，如图 6-2-21 所示。

图 6-2-21　测试 DFS 复制

4．访问 DFS

在客户端的资源管理器窗口中，使用 UNC 地址"\\tianyi.com\dfs-zone\dfs-dir1"访问 DFS 空间文件夹，并使用域管理员身份登录，然后创建一个文件夹进行测试，可看到 DFS 可正常访问，如图 6-2-22 所示。

图 6-2-22　客户端访问 DFS

任务小结

本任务在已经安装了 DFS 相关服务且创建完成命名空间的基础上，完成了对空间文件夹和复制组的创建。创建空间文件夹时，需要指明文件夹的目标，目标必须是共享文件夹，一个空间文件夹可以添加多个目标。空间文件夹创建完成后需创建对应的复制组，建议复制组与空间文件夹同名，并设置复制带宽等选项。在本任务的最后，测试了 DFS 数据同步的情况，并以在客户机上访问空间文件夹为例，简要介绍了访问 DFS 的方法。

项 目 实 训

创通公司的 Active Directory 域名为 chtkj.cn，现准备使用两台已安装 Windows Server 2012 R2 系统的服务器作为复制成员，要求 DFS 命名空间存储在一台已安装 Windows Server 2008 R2 系统的域控制器上，DFS 建立完成后作为员工共享文件使用。具体要求如下。

（1）建立 user1 到 user5 共 5 个账户，其中，user1 到 user4 访问共享文件夹的权限为具有读写权限，而 user5 为具有只读权限。

（2）其中一台服务器上的文件夹 D:\files 中已经存储了文件，将这个文件夹共享，并作为复制的主要成员。

（3）创建名为 cht-dfs 的 DFS 命名空间和名为 data 的空间文件夹，将上述服务器上的 D:\files 文件夹作为目标，另一目标根据需求自行设置。

（4）设置周一至周五使用 32Mbps 的复制带宽，周六和周日使用完整带宽。

（5）在员工的 Windows 7 系统的计算机上访问 DFS 共享。

项目七

配置 FTP 服务器

项目描述

在计算机网络中，实现文件共享的方式有很多种，可以使用文件服务器（指基于 SMB/CIFS）实现文件共享，也可以使用 NFS 实现文件共享，但使用较为广泛的是部署 FTP 服务器实现文件共享。FTP（File Transfer Protocol，文件传输协议）是一种通过 Internet 传输文件的协议，通常用于文件的下载和上传。FTP 服务器上为不同类型用户提供了存储空间，用户可以根据自己的读/写权限来访问空间内的数据。

在本项目中，天驿公司的网络管理员将配置一台 FTP 服务器，并分别为员工建立账户，以实现公司的文件共享；同时，还会使用虚拟目录技术实现特定部门拥有单独的 FTP 空间的需求。此外，为提升用户使用的安全性，防止用户间误删除数据，网络管理员将为 FTP 服务器设置用户隔离。

知识目标

1. 了解 FTP 服务器的定义和作用。
2. 了解 FTP 虚拟目录、FTP 登录和匿名 FTP 等概念。
3. 熟悉 FTP 目录的 NTFS 权限。
4. 理解 FTP 用户隔离方式。

能力目标

1. 能熟练安装 FTP 服务器。
2. 能熟练新建 FTP 站点。
3. 能熟练建立 FTP 虚拟目录并测试。
3. 能正确实现 FTP 站点的用户隔离配置操作。

思政目标

1．能主动收集客户需求，按需配置服务器，逐步养成爱岗敬业精神和服务意识。

2．能严格遵守法律法规，尊重用户隐私，在未经允许的情况下不私自查看服务器中存储的用户数据。

思维导图

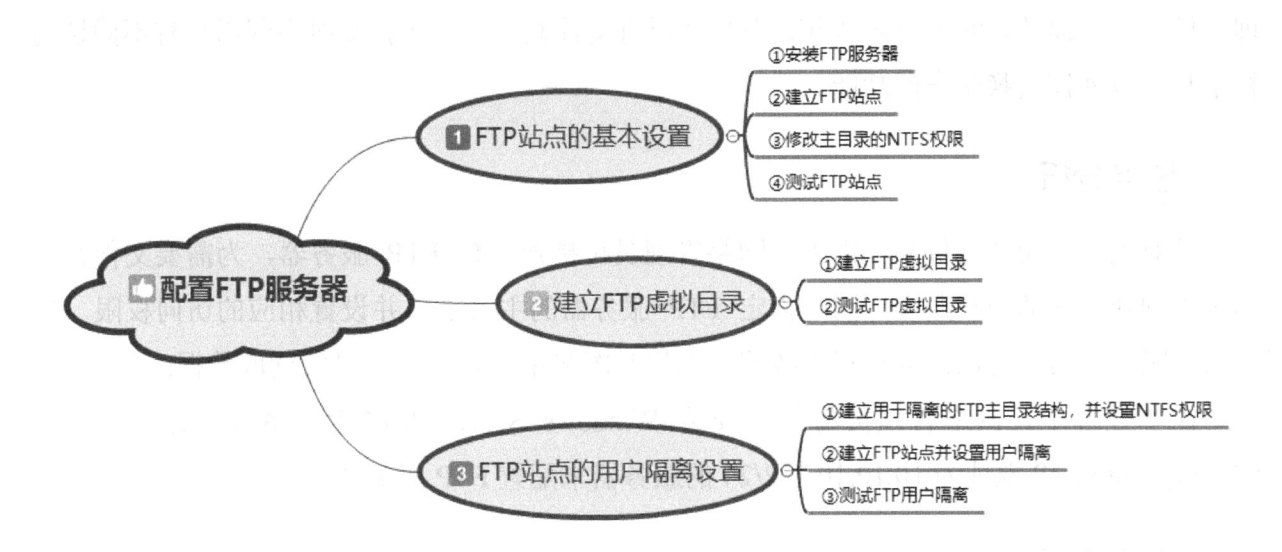

配置FTP服务器
- **1** FTP站点的基本设置
  - ①安装FTP服务器
  - ②建立FTP站点
  - ③修改主目录的NTFS权限
  - ④测试FTP站点
- **2** 建立FTP虚拟目录
  - ①建立FTP虚拟目录
  - ②测试FTP虚拟目录
- **3** FTP站点的用户隔离设置
  - ①建立用于隔离的FTP主目录结构，并设置NTFS权限
  - ②建立FTP站点并设置用户隔离
  - ③测试FTP用户隔离

项目拓扑

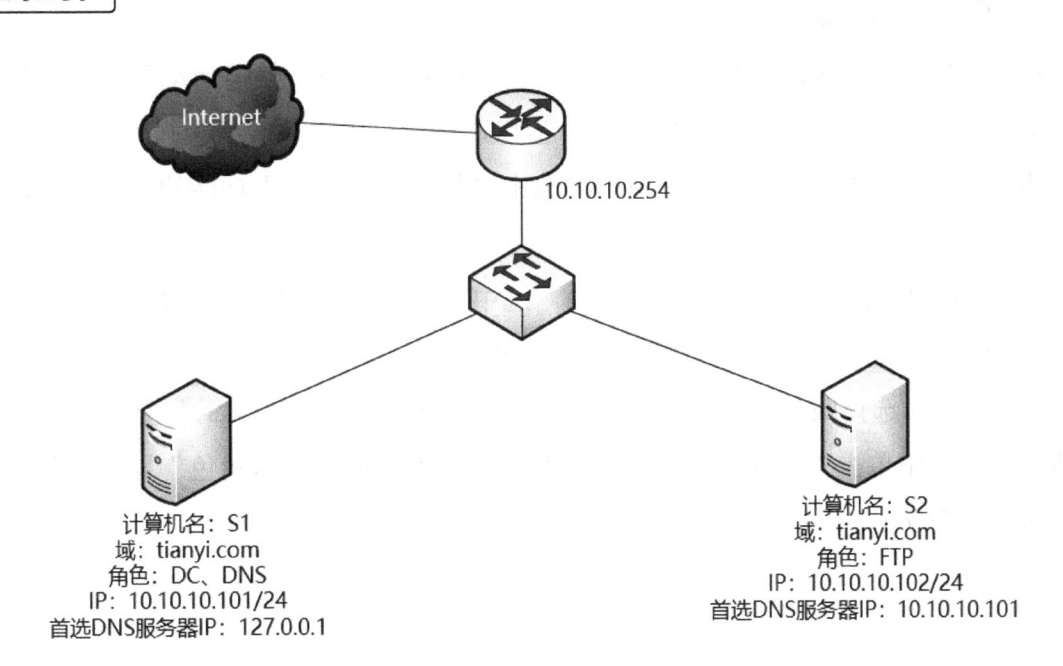

Internet — 10.10.10.254

计算机名：S1
域：tianyi.com
角色：DC、DNS
IP：10.10.10.101/24
首选DNS服务器IP：127.0.0.1

计算机名：S2
域：tianyi.com
角色：FTP
IP：10.10.10.102/24
首选DNS服务器IP：10.10.10.101

任务 1　FTP 站点的基本设置

任务描述

目前，天驿公司使用基于 SMB/CIFS 方式的共享文件夹来实现文件共享，但有些员工回家之后无法访问共享文件，还有一些员工访问共享文件后不会切换登录账户。因此，网络管理员要用一种简单、可靠的共享方式来弥补原有文件共享的不足，实现不同用户有不同访问权限且可以便捷切换账户的功能。

任务分析

针对天驿公司的文件共享需求，网络管理员可搭建一台 FTP 服务器，为需要文件共享的员工创建对应的用户账户，同时指定 FTP 服务器的主目录，并设置相应的访问权限。拥有用户账户的员工可以读取和写入数据，如果是匿名用户登录，则只能读取数据。

在本任务中，网络管理员将使用安装 Windows Server 2012 R2 系统、计算机名为 S2.tianyi.com、IP 地址为 10.10.10.102/24 的服务器来配置 FTP 服务器。

任务实现

1. 安装 FTP 服务器

步骤 1：在"服务器管理器"窗口中，单击"仪表板"→"快速启动"→"添加角色和功能"链接，打开"添加角色和功能向导"窗口，然后单击"下一步"按钮。

步骤 2：在"选择安装类型"界面中，选中"基于角色或基于功能的安装"单选按钮，然后单击"下一步"按钮。

步骤 3：在"选择目标服务器"界面中，选中"从服务器池中选择服务器"单选按钮，选择"S2.tianyi.com"，然后单击"下一步"按钮。

步骤 4：在"选择服务器角色"界面中，勾选"Web 服务器（IIS）"复选框，在弹出的所需功能对话框中单击"添加功能"按钮，然后返回"选择服务器角色"界面，单击"下一步"按钮，如图 7-1-1 所示。

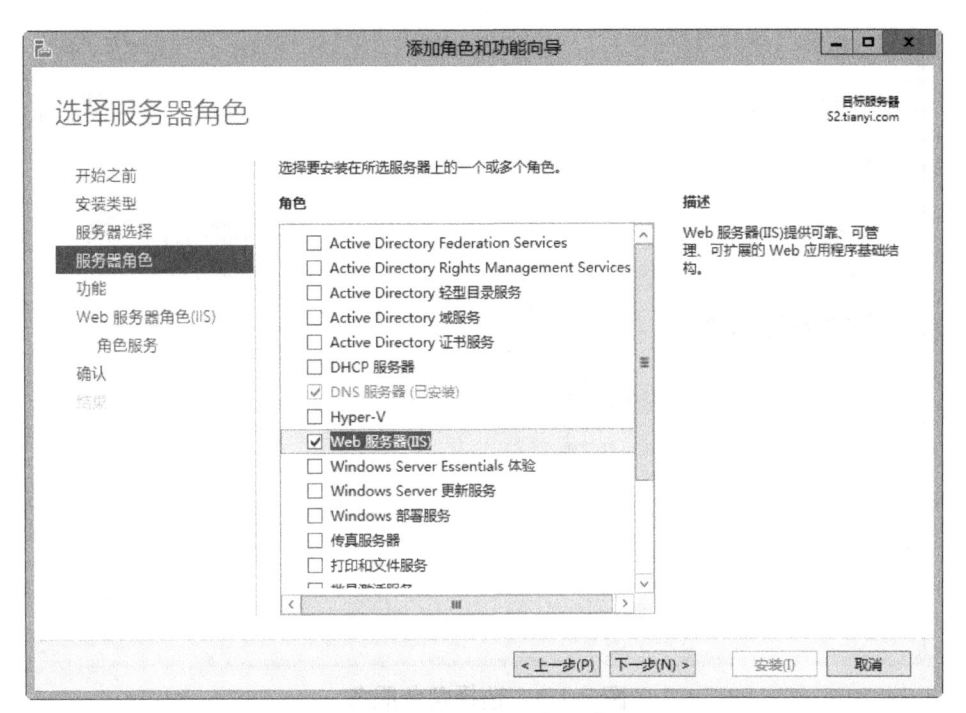

图 7-1-1 选择服务器角色

步骤 5：在"功能选择"和"Web 服务器角色（IIS）"界面中，单击"下一步"按钮，如图 7-1-2 所示。

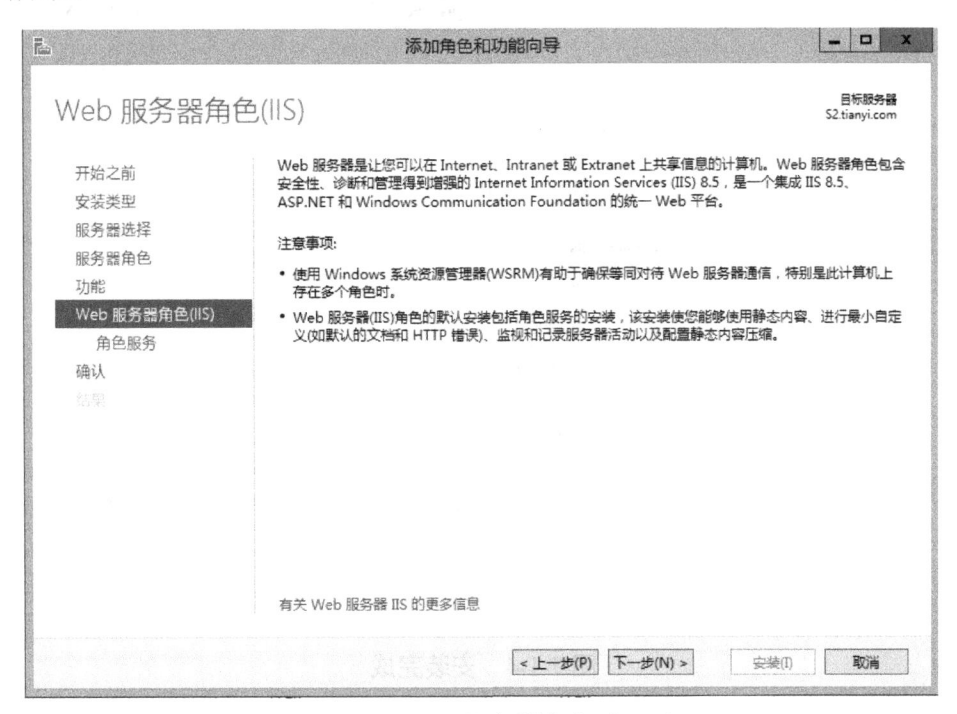

图 7-1-2 Web 服务器角色（IIS）

步骤 6：在"选择角色服务"界面中，勾选"FTP 服务器"复选框，然后单击"下一步"按钮，如图 7-1-3 所示。

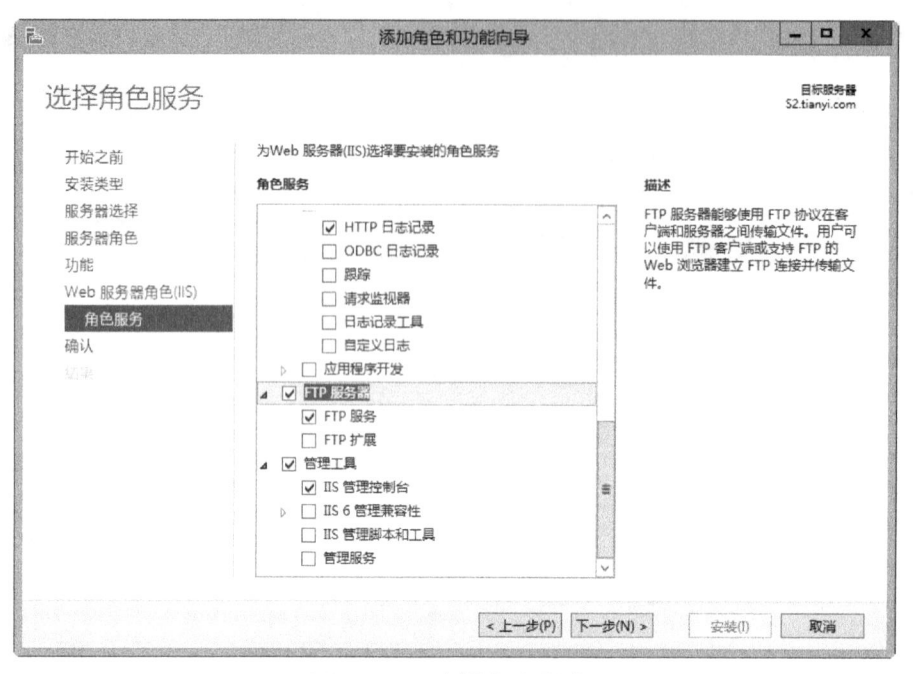

图 7-1-3　选择角色服务

步骤 7：在"确认安装所选内容"界面中，单击"安装"按钮，安装完毕后在"安装进度"界面中，单击"关闭"按钮，如图 7-1-4 所示。

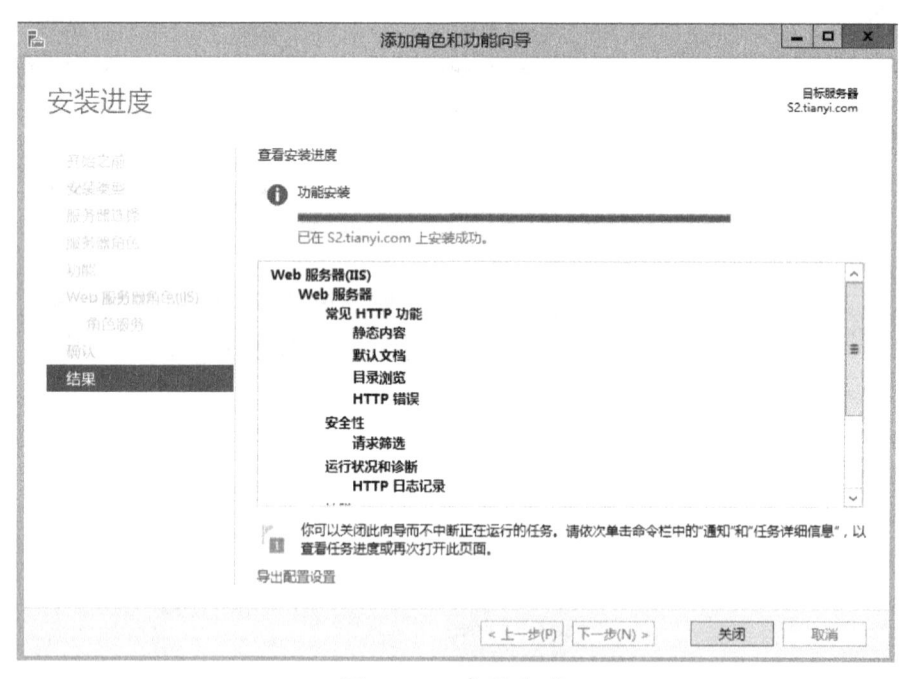

图 7-1-4　安装完成

2. 建立 FTP 站点

步骤 1：打开"服务器管理器"窗口，在窗口左侧功能项中选择"IIS"角色，右击服务器列表中的"S2"，然后在弹出的快捷菜单中选择"Internet Information Services（IIS）管理器"命令，如图 7-1-5 所示。

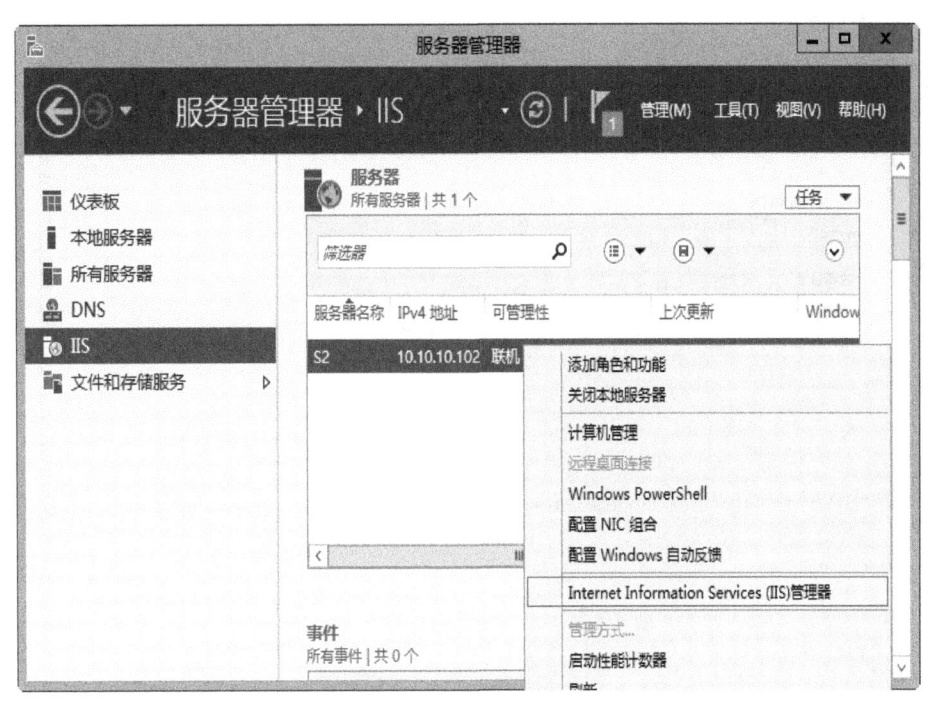

图 7-1-5 服务器管理器

步骤 2：在"Internet Information Services（IIS）管理器"窗口中展开"S2"选项，然后右击"网站"选项，在弹出的快捷菜单中选择"添加 FTP 站点"命令，如图 7-1-6 所示。

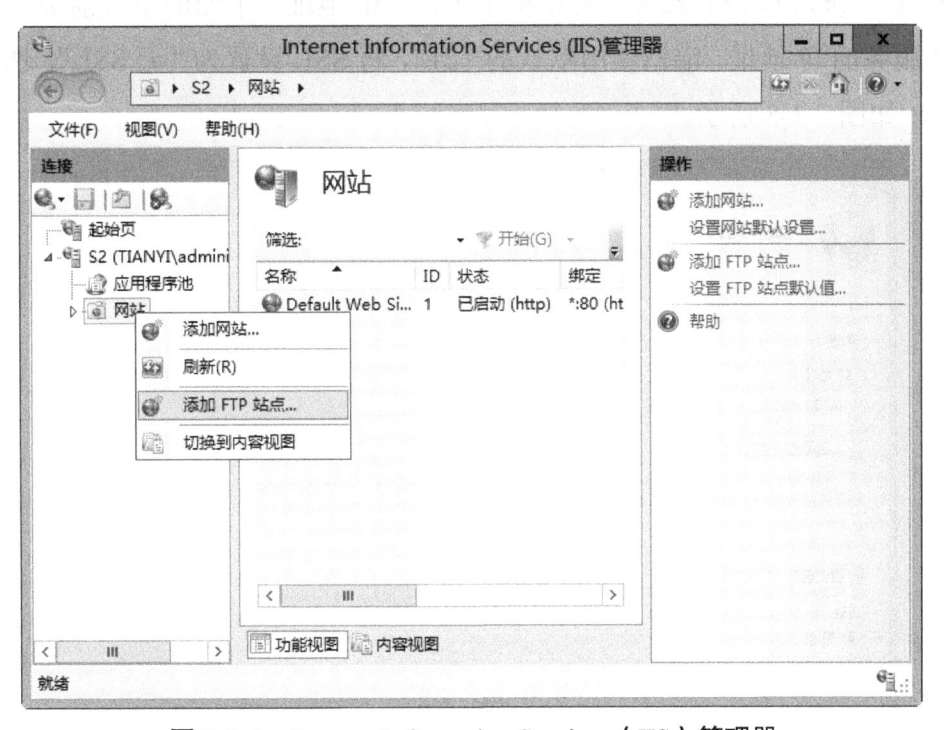

图 7-1-6 Internet Information Services（IIS）管理器

步骤 3：在"添加 FTP 站点"的"站点信息"对话框中输入 FTP 站点名称，并在"物理路径"下面的文本框中输入主目录位置（也可单击"…"选择路径），然后单击"下一步"按钮，如图 7-1-7 所示。

图 7-1-7　FTP 站点信息

步骤 4：在"绑定和 SSL 设置"对话框中单击"IP 地址"下面的下拉箭头，选择服务器上开启 FTP 服务的 IP 地址，端口使用默认的"21"，将 SSL 设置为"无 SSL"，然后单击"下一步"按钮，如图 7-1-8 所示。

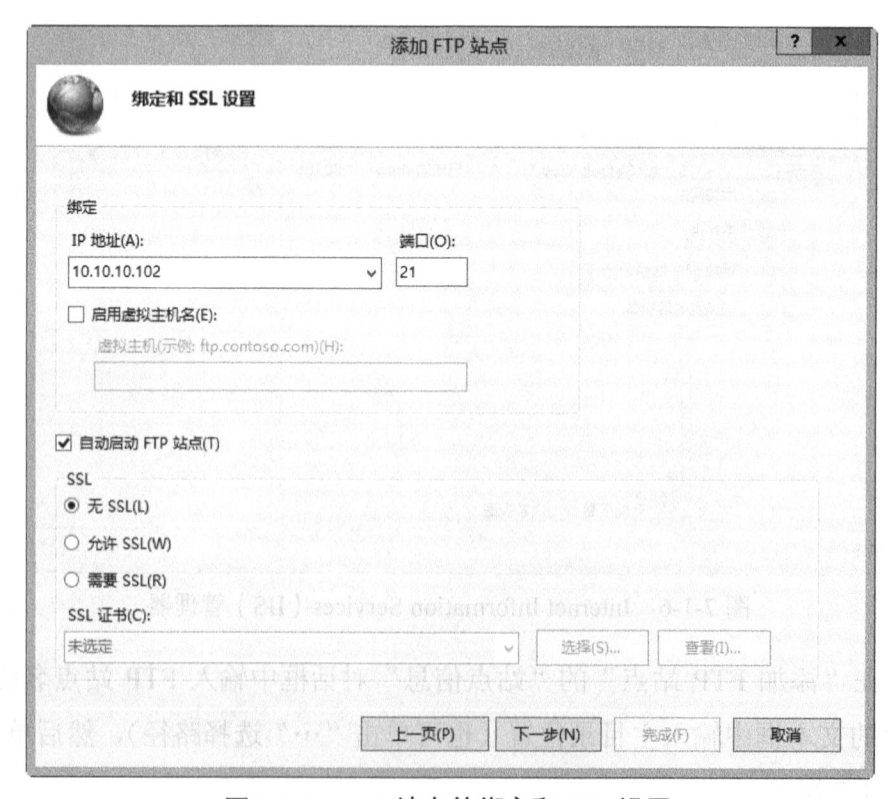

图 7-1-8　FTP 站点的绑定和 SSL 设置

步骤 5：在"身份验证和授权信息"对话框中，勾选"身份验证"选项组中的"匿名"和"基本"复选框，此处暂不进行授权规则设置，然后单击"完成"按钮，如图 7-1-9 所示。

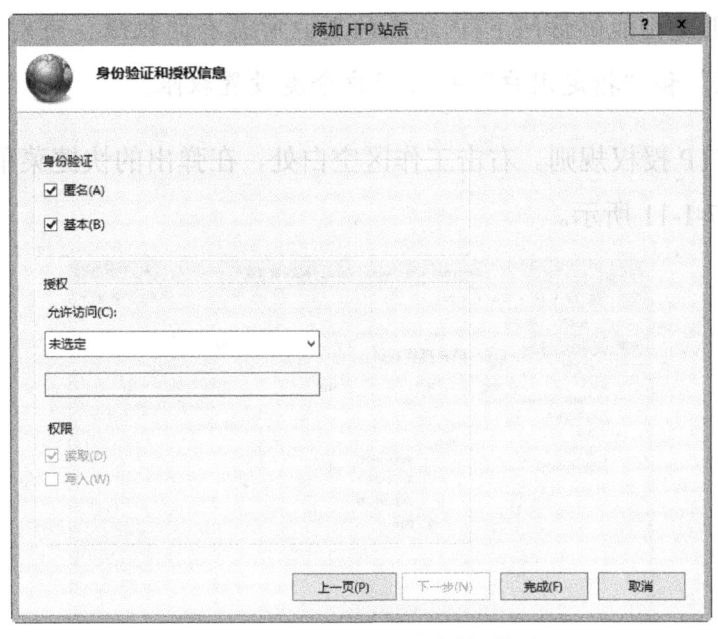

图 7-1-9 身份验证和授权信息

> **小贴士**
>
> FTP 身份验证是指哪些类型的用户可以访问 FTP 站点，分为基本用户和匿名用户两种，基本用户包括本地用户和域用户，匿名则用于需要访问 FTP 站点，但又没有特定用户账户的情况，匿名用户使用 anonymous 作为用户名。

步骤 6：返回"Internet Information Services（IIS）管理器"窗口后，可看到新建的 FTP 站点信息。双击 FTP 站点"myftp1"选项，然后在右侧的工作区中双击"FTP 授权规则"选项，如图 7-1-10 所示。

图 7-1-10 myftp1 站点的设置主页

> **小贴士**
>
> FTP授权规则是指能够访问FTP站点的用户所具有的权限，可对"所有用户""匿名用户""指定组"和"指定用户"四种用户分类设置权限。

步骤7：设置FTP授权规则。右击工作区空白处，在弹出的快捷菜单中选择"添加允许规则"命令，如图7-1-11所示。

图7-1-11　添加FTP授权规则

步骤8：设置匿名用户只能读取数据。在"添加允许授权规则"对话框中，选中"所有匿名用户"单选按钮，然后勾选"权限"选项组中的"读取"复选框，最后单击"确定"按钮，如图7-1-12所示。

步骤9：设置jishubu组用户能够读/写数据。在"添加允许授权规则"对话框中选中"指定的角色或用户组"单选按钮，并输入组名"jishubu"，然后勾选"权限"选项组中的"读取"和"写入"复选框，最后单击"确定"按钮，如图7-1-13所示。

图7-1-12　设置匿名用户的授权规则 　　　　图7-1-13　设置指定用户组的授权规则

步骤10：授权规则设置完毕后返回"Internet Information Services（IIS）管理器"窗口，

单击 FTP 站点"myftp1"选项，在右侧的"管理 FTP 站点"任务中选择"重新启动"，如图 7-1-14 所示。

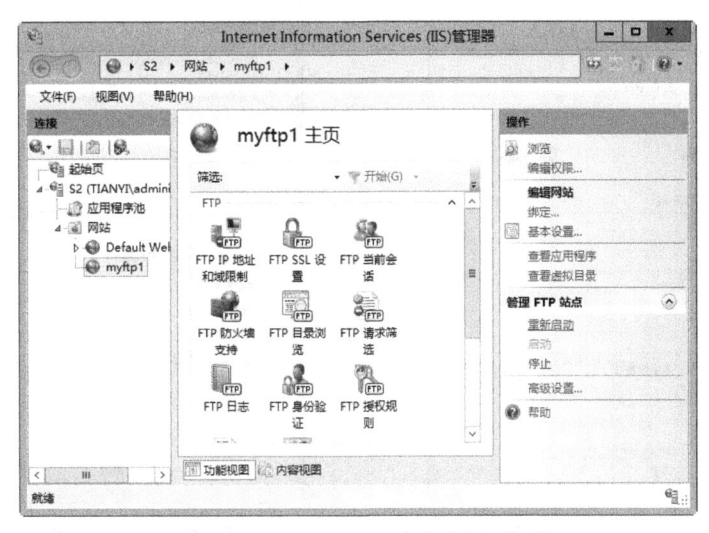

图 7-1-14　myftp1 站点创建完成

3. 修改主目录的 NTFS 权限

jishubu 组用户访问 FTP 站点的有效权限为 FTP 权限和 NTFS 权限的叠加。在默认情况下，jishubu 组用户访问 D:\myftp1 文件夹匹配的是 Users 组的 NTFS 权限，因此需要另行设置 jishubu 组对 D:\myftp1 文件夹包含"修改""写入"等 NTFS 权限。

步骤 1：右击 D:\myftp1 文件夹，在弹出的快捷菜单中选择"属性"命令，如图 7-1-15 所示。

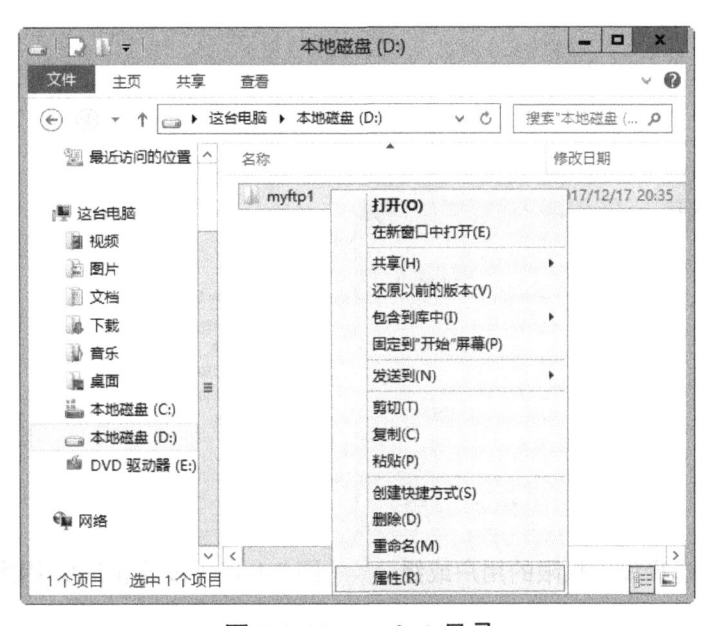

图 7-1-15　myftp1 目录

步骤 2：在"myftp1 属性"对话框的"安全"选项卡中单击"编辑"按钮，会弹出"myftp1 的权限"对话框，如图 7-1-16 和图 7-1-17 所示。

图 7-1-16 myftp1 属性 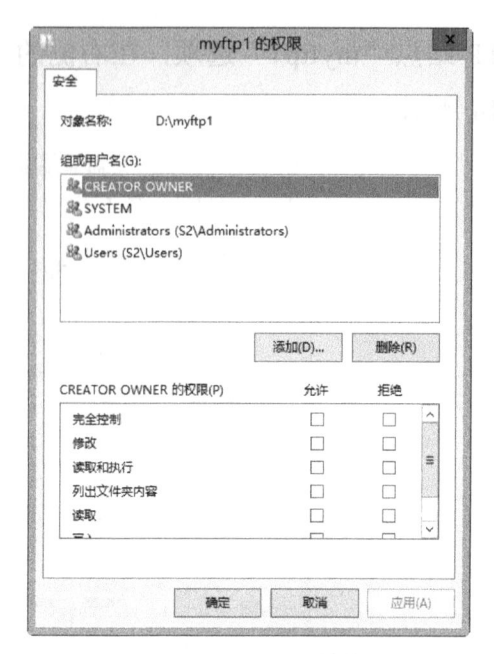　　　　　图 7-1-17 myftp1 的权限

步骤 3：在"myftp1 的权限"对话框中，单击"添加"按钮，在弹出的"选择用户、计算机、服务账户或组"对话框中选择组"jishubu"，然后单击"确定"按钮，返回"myftp1 的权限"对话框，如图 7-1-18 所示。

步骤 4：勾选"jishubu 的权限"选项组下的"完全控制"复选框，然后单击"确定"按钮返回"myftp1 属性"对话框，最后单击"确定"按钮，如图 7-1-19 所示。

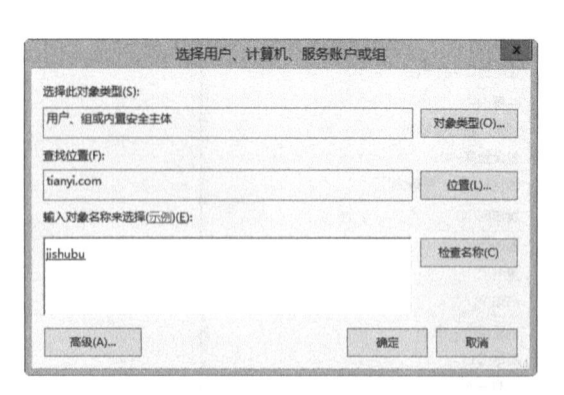

图 7-1-18 选择设置权限的用户或组 　　　　　图 7-1-19 设置 jishubu 组用户的 NTFS 权限

4．测试 FTP 站点

步骤 1：在客户机资源管理器窗口的地址栏中，输入地址"ftp://10.10.10.102"或域名"ftp://ftp.tianyi.com"访问 FTP 站点，然后右击工作区空白处，在弹出的快捷菜单中选择"登

录"命令,如图 7-1-20 所示。

图 7-1-20 访问 FTP 站点

步骤 2:在"登录身份"对话框中,以 jishubu 组用户身份登录,输入用户名"js1@tianyi.com"(如果客户机为 tianyi.com 的域控制器或域成员,则可直接输入"js1")和其对应的密码,然后单击"登录"按钮,如图 7-1-21 所示。

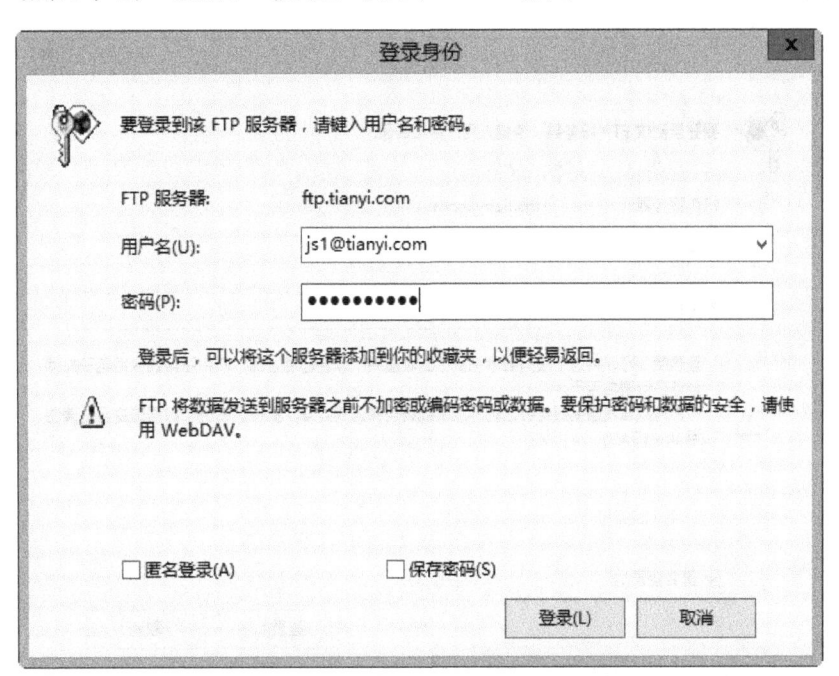

图 7-1-21 输入用户名和密码

步骤 3:登录后,在 FTP 的主目录中,新建文件夹 js1-dir 并上传文件 js1-txt.txt,经测试符合需求,如图 7-1-22 所示。

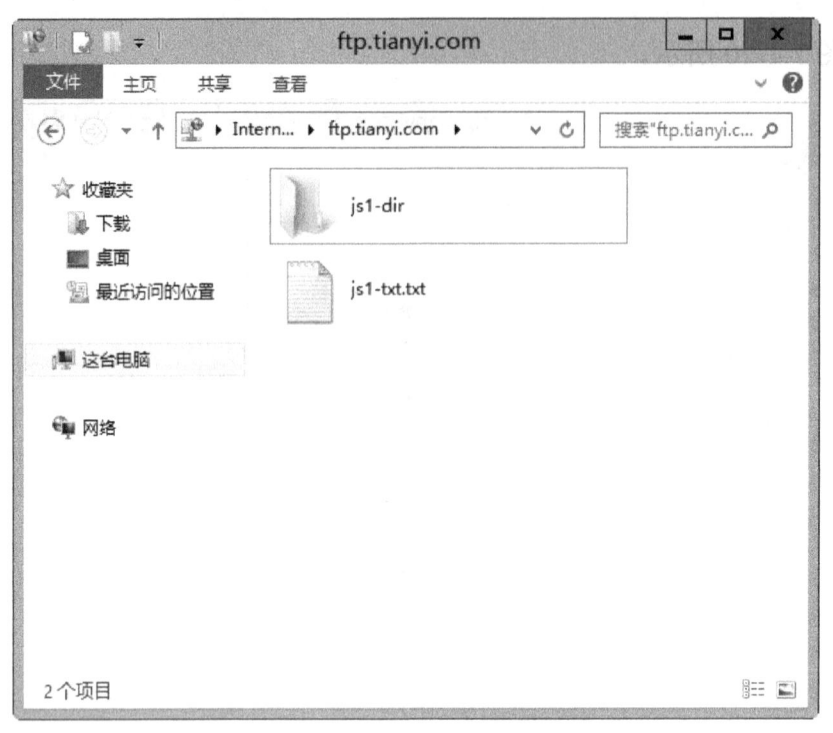

图 7-1-22　测试 jishubu 组用户访问权限

步骤 4：右击工作区空白处，在弹出的快捷菜单中选择"登录"命令。

步骤 5：在"登录身份"对话框中，勾选"匿名登录"复选框，然后单击"登录"按钮，如图 7-1-23 所示。

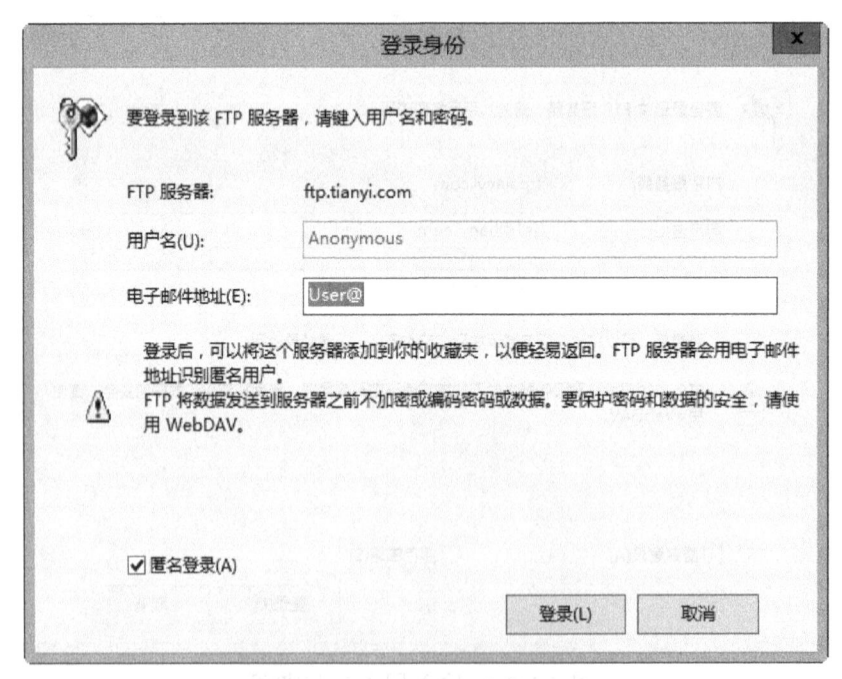

图 7-1-23　以匿名身份登录

步骤 6：在登录 FTP 站点后，可读取主目录中的数据，如图 7-1-24 所示。

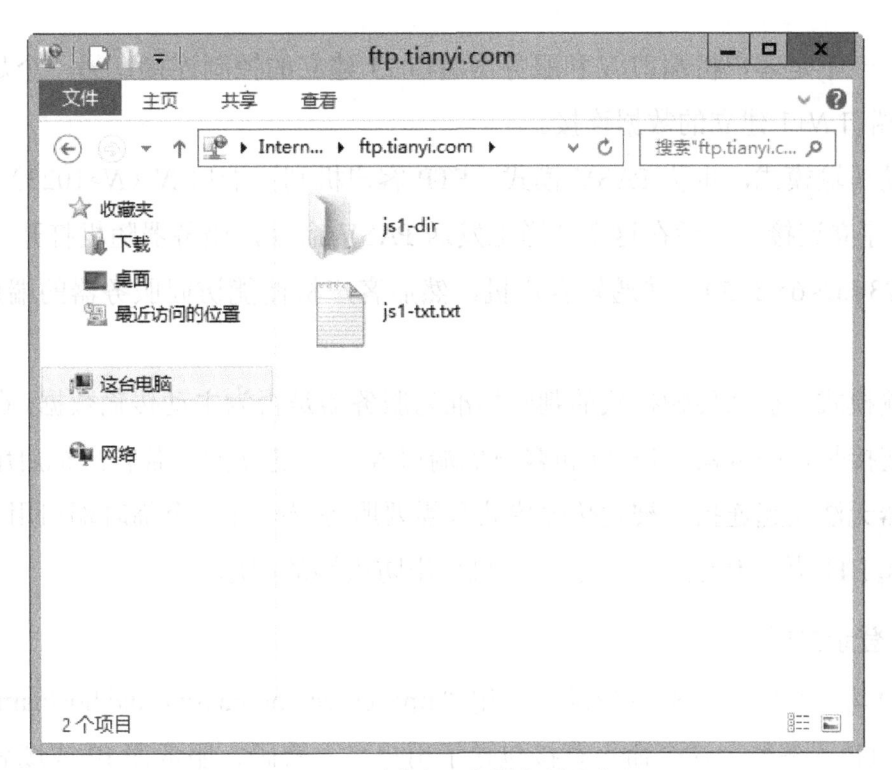

图 7-1-24　测试匿名用户读取权限

步骤 7：由于匿名用户只有读取权限，因此无法进行创建文件夹和上传文件等操作，如图 7-1-25 所示。

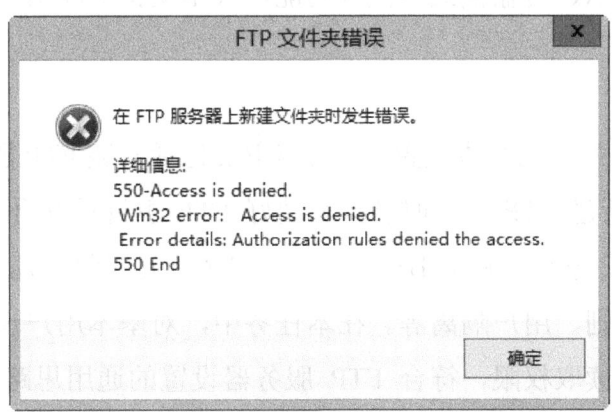

图 7-1-25　测试匿名用户写入权限

知识链接

1. 主动传输和被动传输

FTP 通过 TCP 建立会话，使用了两个端口，一个命令端口（也称为控制端口）和一个数据端口，通常命令端口是 21，数据端口则分为以下两种情况。

（1）主动传输模式，也称 PORT 模式。FTP 客户机利用端口 N（$N>1023$）和 FTP 服务器的 21 端口建立连接，然后在这个通道上发送 PORT 命令（包含了客户机用什么端口接收数据，一般为 $N+1$）。服务器通过自己的 20 端口连接至客户机的指定端口传输数据。此时具有两个连接,一个是客户机端口 N 和服务器端口 21 建立的控制连接,另一个是服务器端口 20 和客户机端口 $N+1$ 建立的数据连接。

(2) 被动传输模式,也称 PASV 模式。FTP 客户机利用端口 N($N>1023$) 和 FTP 服务器的 21 端口建立连接,然后在这个通道上发送 PASV 命令,服务器随机打开一个临时数据端口 M(1023<M<65 535),并通知客户机,然后客户机便能访问服务器的端口 M 并传输数据。

主动传输模式和被动传输模式的判断标准为服务器是否为主动传输数据。在主动传输模式下,数据连接是在服务器端口 20 和客户机端口 $N+1$ 上建立的,若客户机启用了防火墙则会造成服务器无法发起连接。被动传输模式只需要服务器打开一个临时端口用于数据传输,由客户机发起 FTP 数据传输,解决了客户机启用防火墙的问题。

2. FTP 登录方式

许多 FTP 客户机都支持命令登录,可用 "ftp://username:password@hostname:port" 的命令格式登录 FTP 服务器,这个命令直接包含了用户名、密码、服务器 IP 或域名、端口。登录后可以使用客户机的命令集完成目录切换、文件上传/下载等操作。

一些第三方 FTP 客户机软件也广受用户欢迎,如 FileZilla、CuteFTP 等,这些软件支持断点传输、双工作区显示、传输模式切换等功能,甚至支持 FTPS。

任务小结

本任务完成了 FTP 站点的基本设置,其内容主要包括安装 FTP 服务器、新建 FTP 站点、测试 FTP 站点等。在新建 FTP 站点时要提前建好 FTP 主目录并合理设置 NTFS 权限,在 Windows Server 2008 R2 系统之后的 IIS 组件中,FTP 访问权限的几个关键设置为 FTP 主目录、身份验证、授权规则、用户隔离等。在本任务中,对基本用户设置了读取和写入权限,而对匿名用户只设置了读取权限,符合 FTP 服务器设置的通用思路,在实际任务中可按需调整。

任务 2 建立 FTP 虚拟目录

任务描述

天驿公司的 FTP 服务器已经搭建完成,并逐渐在公司内部得到了应用。FTP 服务器上的 "D:\技术部文件" 文件夹中存放了一些技术部资料,技术部员工希望这个文件夹也能在现有的 FTP 站点内访问。

任务分析

由于"D:\技术部文件"文件夹并不在 myftp1 站点的主目录内,默认无法访问,因此可以使用 FTP 中的虚拟目录技术来解决这个问题。其做法是在 FTP 站点内建立一个虚拟目录,然后将虚拟目录的物理路径指向"D:\技术部文件"文件夹。

任务实现

1. 建立 FTP 虚拟目录

步骤 1:在"Internet Information Services(IIS)管理器"窗口中,右击 FTP 站点"myftp1"选项,在弹出的快捷菜单中选择"添加虚拟目录"命令,如图 7-2-1 所示。

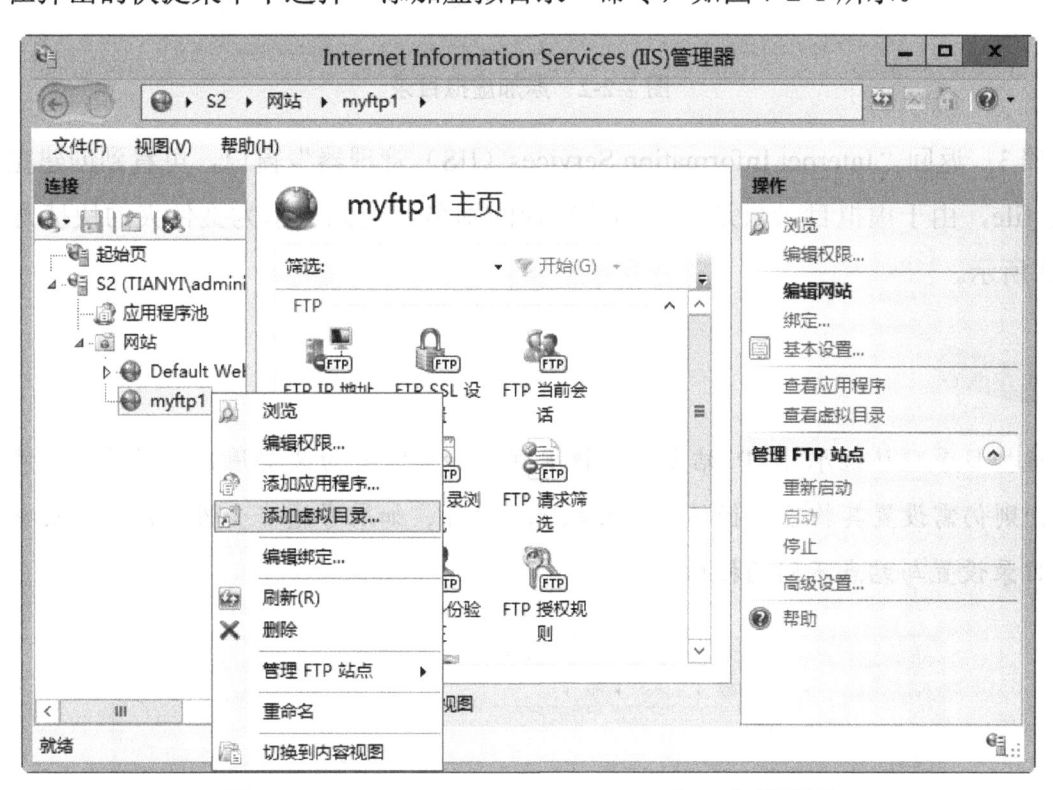

图 7-2-1　Internet Information Services(IIS)管理器

步骤 2:打开"添加虚拟目录"对话框,在"别名"下面的文本框中输入虚拟目录的名字"file",在"物理路径"下面的文本框中输入"D:\技术部文件",然后单击"确定"按钮,如图 7-2-2 所示。

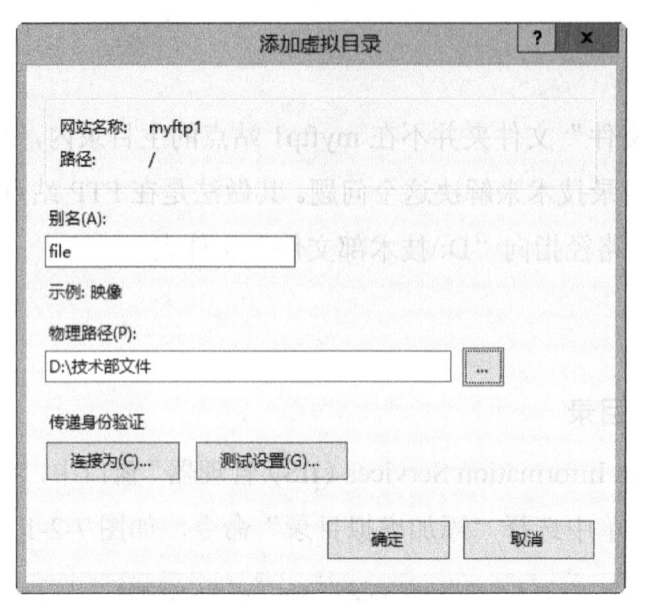

图 7-2-2 添加虚拟目录

步骤 3：返回"Internet Information Services（IIS）管理器"窗口，可看到创建完毕的虚拟目录 file，由于虚拟目录只是一个物理路径的别名，因此显示为文件夹的快捷方式，如图 7-2-3 所示。

> **小贴士**
>
> 虚拟目录默认继承 FTP 站点的授权规则，如果需要为某些用户设置写入、修改等权限，则仍需设置其物理路径的 NTFS 权限。此外，如果考虑安全性等因素，则也可对虚拟目录设置与站点不同的授权规则。

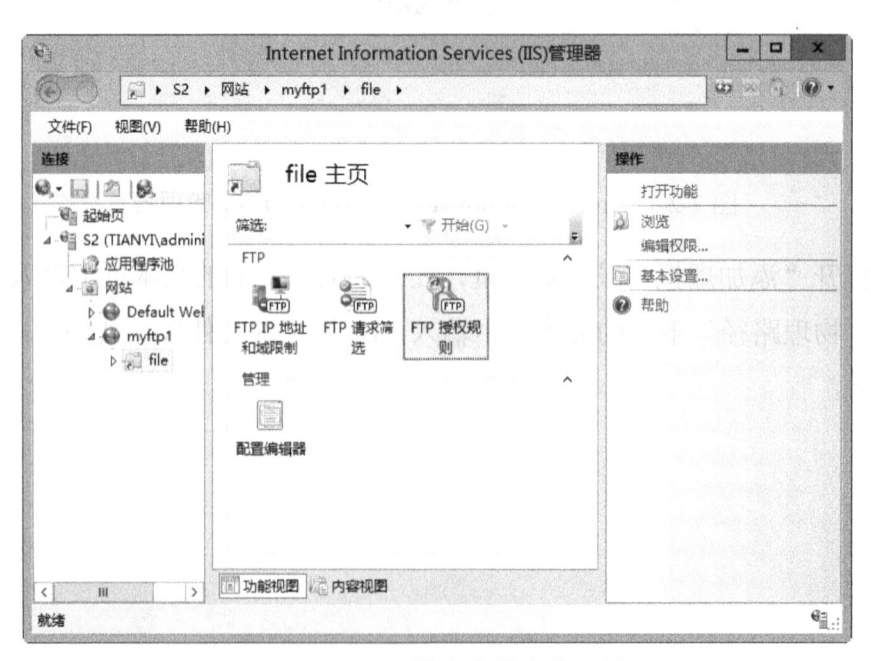

图 7-2-3 FTP 站点中的虚拟目录

2. 测试 FTP 虚拟目录

步骤 1：在客户机资源管理器窗口的地址栏中，输入"ftp://ftp.tianyi.com/file"直接访问虚拟目录，使用技术部员工的用户账户登录，如图 7-2-4 所示。

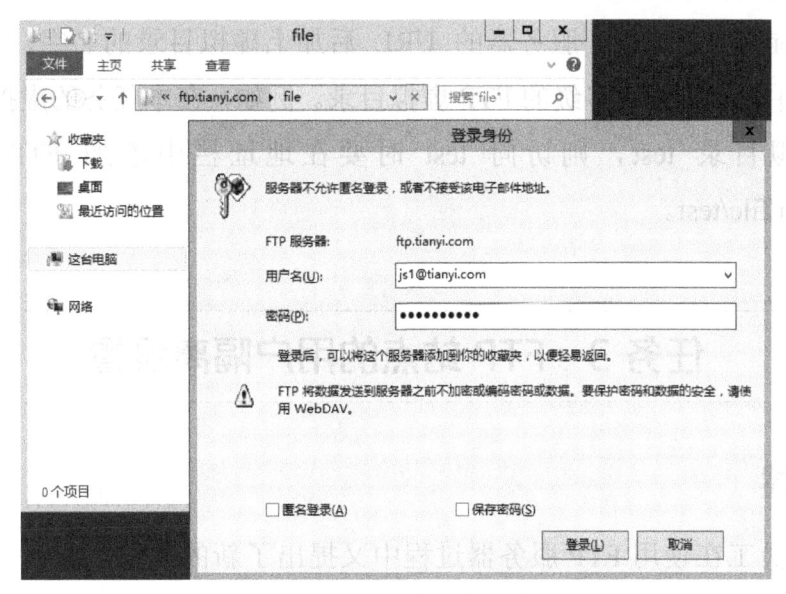

图 7-2-4　使用技术部员工的用户账户访问虚拟目录

> **小贴士**
>
> 在访问 FTP 站点时，虚拟目录并不会在 FTP 主目录中显示，必须在地址栏的 FTP 站点访问地址后加入虚拟目录的名字才能访问。用户在访问时，能够看到虚拟目录所对应物理路径内的数据，但无法获知其物理路径。

步骤 2：访问虚拟目录 file 后，可看到其中的数据，可对数据进行读取、写入等操作，如图 7-2-5 所示。

图 7-2-5　虚拟目录内的数据

任务小结

本任务介绍了 FTP 虚拟目录的创建及访问方法，虚拟目录的主要作用是通过调用 FTP 站点主目录外其他路径来拓展 FTP 站点的数据范围，同时也实现了对某些文件夹的隐藏。

访问虚拟目录需要在 FTP 服务器的 URL 后加上虚拟目录的名字，如 ftp://ftp.tianyi.com/file。在 IIS 中，支持创建多级的 FTP 虚拟目录。例如，在本任务的虚拟目录 file 下，再创建第二级虚拟目录 test，则访问 test 时要在地址栏中添加 FTP 完整路径，即 ftp://ftp.tianyi.com/file/test。

任务3 FTP 站点的用户隔离设置

任务描述

天驿公司的员工在使用 FTP 服务器过程中又提出了新的需求，即为了保证数据安全，每个技术部员工需要单独的文件夹来存放数据，且不能访问其他用户文件夹的内容。

任务分析

天驿公司的网络管理员可以使用 FTP 用户隔离功能来实现员工对 FTP 服务器提出的新需求，其做法是为每个技术部员工建立一个文件夹，并且要求员工在登录对应的 FTP 站点后不能访问他人专属文件夹内的数据。

设置 FTP 用户隔离需要按语法结构建立与用户名同名的文件夹，然后按需选择适当的 FTP 用户隔离方式。

任务实现

1. 建立用于隔离的 FTP 主目录结构，并设置 NTFS 权限

步骤 1：建立新 FTP 站点的主目录"D:\myftp2"，在其内建立用于存放本地用户和匿名用户目录的文件夹 localuser，并建立用于存放域用户目录的文件夹 TIANYI（tianyi.com 的 NetBIOS 名），FTP 主目录的目录结构如图 7-3-1 所示。

步骤 2：在 localuser 文件夹下建立与本地用户同名的文件夹（FTP 服务器必须是域成员且具有本地用户）user1 和 user2，然后建立用于存放匿名用户文件的文件夹 public，如图 7-3-2 所示。

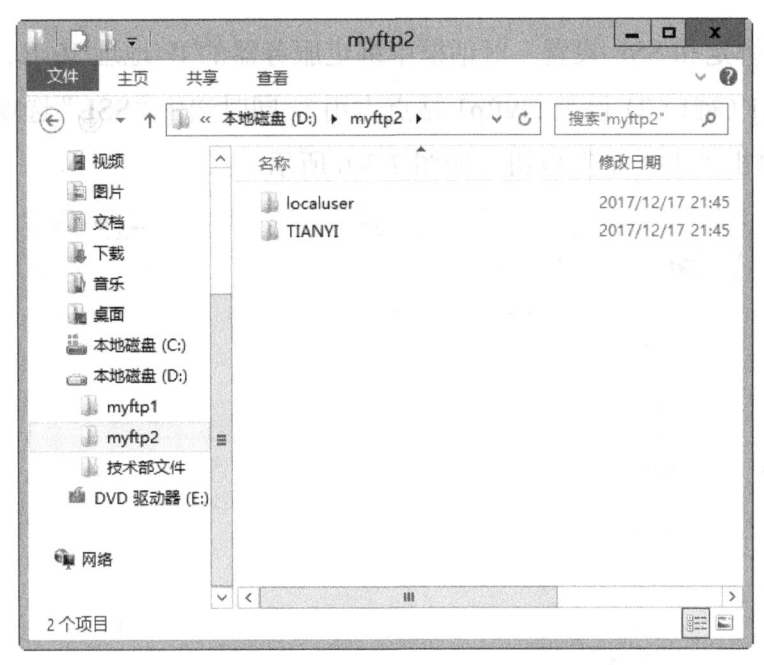

图 7-3-1　FTP 主目录的目录结构

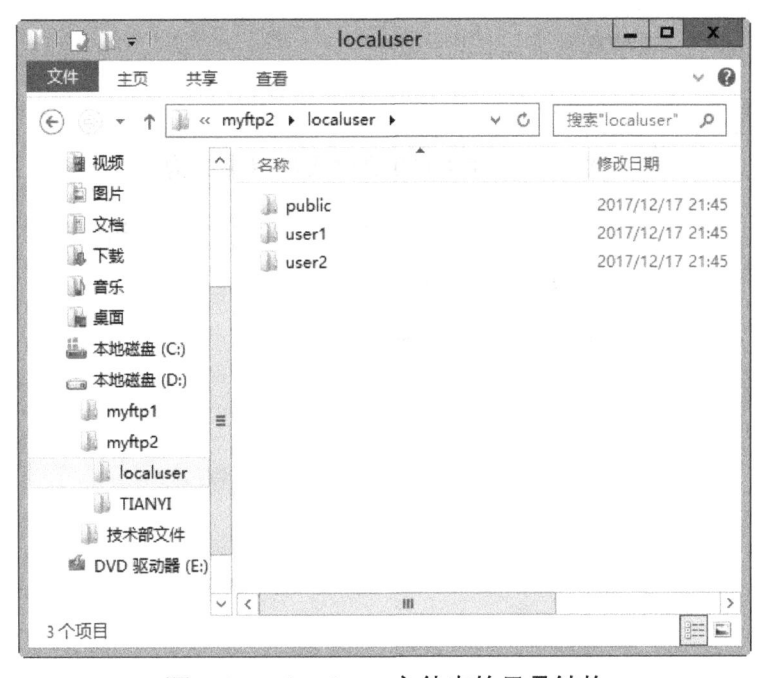

图 7-3-2　localuser 文件夹的目录结构

步骤 3：在 TIANYI 文件夹下建立与域用户同名的文件夹 js1 和 js2，如图 7-3-3 所示。

步骤 4：在"TIANYI 属性"对话框中设置 TIANYI 文件夹的 NTFS 权限，允许写入、修改等（若考虑更安全的 NTFS 权限，则可对 TIANYI 文件夹下的用户名文件夹单独设置 NTFS 权限），如图 7-3-4 所示。

2. 建立 FTP 站点并设置用户隔离

步骤 1：新建 FTP 站点，在"站点信息"对话框中输入 FTP 站点名称"myftp2"，物理路径为"D:\myftp2"，然后单击"下一步"按钮，如图 7-3-5 所示。

步骤 2：在"绑定和 SSL 设置"对话框中绑定服务器的 IP 地址 10.10.10.102，并设置新站点的端口为 2121（端口 21 已被 myftp1 站点占用），同时选中"SSL"选项组中的"无 SSL"单选按钮，然后单击"下一步"按钮，如图 7-3-6 所示。

图 7-3-3　TIANYI 文件夹的目录结构

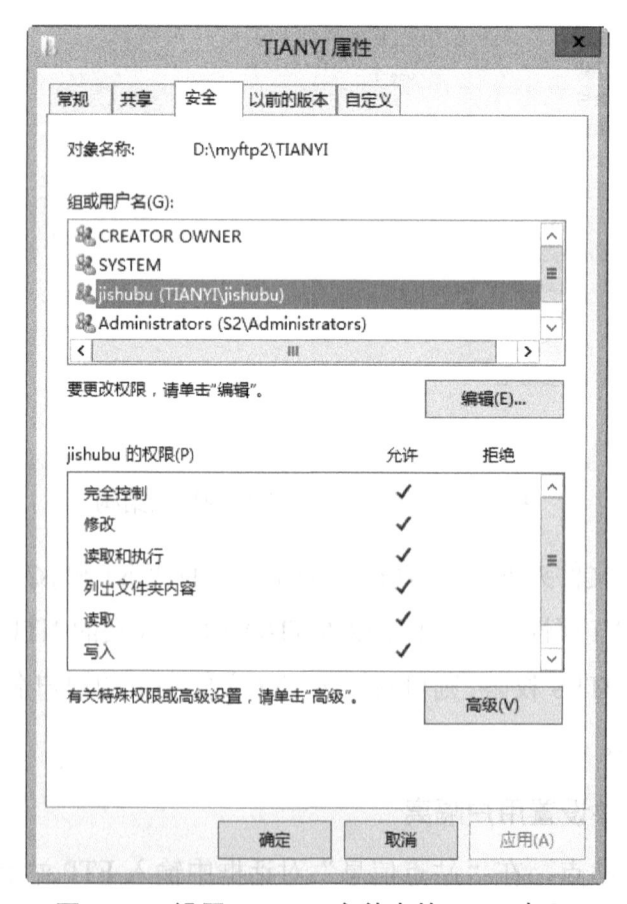

图 7-3-4　设置 TIANYI 文件夹的 NTFS 权限

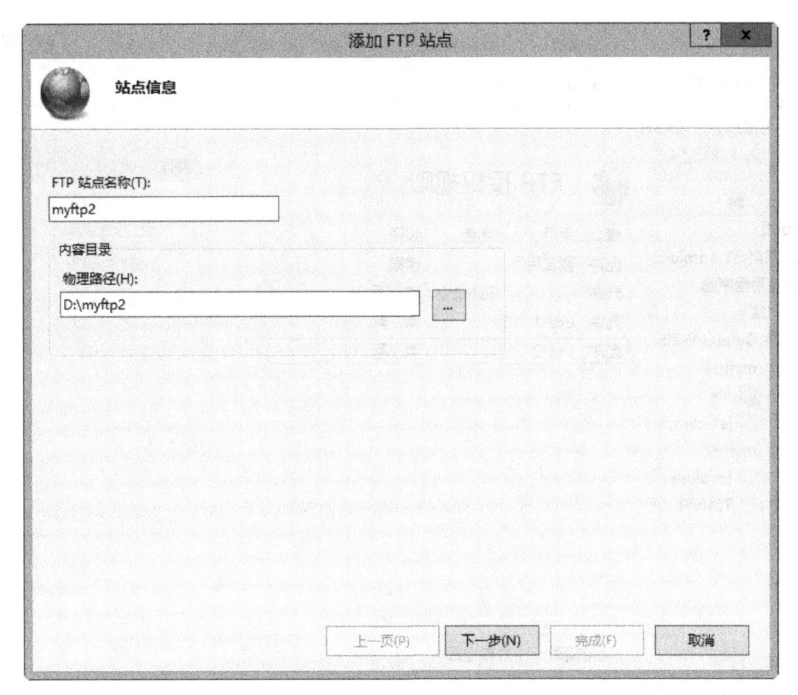

图 7-3-5　站点信息

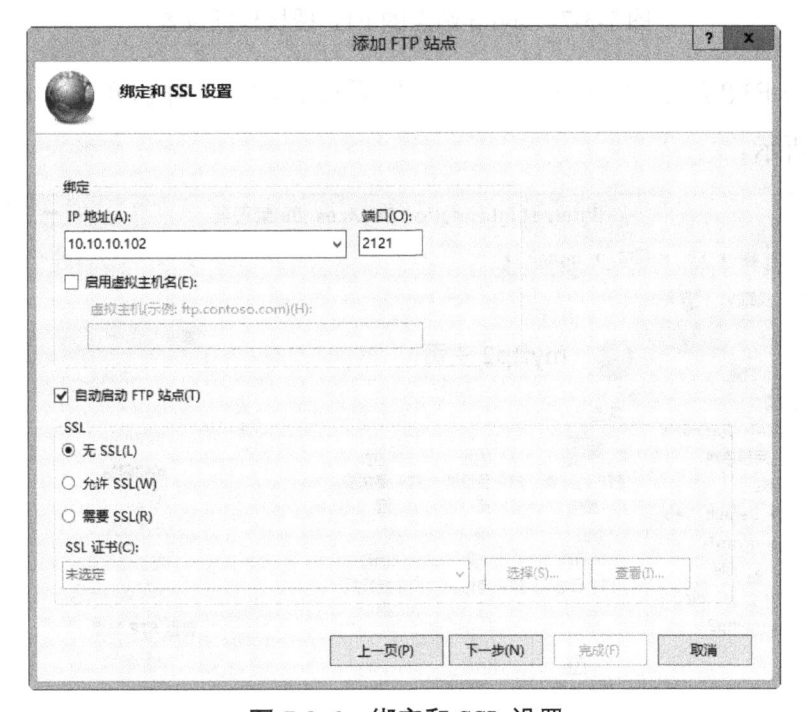

图 7-3-6　绑定和 SSL 设置

步骤 3：在"身份验证和授权信息"对话框中，勾选"身份验证"选项组中的"匿名"和"基本"复选框，然后单击"完成"按钮。

步骤 4：返回"Internet Information Services（IIS）管理器"窗口后，可看到新建的 FTP 站点信息。双击 FTP 站点"myftp2"选项，然后在右侧的工作区双击"FTP 授权规则"选项，设置站点的授权规则为匿名用户具有读取权限、本地用户和域用户具有读取和写入权限，如图 7-3-7 所示。

图 7-3-7　myftp 站点的 FTP 授权规则设置

步骤 5：双击 FTP 站点"myftp2"选项，然后在右侧的工作区单击"FTP 用户隔离"选项，如图 7-3-8 所示。

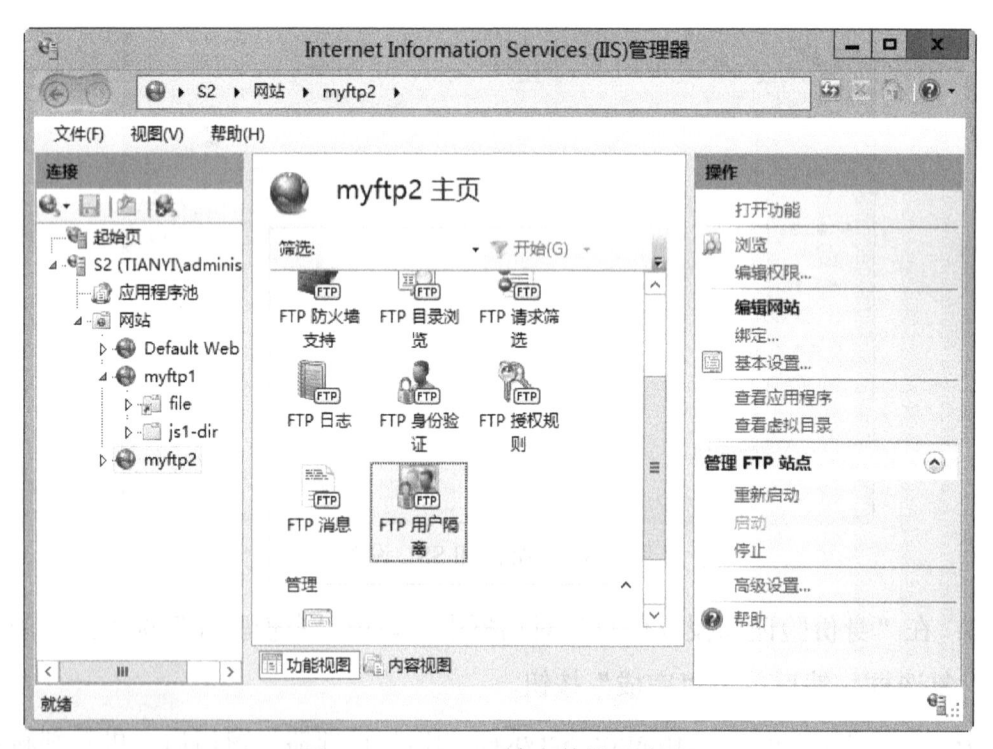

图 7-3-8　myftp2 站点的设置主页

步骤 6：在"FTP 用户隔离"界面中选择用户隔离方式为"用户名目录（禁用全局虚拟目录）"，然后单击右侧的"应用"操作项，如图 7-3-9 所示。

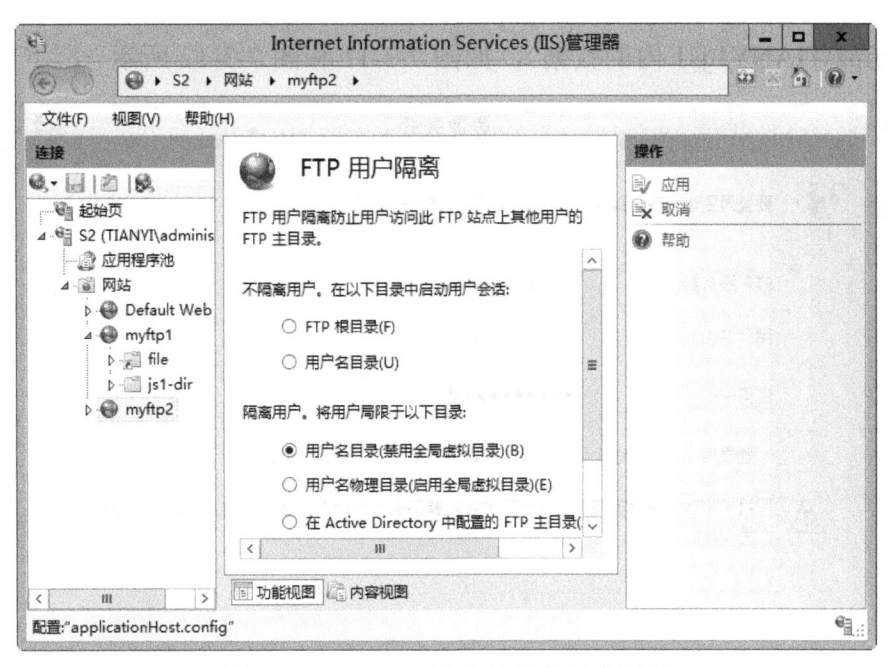

图 7-3-9　myftp2 站点的用户隔离设置

3．测试 FTP 用户隔离

步骤 1：在客户机资源管理器窗口的地址栏中输入"ftp://ftp.tianyi.com:2121"访问站点 myftp2，可看到默认显示匿名用户可操作的文件（FTP 服务器 D:\myftp2\localuser\public 内的数据），如图 7-3-10 所示。

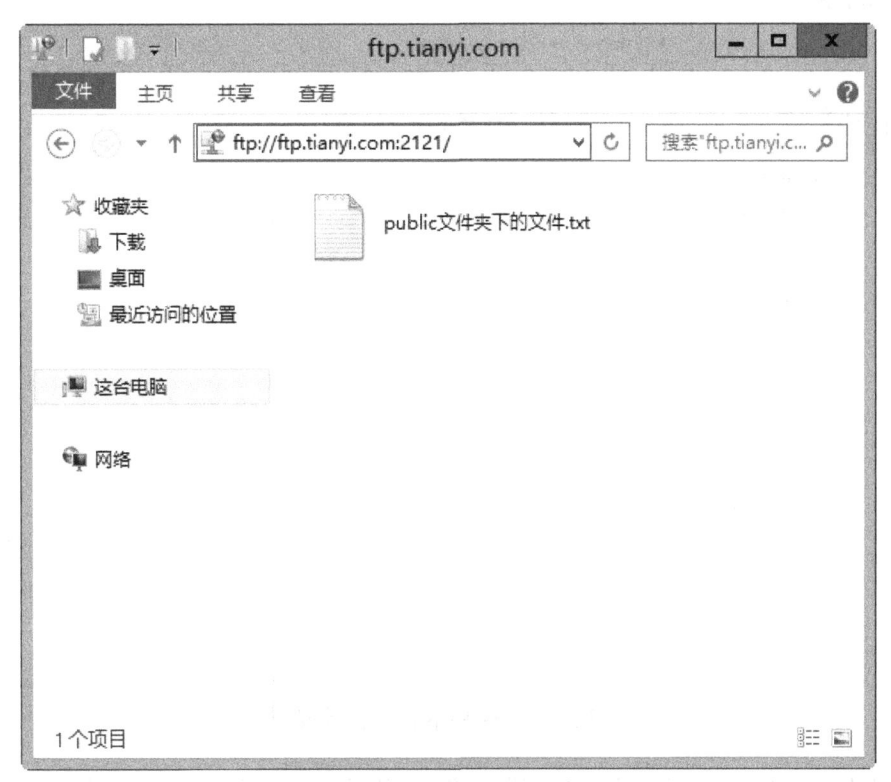

图 7-3-10　匿名用户测试

步骤 2：用域用户 js1 的用户账户来进行登录测试，可看到其同名文件夹内的文件（FTP

服务器 D:\myftp2\TIANYI\js1 内的数据），如图 7-3-11 和图 7-3-12 所示。

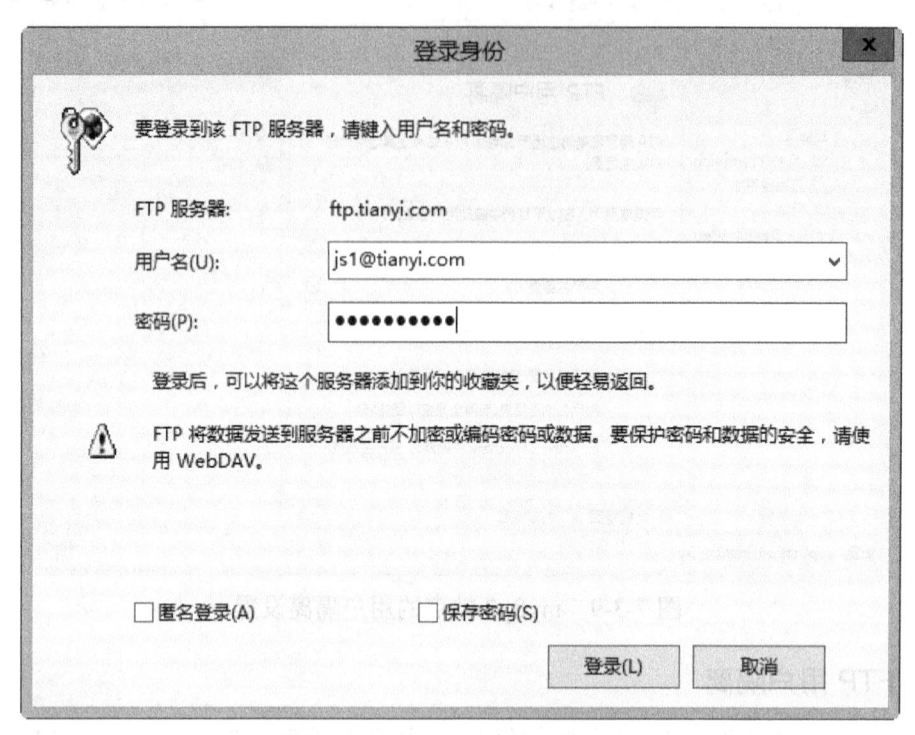

图 7-3-11　以 js1 的用户账户登录

图 7-3-12　用户 js1 的登录测试

步骤 3：用域用户 js2 的用户账户来进行登录测试，可看到其同名文件夹内的文件（FTP 服务器 D:\myftp2\TIANYI\js2 内的数据），如图 7-3-13 和图 7-3-14 所示。

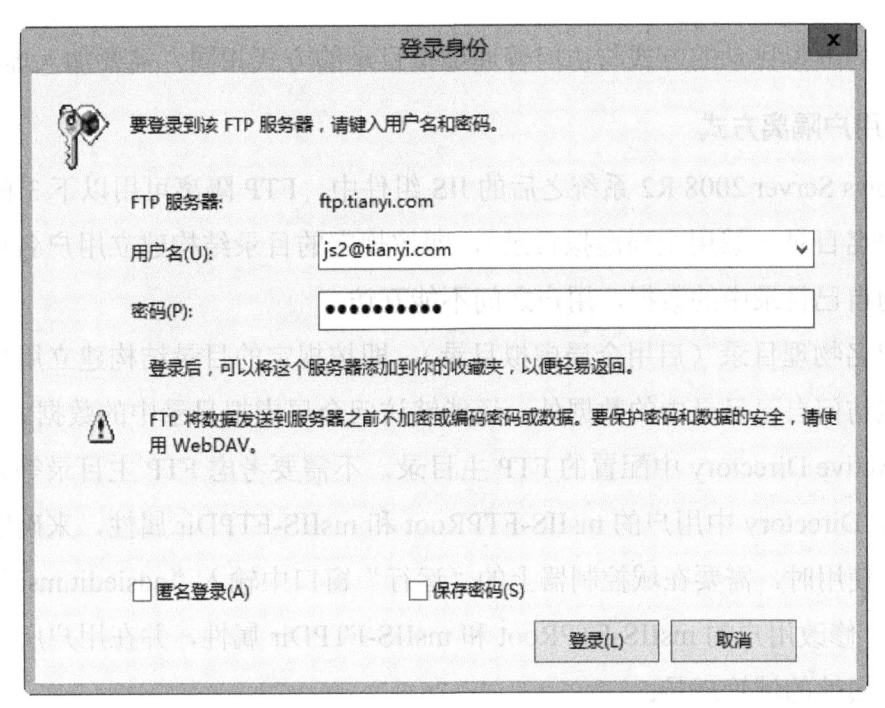

图 7-3-13　以 js2 的用户账户登录

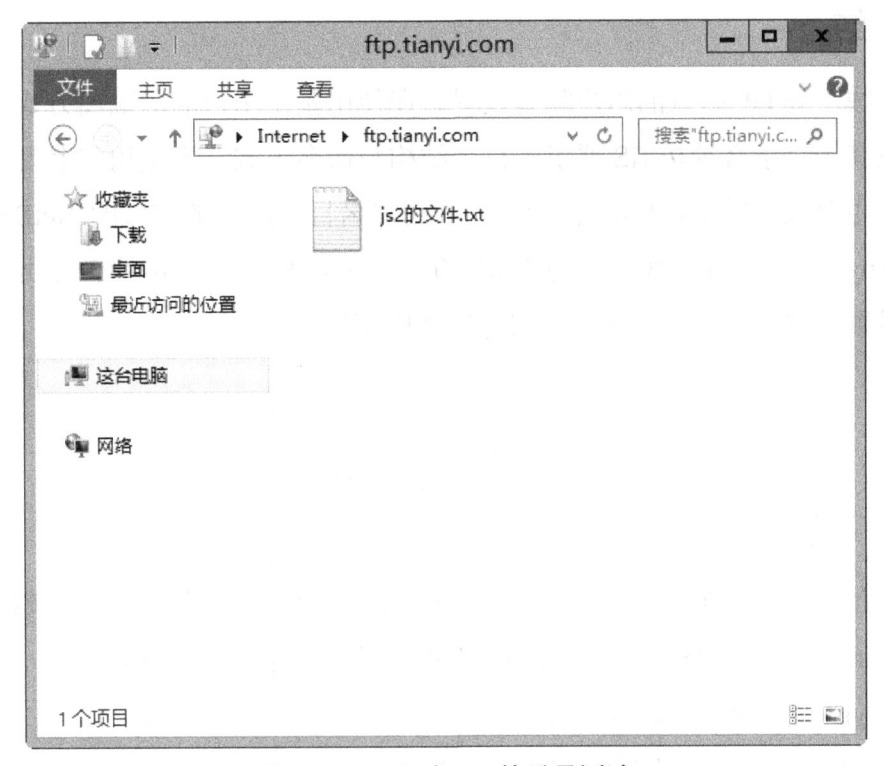

图 7-3-14　用户 js2 的登录测试

知识链接

1. 全局虚拟目录

与普通虚拟目录不同,全局虚拟目录只在 FTP 用户隔离设置中出现,用户按照选定的隔离方式实现隔离后,除能访问自己目录中的数据外,还可以按权限访问全局虚拟目录中的数据。访问全局虚拟目录的方式与访问普通虚拟目录的方式相同，需要加入虚拟目录路径。

2. FTP 用户隔离方式

在 Windows Server 2008 R2 系统之后的 IIS 组件中，FTP 隔离可用以下 3 种方式实现。

（1）用户名目录（禁用全局虚拟目录），即按规定的目录结构建立用户名目录，用户登录后只能访问自己目录中的数据，用户之间不能互访。

（2）用户名物理目录（启用全局虚拟目录），即按规定的目录结构建立用户名目录，用户登录后除能访问自己目录中的数据外，还能够访问全局虚拟目录中的数据。

（3）在 Active Directory 中配置的 FTP 主目录，不需要考虑 FTP 主目录等问题，而是通过读取 Active Directory 中用户的 msIIS-FTPRoot 和 msIIS-FTPDir 属性，来确定用户的 FTP 目录的位置。使用时，需要在域控制器上的"运行"窗口中输入"adsiedit.msc"命令来打开 ADSI 编辑器，修改用户的 msIIS-FTPRoot 和 msIIS-FTPDir 属性，并在用户所在组织单位上指定读取用户属性的域管理员。

任务小结

本任务完成了 FTP 站点的用户隔离设置。在使用基于用户名的隔离方式时，需要注意 FTP 主目录及其子目录必须按 IIS 要求的目录结构与命名方式，本地用户名目录和匿名用户目录必须放在主目录下的 localuser 目录下，域用户名目录必须放在域的 NetBIOS 名下（在本任务中，tianyi.com 的 NetBIOS 名为 TIANYI，不区分大小写）。网络管理员可以依据不同用户的需求设置 FTP 身份验证、授权规则和用户隔离。

项 目 实 训

华瑞公司的 Active Directory 域名为 huaruitech.com.cn，现准备使用域内的一台安装 Windows Server 2012 R2 系统的服务器搭建 FTP 站点，具体要求如下。

（1）建立 yg1 到 yg10 共 10 个域用户。

（2）使用 E:\ftpdir 作为 FTP 站点 hrftp 的主目录。

（3）关闭 FTP 站点的 SSL 设置。

（4）设置 FTP 站点用户隔离，每个用户访问自己的用户名目录时具有读/写权限。

（5）建立全局虚拟目录 documents，并指向物理目录 D:\mydir2。

（6）开放匿名访问，匿名用户只能读取 public 目录内的数据。

（7）设置 FTP 服务器只允许公司内部网段访问。

项目八

配置 HTTPS 服务器及其故障转移群集

项目描述

随着计算机网络技术的不断发展,在很多情况下都需要综合使用多种网络服务来实现一个完整的应用。以一个 Web 应用为例:前端需要专业人员进行站点内容设计,发布 Web 站点需要 IIS 等服务器端作为支撑平台,访问安全 Web 站点需要使用 HTTPS 等安全技术,提高网站数据的可靠性需要使用存储技术,存储本身也需要一定的备份技术,随着业务的增加需要使用群集技术。提高用户使用的安全性、可靠性、便捷性,是互联网发展的推动力。

本项目将以一个网络应用为例,介绍多种技术的综合应用。本项目的步骤为配置 iSCSI 存储、配置 iSCSI 的 MPIO(MultiPath I/O,多路径输入/输出)、配置 HTTP 服务器、配置证书服务器实现 HTTPS、配置 HTTPS 故障转移群集。

知识目标

1. 了解 iSCSI 存储的作用和特点。
2. 理解虚拟磁盘、发起程序、目标和门户的概念。
3. 理解存储多路径的概念和作用。
4. 了解 Web 服务器和 IIS 的概念。
5. 理解证书服务的作用。
6. 理解故障转移群集的概念和作用。

能力目标

1. 能正确安装 iSCSI、MPIO、Web 服务器、证书服务器和故障转移群集。
2. 能熟练配置 iSCSI 和 MPIO。
3. 能熟练配置带证书的 Web 服务器。
4. 能熟练配置故障转移群集。
5. 能对故障转移群集进行测试。

思政目标

1. 能主动收集客户需求，按需配置服务器，逐步养成爱岗敬业精神和服务意识。

2. 具有信息安全意识，可以使用安全技术配置网络服务，并能通过群集技术保障重要业务不间断运行。

思维导图

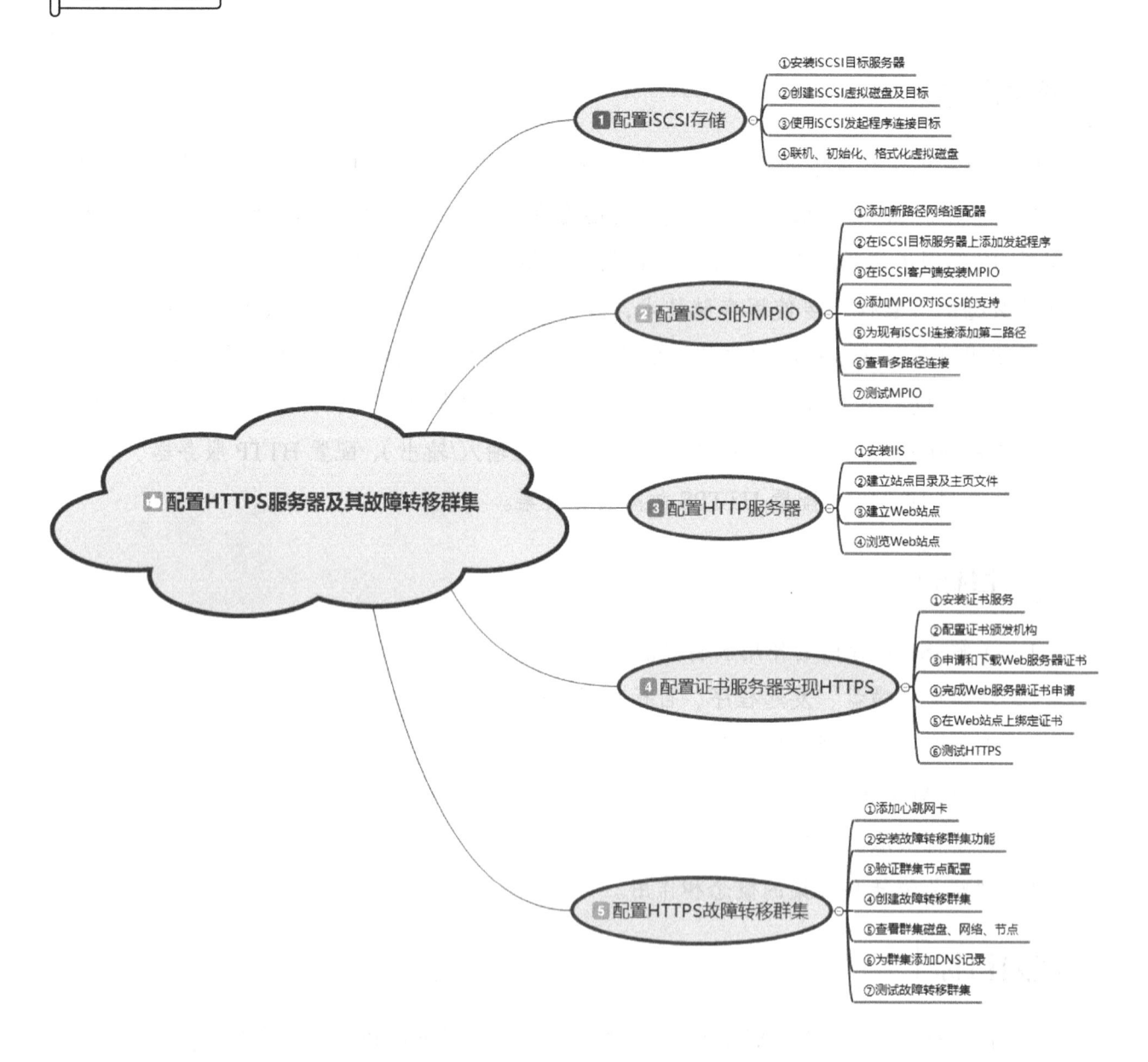

配置HTTPS服务器及其故障转移群集

1 配置iSCSI存储
- ① 安装iSCSI目标服务器
- ② 创建iSCSI虚拟磁盘及目标
- ③ 使用iSCSI发起程序连接目标
- ④ 联机、初始化、格式化虚拟磁盘

2 配置iSCSI的MPIO
- ① 添加新路径网络适配器
- ② 在iSCSI目标服务器上添加发起程序
- ③ 在iSCSI客户端安装MPIO
- ④ 添加MPIO对iSCSI的支持
- ⑤ 为现有iSCSI连接添加第二路径
- ⑥ 查看多路径连接
- ⑦ 测试MPIO

3 配置HTTP服务器
- ① 安装IIS
- ② 建立站点目录及主页文件
- ③ 建立Web站点
- ④ 浏览Web站点

4 配置证书服务器实现HTTPS
- ① 安装证书服务
- ② 配置证书颁发机构
- ③ 申请和下载Web服务器证书
- ④ 完成Web服务器证书申请
- ⑤ 在Web站点上绑定证书
- ⑥ 测试HTTPS

5 配置HTTPS故障转移群集
- ① 添加心跳网卡
- ② 安装故障转移群集功能
- ③ 验证群集节点配置
- ④ 创建故障转移群集
- ⑤ 查看群集磁盘、网络、节点
- ⑥ 为群集添加DNS记录
- ⑦ 测试故障转移群集

项目拓扑

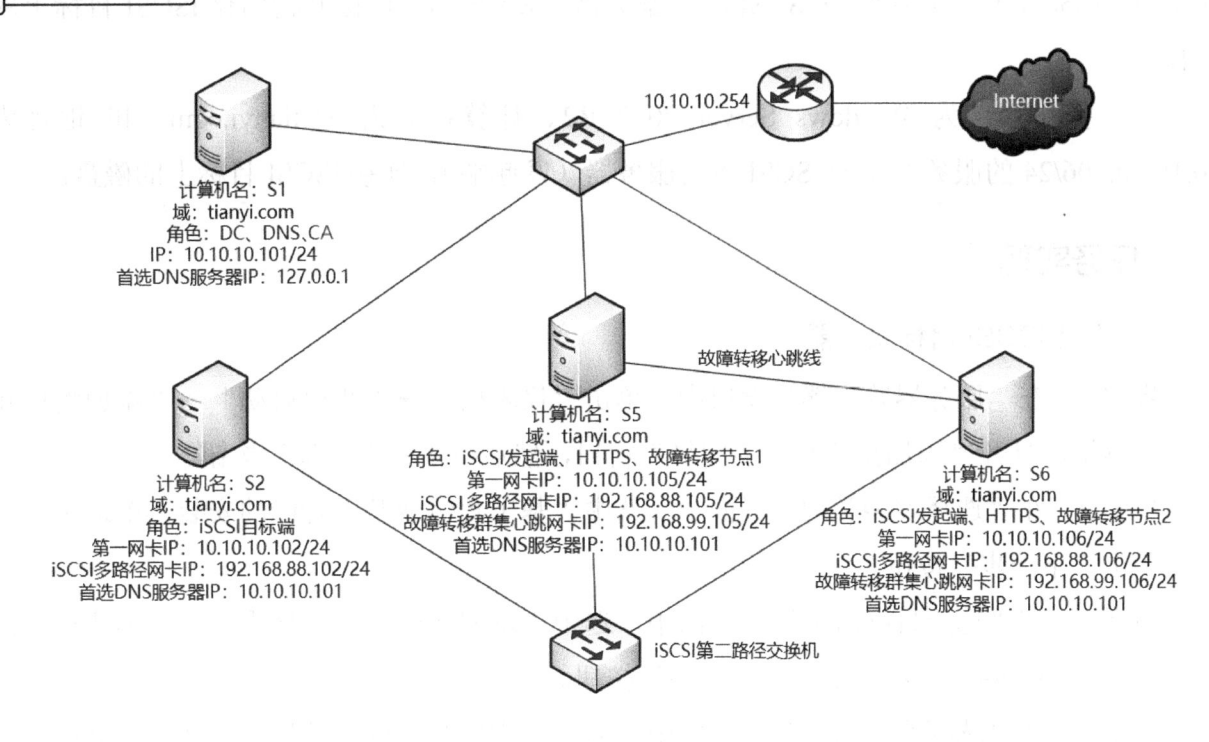

```
                                              10.10.10.254
                                                            Internet

计算机名：S1
域：tianyi.com
角色：DC、DNS、CA
IP：10.10.10.101/24
首选DNS服务器IP：127.0.0.1

                                            故障转移心跳线
                        计算机名：S5
                        域：tianyi.com
                        角色：iSCSI发起端、HTTPS、故障转移节点1
                        第一网卡IP：10.10.10.105/24              计算机名：S6
计算机名：S2           iSCSI多路径网卡IP：192.168.88.105/24       域：tianyi.com
域：tianyi.com        故障转移群集心跳网卡IP：192.168.99.105/24   角色：iSCSI发起端、HTTPS、故障转移节点2
角色：iSCSI目标端      首选DNS服务器IP：10.10.10.101              第一网卡IP：10.10.10.106/24
第一网卡IP：10.10.10.102/24                                      iSCSI多路径网卡IP：192.168.88.106/24
iSCSI多路径网卡IP：192.168.88.102/24                             故障转移群集心跳网卡IP：192.168.99.106/24
首选DNS服务器IP：10.10.10.101                                    首选DNS服务器IP：10.10.10.101

                                          iSCSI第二路径交换机
```

任务 1 配置 iSCSI 存储

任务描述

目前，天驿公司的网络服务均使用服务器上的本地存储，随着公司业务量的不断扩大，对数据存储的可靠性要求越来越高，因此网络管理员决定使用网络存储技术来提高数据存储的可靠性。

由于公司目前还没有使用网络存储技术，因此网络管理员决定先测试这一技术的效果。

任务分析

为满足天驿公司对于网络存储的需求，可购买单独的存储服务器，应用服务器使用 iSCSI 技术连接存储服务器。

在购买存储服务器之前，可使用 Windows Server 2012 R2 系统中的 iSCSI 功能配置一个存储来进行技术学习与测试。

在本任务中，网络管理员使用的服务器的相关信息如下。

（1）操作系统为 Windows Server 2012 R2、计算机名为 S2.tianyi.com、IP 地址为 10.10.10.102/24 的服务器作为 iSCSI 存储服务器（目标端）。

（2）操作系统为 Windows Server 2012 R2、计算机名为 S5.tianyi.com、IP 地址为 10.10.10.105/24 的服务器作为 iSCSI 应用服务器（发起端），连接并初始化 iSCSI 目标上的磁盘。

（3）操作系统为 Windows Server 2012 R2、计算机名为 S6.tianyi.com、IP 地址为 10.10.10.106/24 的服务器作为 iSCSI 应用服务器（发起端），连接 iSCSI 目标上的磁盘。

任务实现

1. 安装 iSCSI 目标服务器

步骤 1：在"服务器管理器"窗口中，单击"仪表板"→"快速启动"→"添加角色和功能"链接，打开"添加角色和功能向导"窗口，然后单击"下一步"按钮。

步骤 2：在"选择安装类型"界面中，选中"基于角色或基于功能的安装"单选按钮，然后单击"下一步"按钮。

步骤 3：在"选择目标服务器"界面中，选中"从服务器池中选择服务器"单选按钮，选择"S2.tianyi.com"，然后单击"下一步"按钮。

步骤 4：在"选择服务器角色"界面中，展开"文件和存储服务"→"文件和 iSCSI 服务"复选框，然后勾选"iSCSI 目标服务器"复选框，最后单击"下一步"按钮，如图 8-1-1 所示。

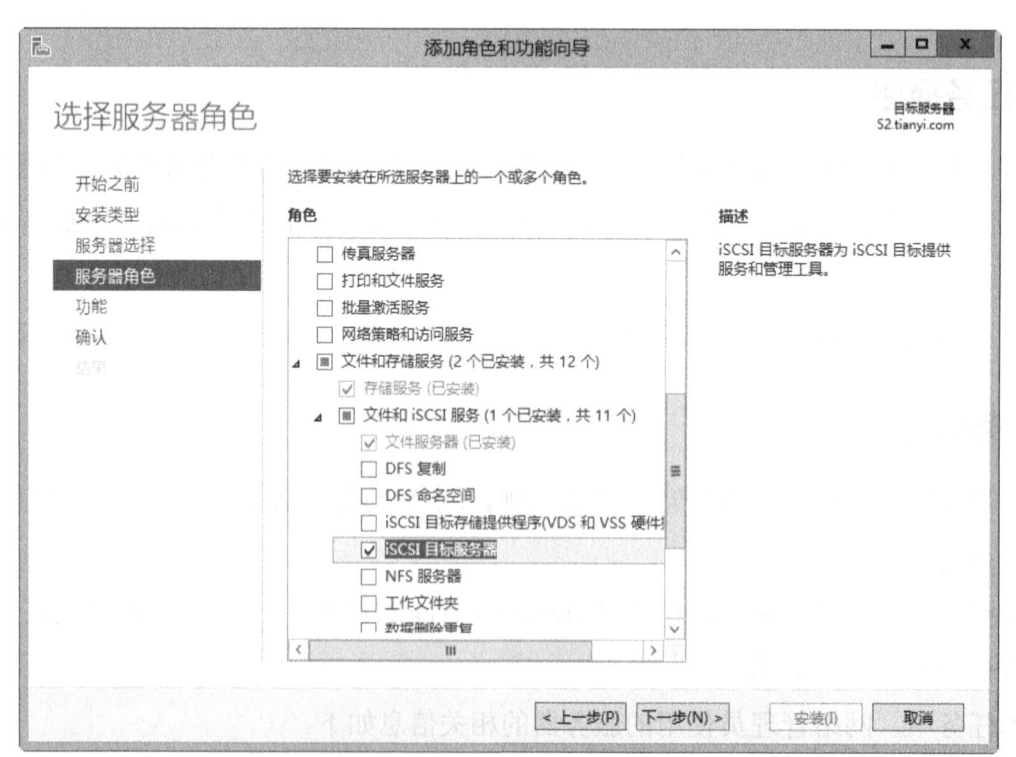

图 8-1-1　选择服务器角色

> **小贴士**
>
> iSCSI（Internet Small Computer System Interface，互联网小型计算机系统接口）协议是一个利用 IP 网络来传输 SCSI 数据块的协议。iSCSI 使用基本的以太网硬件便可解决存储的局限性，可在不停机的情况下跨服务器共享存储资源，降低了构建存储系统的成本。一般将 iSCSI 分为目标端和发起端，在目标端建立磁盘，在发起端调用磁盘。

步骤 5：在"选择功能"界面中，单击"下一步"按钮。

步骤 6：在"确认安装所选内容"界面中，单击"安装"按钮，安装完毕后在"安装进度"界面中单击"关闭"按钮。

2. 创建 iSCSI 虚拟磁盘及目标

本任务将创建两个虚拟磁盘，分别为 Quorum 和 Files，Quorum 用于后续任务的仲裁见证，Files 用于数据存储。接下来将以创建虚拟磁盘 Quorum 为例，讲解创建 iSCSI 虚拟磁盘的步骤。

步骤 1：在"服务器管理器"窗口左侧功能项中选择"文件和存储服务"角色，然后选择"iSCSI"选项，最后单击"若要创建 iSCSI 虚拟磁盘，请启动'新建 iSCSI 虚拟磁盘'向导"链接，如图 8-1-2 所示。

图 8-1-2　iSCSI 管理器

步骤 2：在"新建 iSCSI 虚拟磁盘向导"的"选择 iSCSI 虚拟磁盘位置"界面中指定虚拟磁盘保存位置，然后单击"下一步"按钮，如图 8-1-3 所示。

图 8-1-3 选择 iSCSI 虚拟磁盘位置

步骤 3：在"指定 iSCSI 虚拟磁盘名称"界面中输入虚拟磁盘名称"Quorum"，然后单击"下一步"按钮，如图 8-1-4 所示。

图 8-1-4 指定 iSCSI 虚拟磁盘名称

步骤 4：在"指定 iSCSI 虚拟磁盘大小"界面中输入虚拟磁盘容量（以 MB 或 GB 为单位），选中"固定大小"单选按钮，然后单击"下一步"按钮，如图 8-1-5 所示。

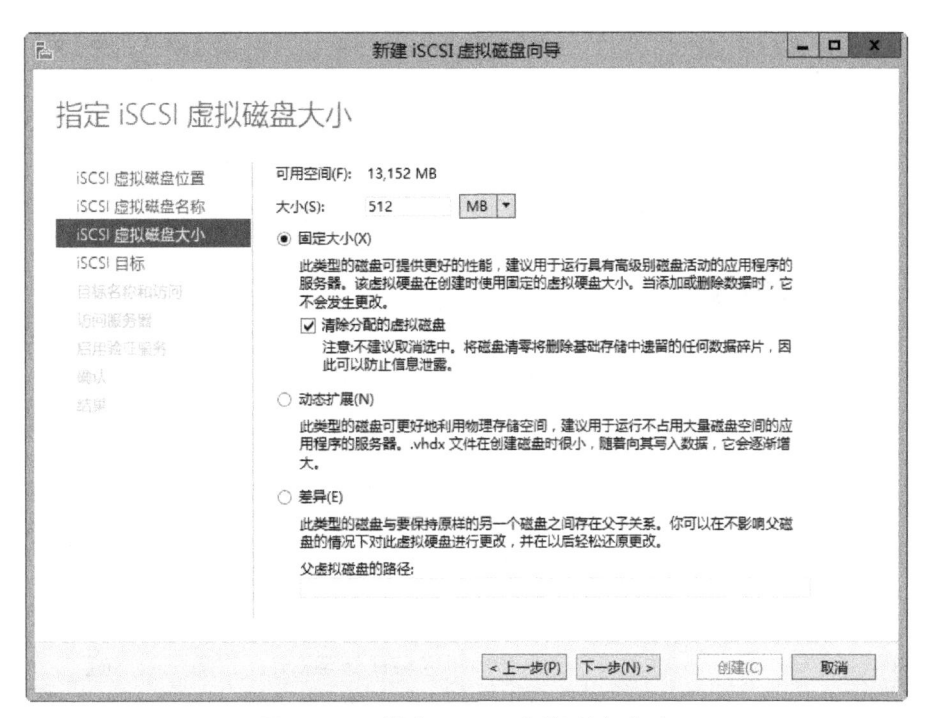

图 8-1-5　指定 iSCSI 虚拟磁盘大小

步骤 5：在"分配 iSCSI 目标"界面中，选中"新建 iSCSI 目标"单选按钮，然后单击"下一步"按钮，如图 8-1-6 所示。

图 8-1-6　分配 iSCSI 目标

步骤 6：在"指定目标名称"界面中输入 iSCSI 目标的名称，本任务使用"iSCSI-S2"，然后单击"下一步"按钮，如图 8-1-7 所示。

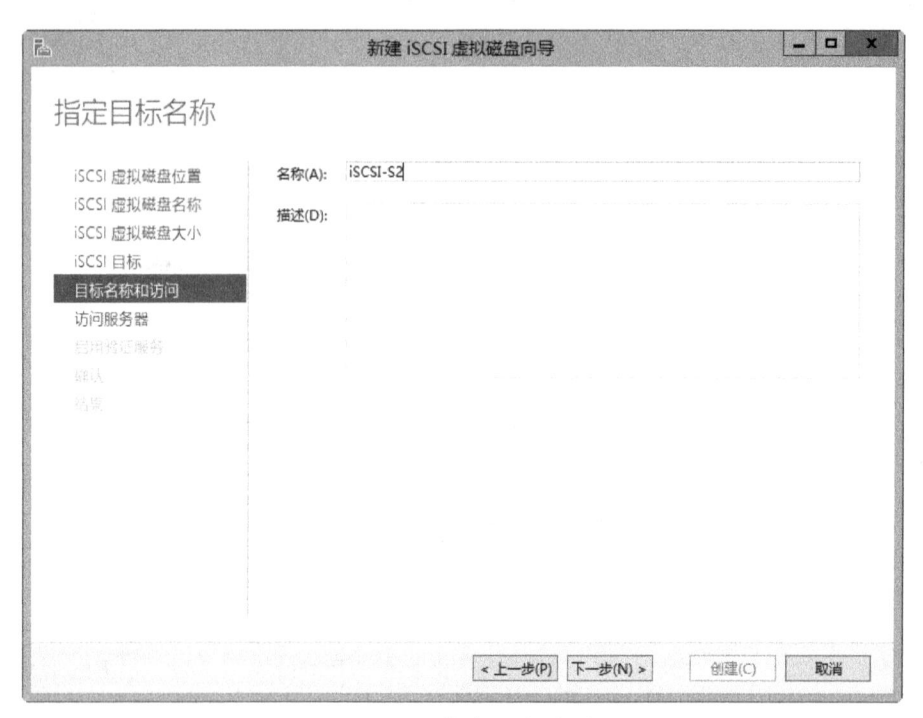

图 8-1-7 指定目标名称

步骤 7：在"指定访问服务器"界面中选择允许哪些服务器可以连接并使用 iSCSI 目标中的虚拟磁盘，此处单击"添加"按钮，如图 8-1-8 所示。

图 8-1-8 指定访问服务器（1）

步骤 8：在弹出的"选择用于标识发起程序的方法："界面中，选中"输入选定类型的值"单选按钮，选择"类型"为"IP 地址"，在"值"下面的文本框中输入服务器 S5 的 IP 地址 10.10.10.105，然后单击"确定"按钮，如图 8-1-9 所示。

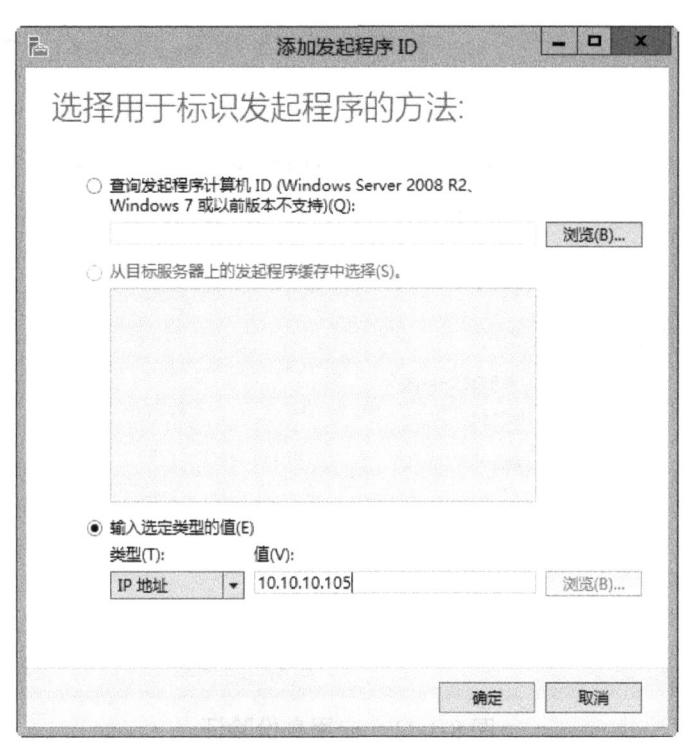

图 8-1-9　选择用于标识发起程序的方法：

步骤 9：在"指定访问服务器"界面中，使用同样的方法添加服务器 S6，添加完成后单击"下一步"按钮，如图 8-1-10 所示。

图 8-1-10　指定访问服务器（2）

步骤 10：在"启用身份验证"界面中，可根据需要选择 CHAP 验证方式，此处直接单击"下一步"按钮，如图 8-1-11 所示。

图 8-1-11　启用身份验证

步骤 11：在"确认选择"界面中，查看虚拟磁盘和目标设置，确认无误后单击"创建"按钮，如图 8-1-12 所示。

图 8-1-12　确认选择

步骤 12：在成功创建 iSCSI 虚拟磁盘和目标后，单击"查看结果"界面中的"关闭"按钮，如图 8-1-13 所示。

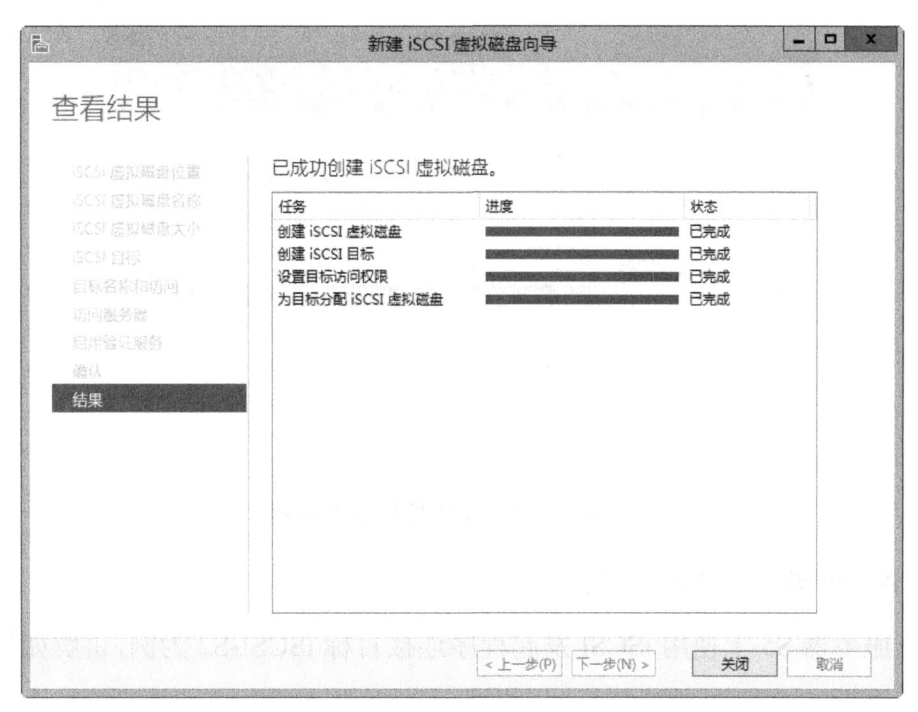

图 8-1-13　查看结果

步骤 13：使用同样的方法创建 iSCSI 虚拟磁盘 Files，要求该虚拟磁盘的容量为 6GB 且能够调用现有 iSCSI 目标 iSCSI-S2（确认界面以小写字母显示），允许 S5、S6 访问，如图 8-1-14 所示。

图 8-1-14　创建 iSCSI 虚拟磁盘 Files

步骤 14：iSCSI 虚拟磁盘和目标创建完毕后，返回 iSCSI 管理器窗口，可查看 iSCSI 虚拟磁盘和目标的信息，如图 8-1-15 所示。

图 8-1-15　iSCSI 虚拟磁盘和目标

3. 使用 iSCSI 发起程序连接目标

此处以在服务器 S5 上使用 iSCSI 发起程序连接目标 iSCSI-S2 为例，讲解如何使用 iSCSI 发起程序连接目标。

步骤 1：在"服务器管理器"窗口中，单击"工具"菜单，选择"iSCSI 发起程序"命令，如图 8-1-16 所示。

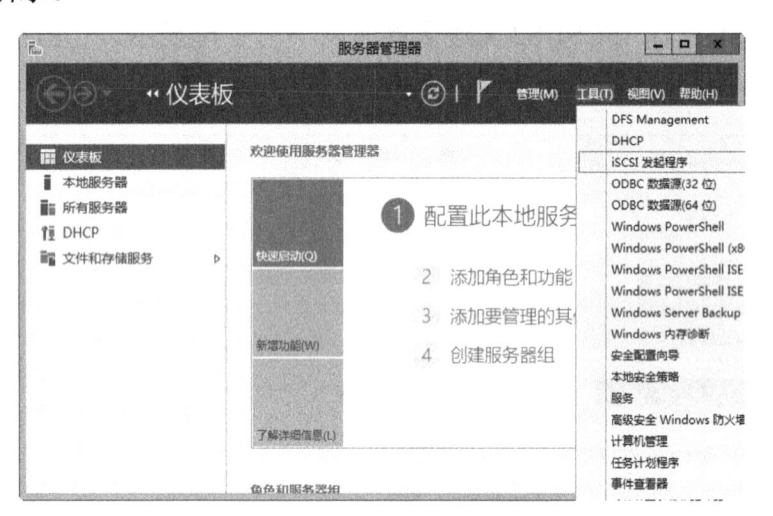

图 8-1-16　服务器管理器

步骤 2：在"Microsoft iSCSI"提示框中单击"是"按钮启动 Microsoft iSCSI 服务，如图 8-1-17 所示。

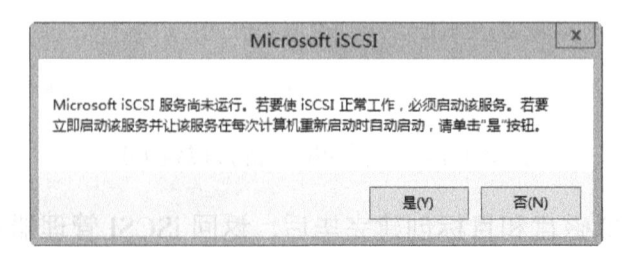

图 8-1-17　Microsoft iSCSI 服务启动提示

步骤 3：在"iSCSI 发起程序 属性"对话框的"发现"选项卡中，单击"发现门户"按钮，如图 8-1-18 所示。

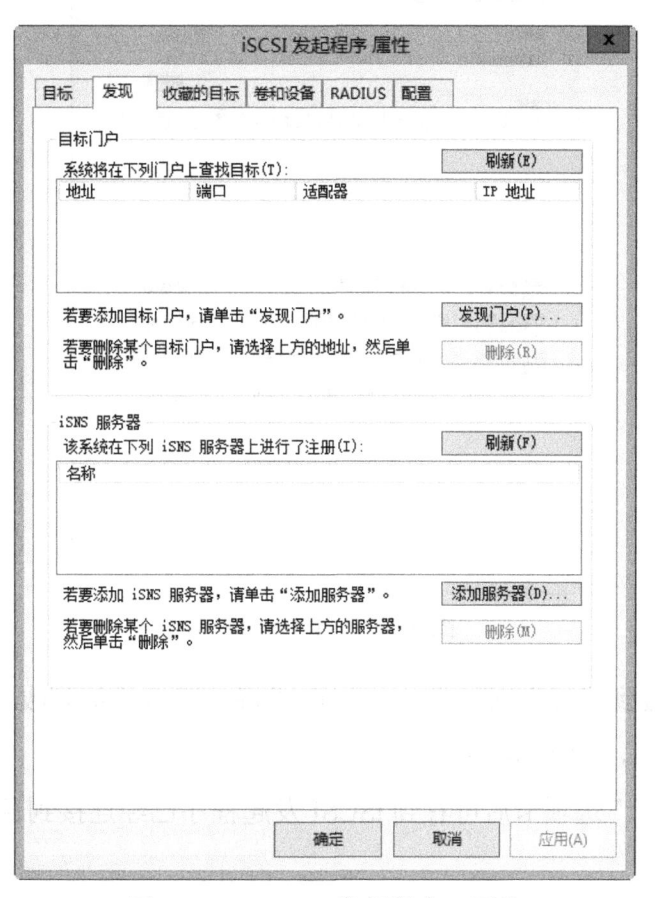

图 8-1-18 iSCSI 发起程序 属性

步骤 4：在"发现目标门户"对话框中输入门户（即建立了 iSCSI 目标的服务器）的 IP 地址 10.10.10.102，端口使用默认值 3260，然后单击"确定"按钮，如图 8-1-19 所示。

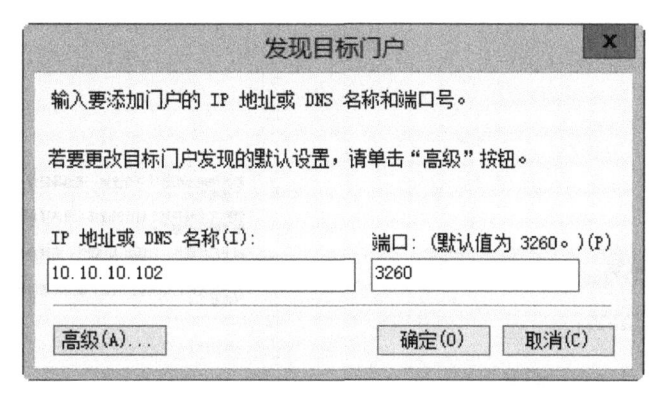

图 8-1-19 输入要访问门户的 IP 地址

步骤 5：在"iSCSI 发起程序 属性"对话框的"目标"选项卡中可看到门户中的目标，选择含有"iscsi-s2"目标的名称，然后单击"连接"按钮，如图 8-1-20 所示。

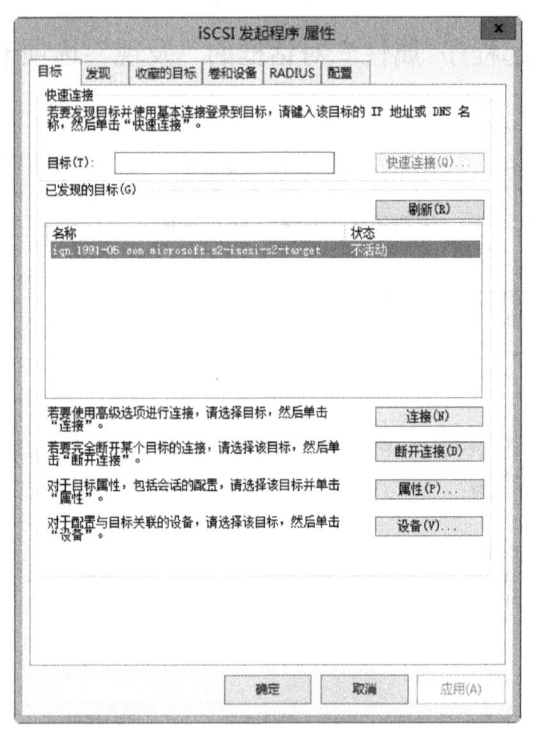

图 8-1-20　iSCSI 目标

步骤 6：在"连接到目标"对话框中，勾选"将此连接添加到收藏目标列表"复选框，然后单击"确定"按钮，如图 8-1-21 所示。

步骤 7：返回"目标"选项卡后可看到 iSCSI 发起程序已经连接到目标，如图 8-1-22 所示。

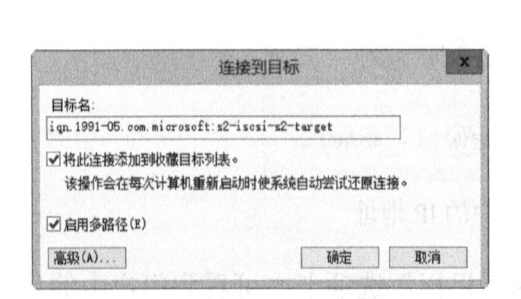

图 8-1-21　连接到目标

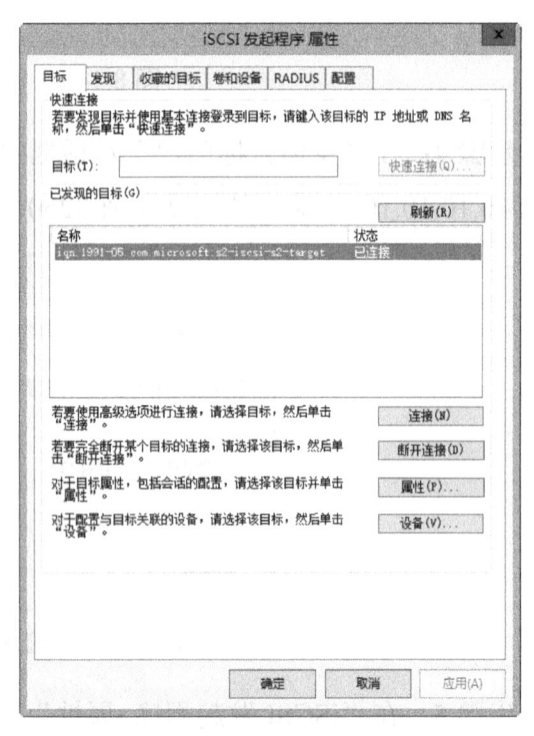

图 8-1-22　查看目标连接状态

4. 联机、初始化、格式化虚拟磁盘

在服务器 S5 上，使用 iSCSI 发起程序成功连接目标后，即可对目标上的 iSCSI 虚拟磁盘进行联机并初始化。在服务器 S5 上选择"磁盘管理"选项，然后对 iSCSI 目标上的两个虚拟磁盘 Quorum 和 Files 进行联机，并初始化为简单卷，格式化为 NTFS 分区，设置虚拟磁盘 Quorum 和 Files 分别对应驱动器号"Q:"和"F:"，操作完成后如图 8-1-23 所示。

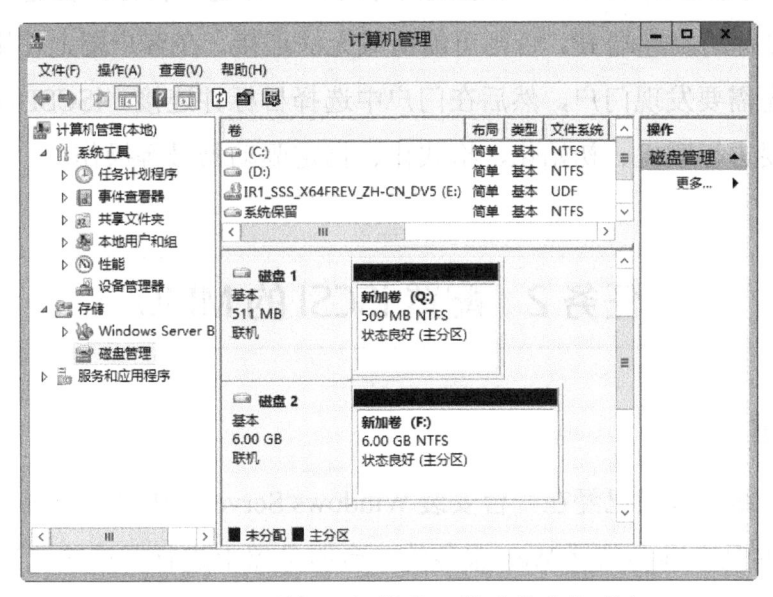

图 8-1-23　联机、初始化、格式化虚拟磁盘

在服务器 S6 上使用同样的方法完成发现门户 S2、连接目标 iSCSI-S2、将 iSCSI 虚拟磁盘联机等操作，并且不需要再对虚拟磁盘 Quorum 和 Files 进行初始化、格式化和指定驱动器号的操作，其将会调用与服务器 S5 相同的设置参数。

知识链接

iSCSI 是从发起端通过 IP 网络向目标服务器发送 SCSI 命令的。在通信和使用过程中，主要涉及以下几个概念。

（1）虚拟磁盘：在 Windows Server 2012 R2 等系统中，模拟 iSCSI 存储的一个磁盘分区。

（2）发起程序：在客户端上具备连接与访问存储服务器功能的软件。

（3）目标：在存储服务器上作为承载 iSCSI 磁盘的标识符，一般为 IQN（iSCSI 限定名称）格式，用来处理发起程序的访问请求。

（4）门户：也称为目标门户，通过网络向发起端提供目标的服务器。

门户往往是一台提供 iSCSI 功能的服务器，使用 3260 端口。门户中可以有多个 iSCSI 目标，每个目标不能重名。一个目标中可以有一个或多个虚拟磁盘。

任务小结

本任务介绍了如何建立 iSCSI 目标服务器，以及如何在客户端上使用 iSCSI 发起程序连接目标。

若在安装 Windows Server 2012 R2 系统的服务器中配置 iSCSI 目标服务器，则需要建立 iSCSI 虚拟磁盘。可在建立 iSCSI 虚拟磁盘向导时，一并建立目标。在建立目标时，要设置允许访问 iSCSI 目标的发起端 IP，否则可能造成无法连接。在客户端上使用 iSCSI 发起程序连接目标时，首先需要发现门户，然后在门户中选择目标并连接。iSCSI 在客户端上的表现形式为磁盘，需要进行联机、初始化、格式化、指定驱动器号等操作。

任务 2 配置 iSCSI 的 MPIO

任务描述

天驿公司的网络管理员已经在一台安装 Windows Server 2012 R2 系统的服务器上配置了 iSCSI 的目标端，并且在准备部署 Web 服务的一台服务器上进行了连接测试，能够正常使用。但网络管理员发现了一个问题，即这种基于网络的存储形式必须依托于网络连接，一旦现有的网络连接中断，应用服务器就无法再调用存储的数据。因此，网络管理员需要解决这一问题。

任务分析

为满足天驿公司的需求，解决应用服务器与存储服务器之间连接的单路径故障问题，网络管理员可以启用 MPIO 功能，建立备用传输路径，当其中一条路径网络中断时，应用服务器会使用另一路径与存储服务器进行连接。

在 Windows Server 2012 R2 系统中，MPIO 默认使用"协商会议"策略，即使用多路径负载平衡传输数据。

在本任务中，需要为存储服务器 S2 与应用服务器 S5、S6 添加第二个网络连接，所使用的 IP 地址段为 192.168.88.0/24，服务器 S2 新路径网络适配器的 IP 地址为 192.168.88.102/24，服务器 S5、S6 新路径网络适配器的 IP 地址为 192.168.88.105/24、192.168.88.106/24，备用路径不设置网关。本任务以服务器 S6 为例介绍发起端（iSCSI 客户端）设置。

任务实现

1. 添加新路径网络适配器

为服务器 S2、S5、S6 添加新的网络适配器并安装好驱动程序，设置 IP 地址分别为 192.168.88.102/24、192.168.88.105/24、192.168.88.106/24，新路径网络设置如图 8-2-1 所示（以服务器 S2 为例，服务器 S5、S6 略）。

图 8-2-1　新路径网络设置

2. 在 iSCSI 目标服务器上添加发起程序

步骤 1：在"服务器管理器"窗口左侧功能项中选择"文件和存储服务"角色，然后选择"iSCSI"选项，最后右击要修改的 iSCSI 目标"iSCSI-S2"（显示为小写字母），在弹出的快捷菜单中选择"属性"命令，如图 8-2-2 所示。

图 8-2-2　iSCSI 管理工具

步骤 2：在"iscsi-s2 属性"窗口中，选择左侧的"发起程序"选项，然后单击"添加"按钮，依次添加服务器 S5、S6 新路径的 IP 地址，添加完毕后单击"确定"按钮，如图 8-2-3 所示。

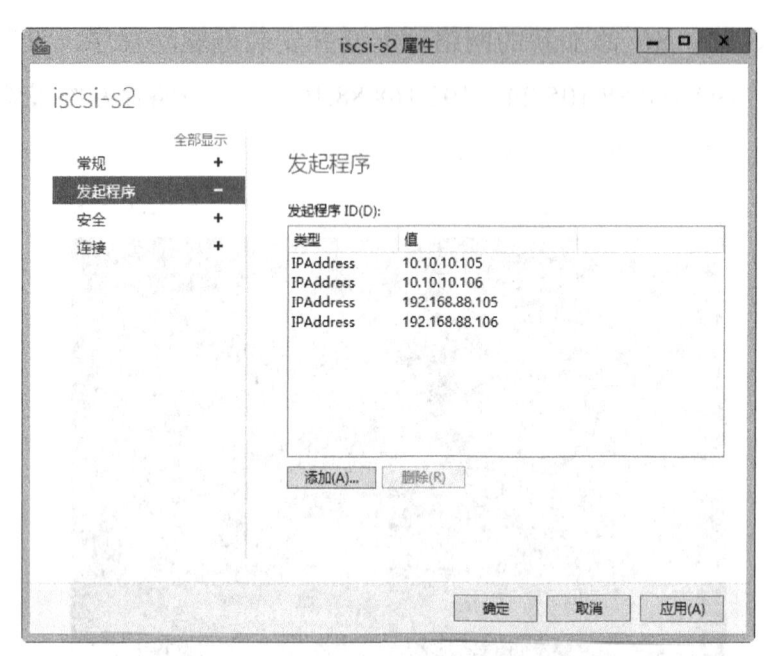

图 8-2-3 修改发起程序设置

3. 在 iSCSI 客户端安装 MPIO

在服务器 S5、S6 上添加多路径 I/O 功能，如图 8-2-4 所示，详细安装步骤略。

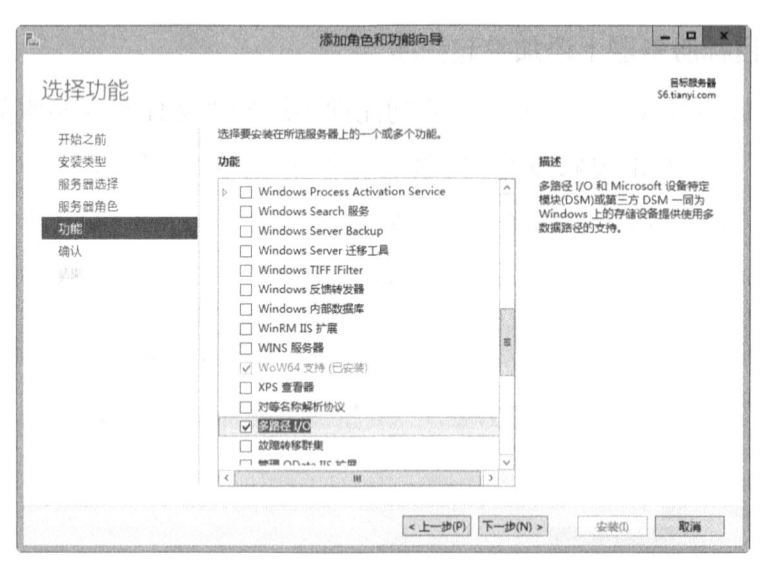

图 8-2-4 添加多路径 I/O 功能

4. 添加 MPIO 对 iSCSI 的支持

步骤 1：在服务器 S5、S6 的"服务器管理器"窗口中，单击"工具"菜单，然后选择"MPIO"命令。

步骤 2：在"MPIO 属性"对话框的"发现多路径"选项卡中，勾选"添加对 iSCSI 设备的支持"复选框,然后单击"添加"按钮,如图 8-2-5 所示。

图 8-2-5　添加对 iSCSI 设备的支持

步骤 3:在"需要重新启动"提示框中单击"是"按钮重新启动服务器,如图 8-2-6 所示。

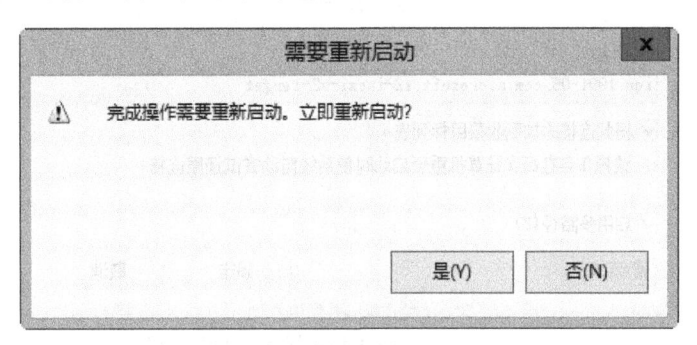

图 8-2-6　重新启动提示

5. 为现有 iSCSI 连接添加第二路径

步骤 1:在服务器 S5、S6 的"服务器管理器"窗口中,单击"工具"菜单,然后选择"iSCSI 发起程序"命令。

步骤 2:在"iSCSI 发起程序 属性"对话框的"目标"选项卡中,选择含有"iSCSI-S2"(显示为小写)目标的名称,然后单击"连接"按钮,如图 8-2-7 所示。

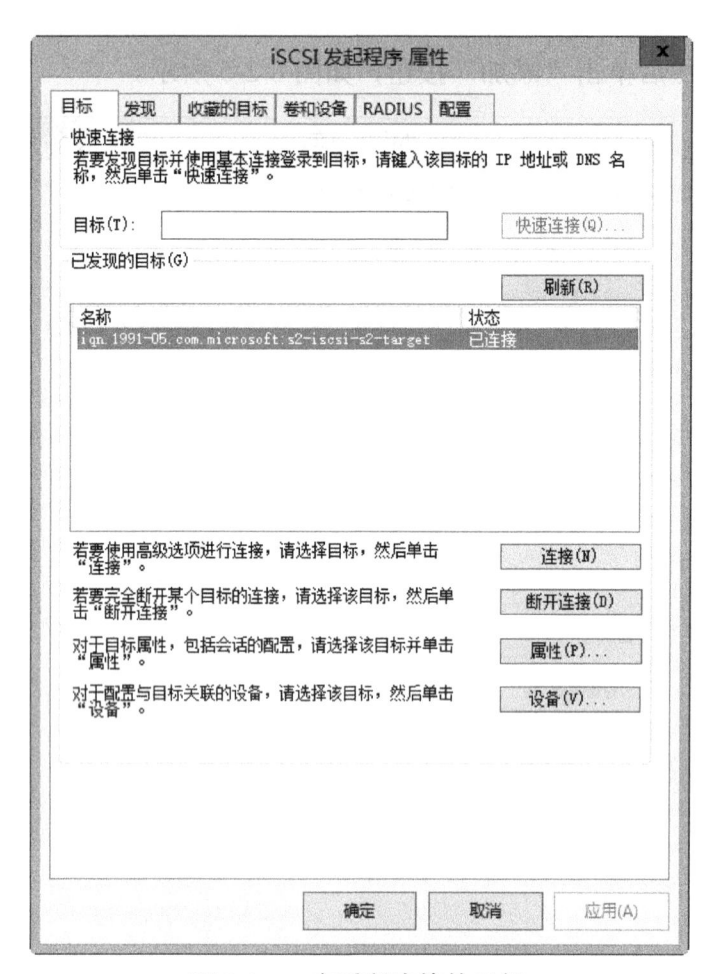

图 8-2-7 查看所连接的目标

步骤 3：在"连接到目标"对话框中勾选"启用多路径"复选框，然后单击"高级"按钮，如图 8-2-8 所示。

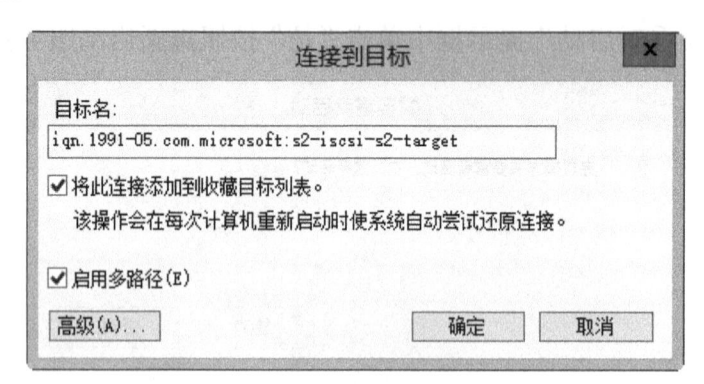

图 8-2-8 对 iSCSI 连接启用多路径

步骤 4：在"高级设置"对话框的"常规"选项卡中，选择本地适配器为 Microsoft iSCSI Initiator，选择发起程序 IP 地址为第二路径 IP 地址（服务器 S6 的第二路径 IP 地址为 192.168.88.106），选择目标门户的 IP 地址和端口（服务器 S2 的第二路径 IP 地址和端口为 192.168.88.102/3260），然后单击"确定"按钮，如图 8-2-9 所示。

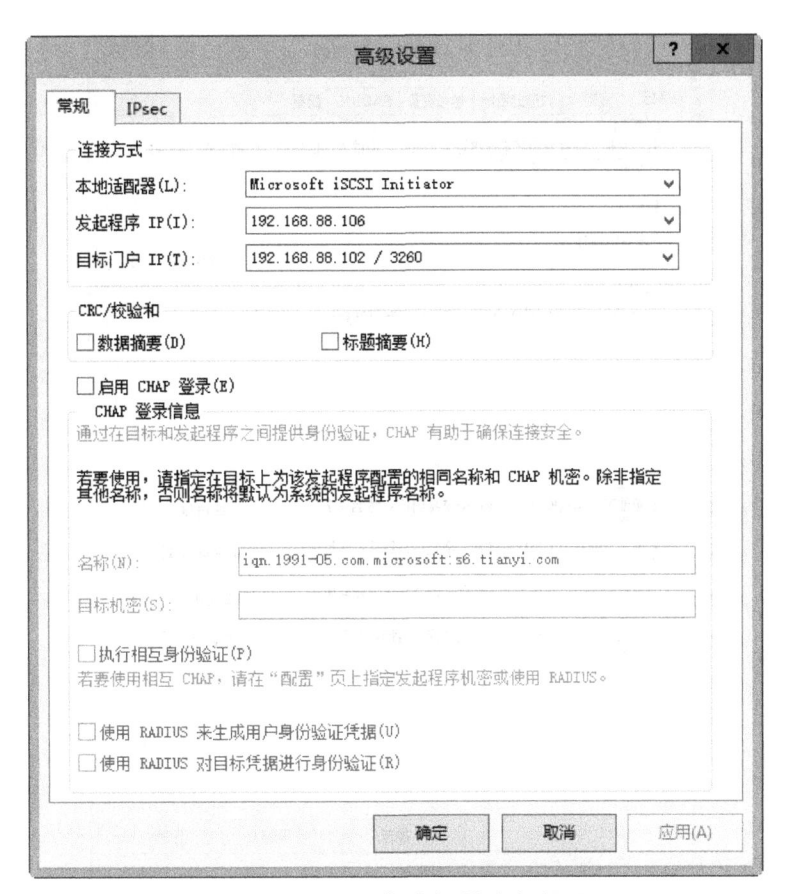

图 8-2-9　添加多路径的高级设置

步骤 5：返回"连接到目标"对话框后，单击"确定"按钮，如图 8-2-10 所示。

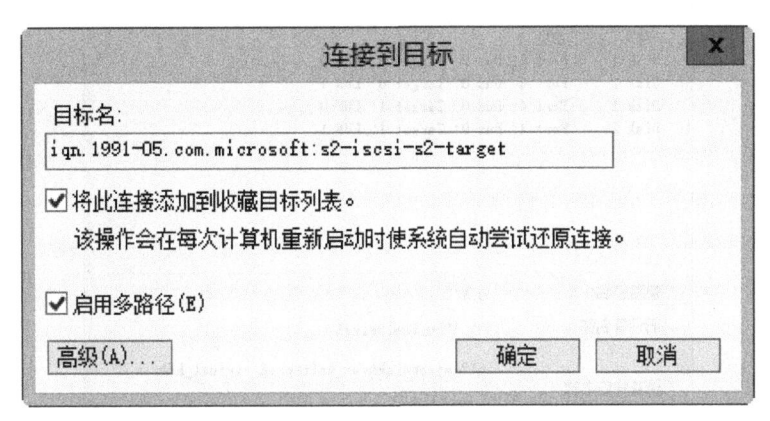

图 8-2-10　目标多路径设置完成

6. 查看多路径连接

步骤 1：在服务器 S5、S6 的"iSCSI 发起程序 属性"对话框的"目标"选项卡中，单击"设备"按钮，如图 8-2-11 所示。

步骤 2：在"设备"对话框中可看到 Disk1、Disk2 均具备两条路径，若要进一步查看或修改 MPIO 策略，则需单击"MPIO"按钮，如图 8-2-12 所示。

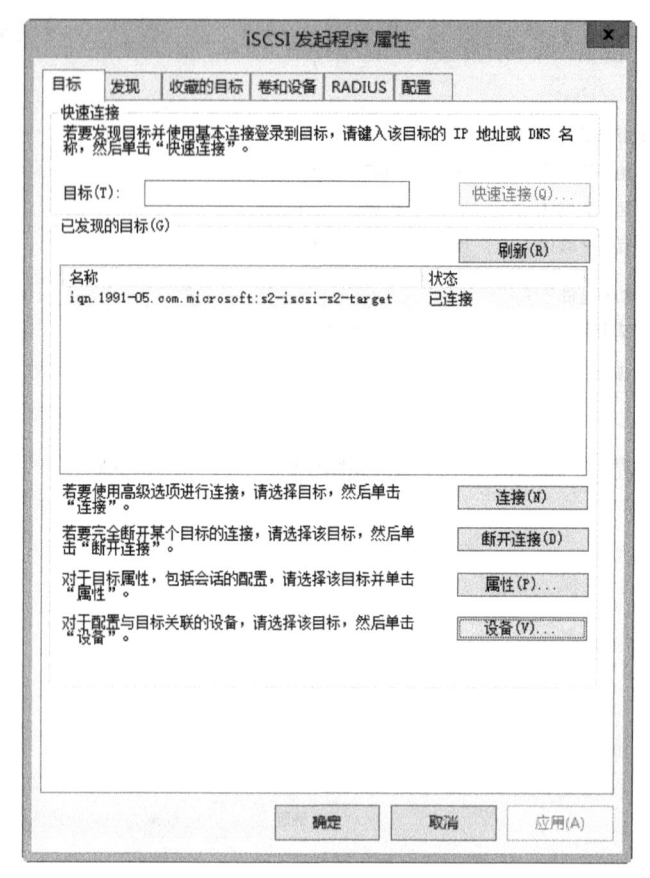

图 8-2-11 iSCSI 发起程序 属性

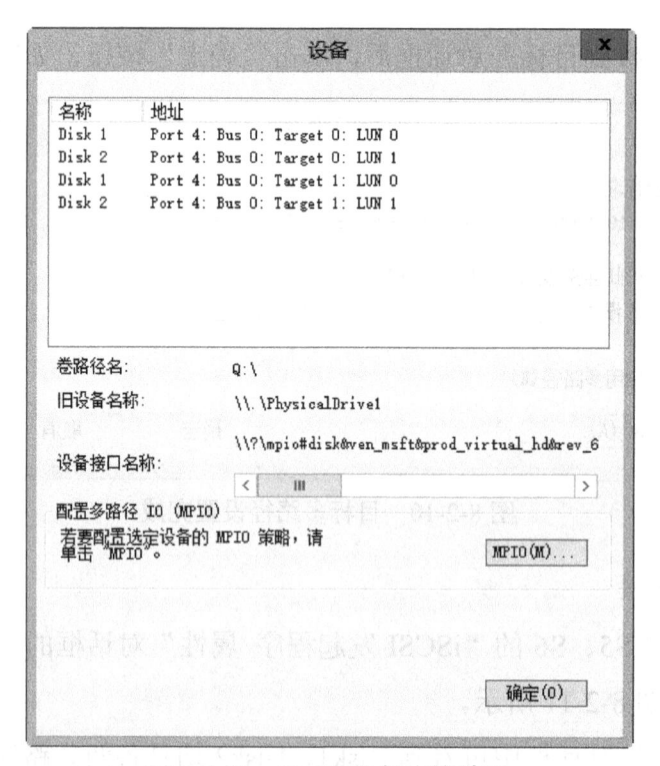

图 8-2-12 iSCSI 设备连接情况

步骤 3：在"设备详细信息"对话框中可看到 iSCSI 设备包含的两条路径，如图 8-2-13 所示。

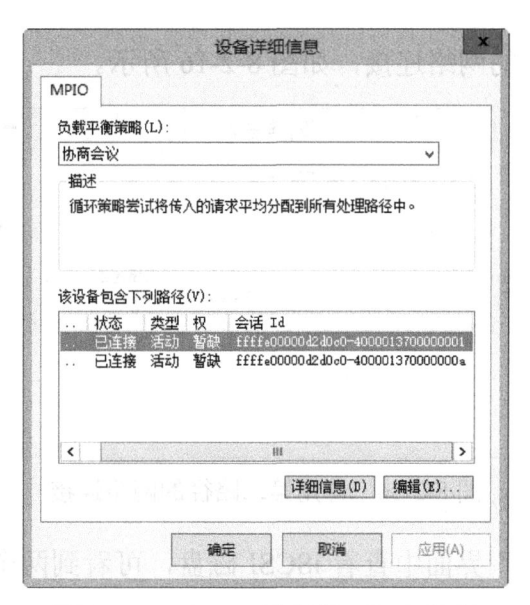

图 8-2-13　iSCSI 设备的 MPIO 信息

7. 测试 MPIO

步骤 1：在发起端 S5 或 S6 上，停用一个网络连接，如图 8-2-14 所示。

图 8-2-14　停用一个网络连接

步骤 2：在发起端 S5 或 S6 上的"磁盘管理"界面中查看 iSCSI 磁盘，可看到两个 iSCSI 磁盘均能够正常使用，如图 8-2-15 所示。

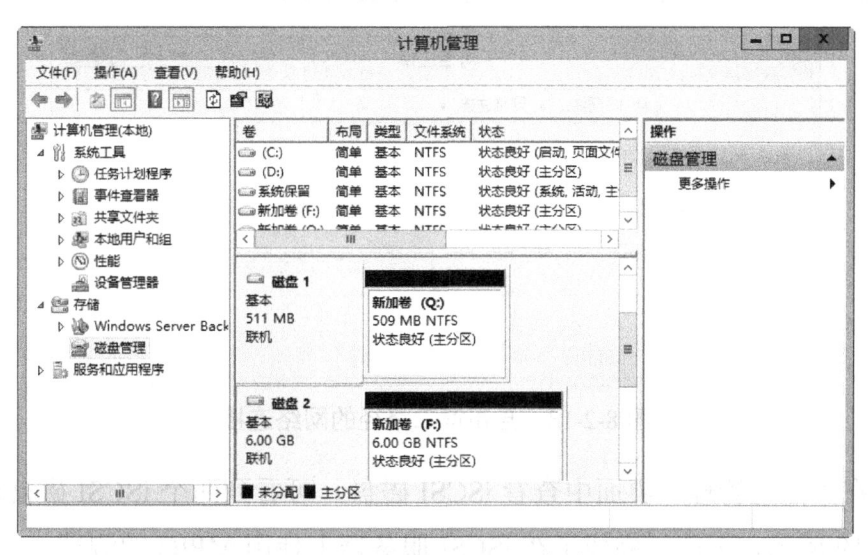

图 8-2-15　查看 iSCSI 磁盘（1）

步骤 3：停用第二路径的网络连接，如图 8-2-16 所示。

图 8-2-16　停用第二路径的网络连接

步骤 4：在"磁盘管理"界面中查看 iSCSI 磁盘，可看到两个 iSCSI 磁盘都无法使用，如图 8-2-17 所示。

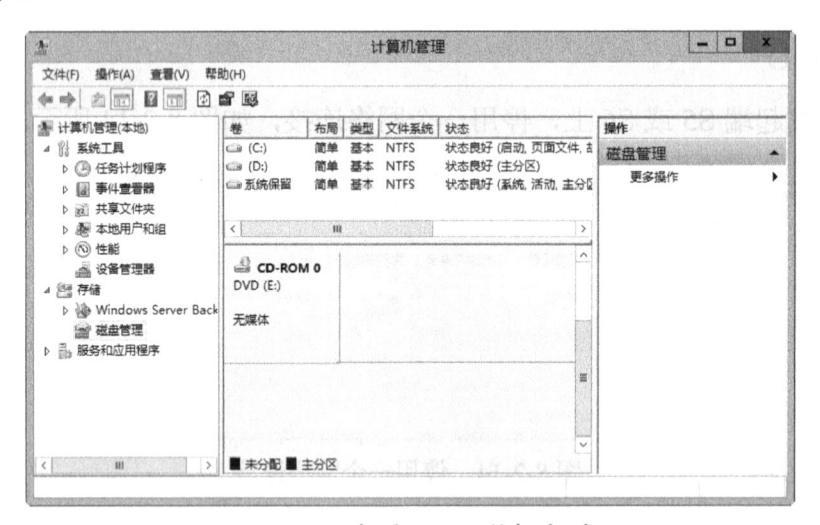

图 8-2-17　查看 iSCSI 磁盘（2）

步骤 5：启用第二路径的网络连接，如图 8-2-18 所示。

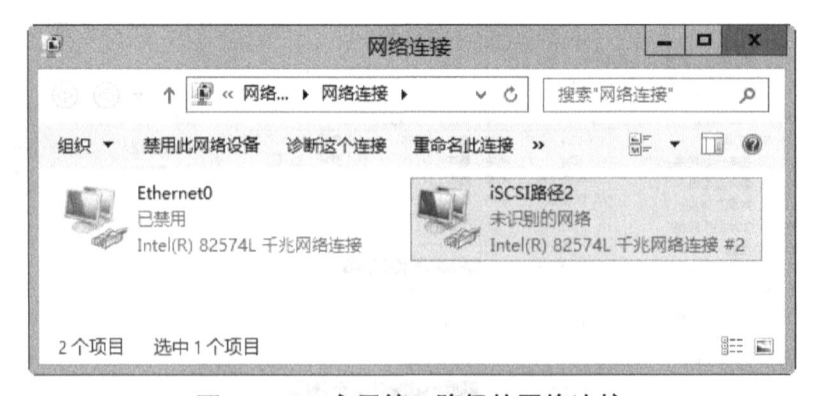

图 8-2-18　启用第二路径的网络连接

步骤 6：在"磁盘管理"界面中查看 iSCSI 磁盘，可看到两个 iSCSI 磁盘均能够正常使用，如图 8-2-19 所示。至此，完成了在 iSCSI 服务器上使用 MPIO 的测试。

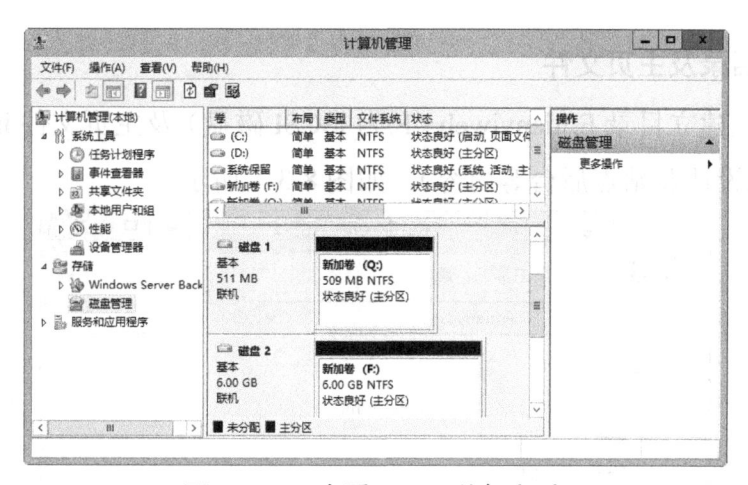

图 8-2-19　查看 iSCSI 磁盘（3）

任务小结

本任务主要是配置 iSCSI 的 MPIO。若要应用 MPIO，则需要在 iSCSI 的目标端和发起端分别进行设置。首先，在 iSCSI 存储服务器上修改目标的发起程序设置，允许客户端使用新路径的 IP 地址访问目标；然后，在发起端添加 MPIO 功能，修改现有目标的连接设置，启动 iSCSI 的多路径功能并添加第二条路径，添加完毕后可查看路径并修改路径的负载均衡设置。若要进一步测试 MPIO 效果，则可依次断开路径并查看 iSCSI 磁盘的连接情况。

任务 3　配置 HTTP 服务器

任务描述

天驿公司准备搭建一台 Web 服务器，该 Web 服务器主要用于发布公司网站，因此公司要求网络管理员完成 Web 服务器的搭建。

任务分析

网络管理员可使用 Windows Server 2012 R2 系统中的 Inernet 信息服务（IIS）来实现 Web 服务器的搭建。

任务实现

1. 安装 IIS

在"项目七　配置 FTP 服务器"中已经介绍了 IIS 的安装方法，参照其步骤在服务器 S5 上安装 IIS，此处不再赘述。

2. 建立站点目录及主页文件

在服务器 S5 上建立目录 F:\tianyiweb（F:为 iSCSI 磁盘）及主页文件 index.html（在本任务中，不涉及网站设计及站点后台等内容），如图 8-3-1 所示。

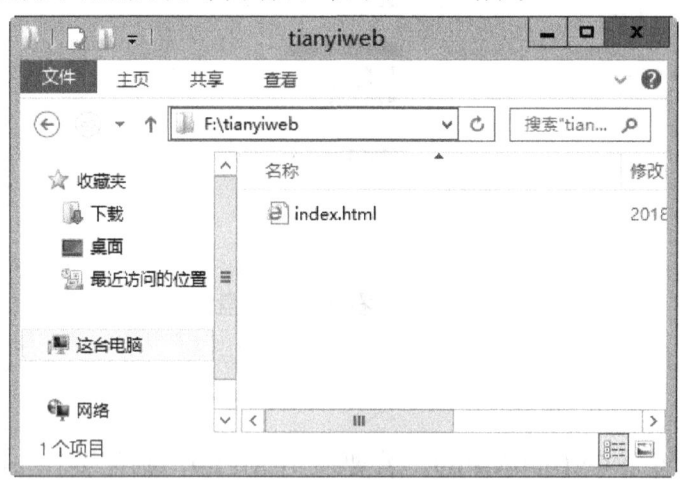

图 8-3-1　Web 站点目录及主页文件

3. 建立 Web 站点

步骤 1：打开"服务器管理器"窗口，在窗口左侧功能项中选择"IIS"角色，然后右击服务器列表中的服务器"S5"，在弹出的快捷菜单中选择"Internet Information Services（IIS）管理器"命令。

步骤 2：在"Internet Information Services(IIS)管理器"窗口中,会弹出"Internet Information Services（IIS）管理器"对话框，在此对话框中单击"否"按钮，如图 8-3-2 所示。

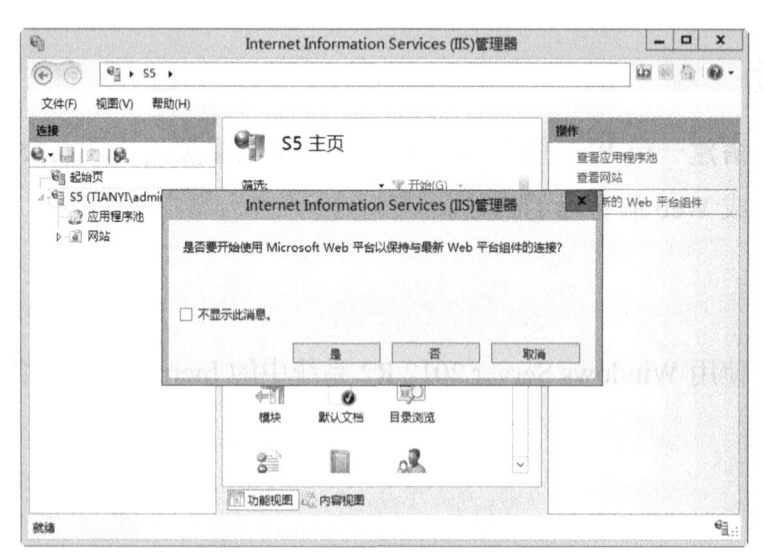

图 8-3-2　Web 平台连接提示

步骤 3：在"Internet Information Services（IIS）管理器"窗口中，展开"S5"→"网站"选项，然后右击"Default Website"选项，在弹出的快捷菜单中选择"管理网站"→"停止"命令，如图 8-3-3 所示。

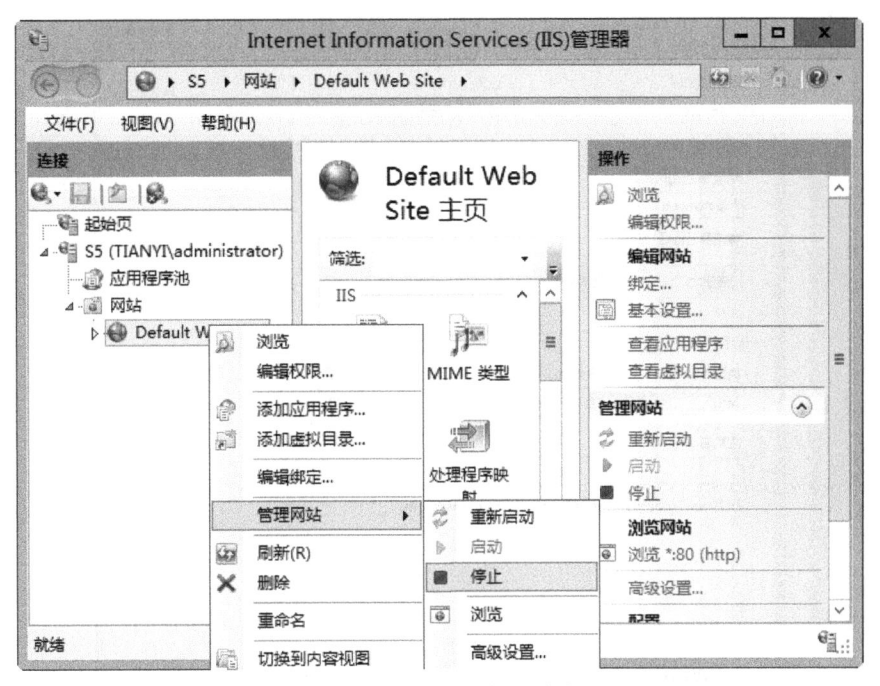

图 8-3-3　停止默认站点

步骤 4：右击"网站"选项，在弹出的快捷菜单中选择"添加网站"命令，如图 8-3-4 所示。

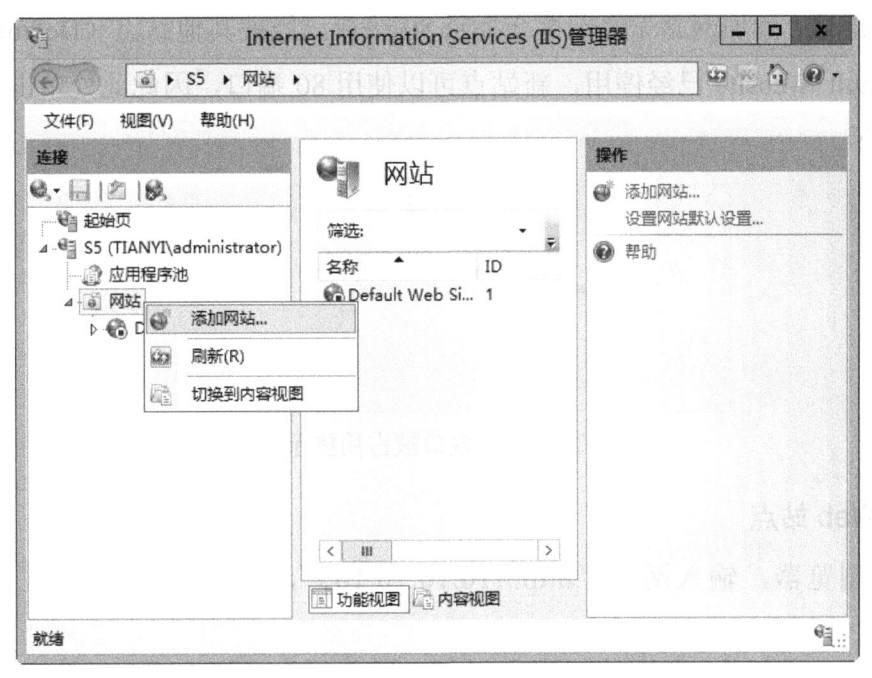

图 8-3-4　添加网站

步骤 5：在"添加网站"对话框中输入网站名称"s5-tianyi.com"，然后指定物理路径为 "F:\tianyiweb"，最后单击"确定"按钮，如图 8-3-5 所示。

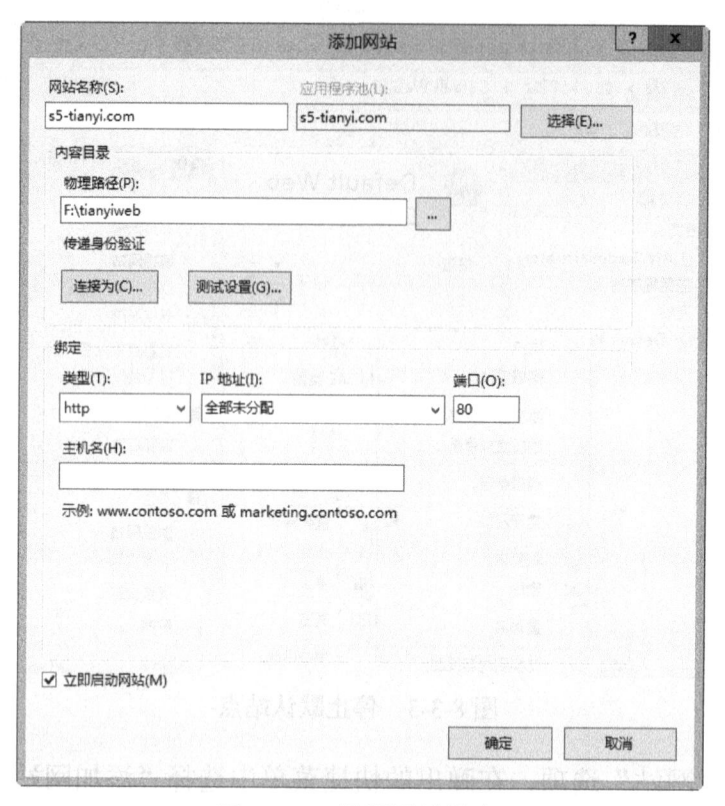

图 8-3-5　设置网站信息

步骤 6：此时"添加网站"提示框会提示 80 端口已经被其他站点（Default Website）占用，由于 Default Website 已经停用，新站点可以使用 80 端口，因此此处单击"是"按钮，如图 8-3-6 所示。

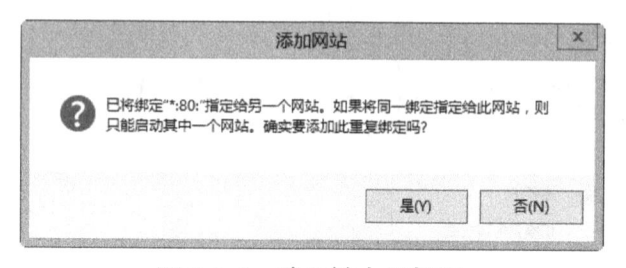

图 8-3-6　端口被占用提示

4. 浏览 Web 站点

打开 IE 浏览器，输入网址"http://10.10.10.105"，可看到 Web 站点正常显示，如图 8-3-7 所示。

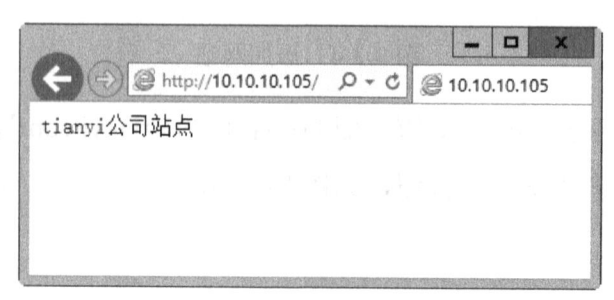

图 8-3-7　浏览 Web 站点

任务小结

本任务完成了 Web 站点的建立。首先安装 IIS，然后建立 Web 站点目录及 IIS 能够识别的主页文件，最后建立 Web 站点，并设置站点名称、主目录、绑定的 IP 地址及端口。如果需要修改站点设置，那么建议修改完成后重新启动站点。

任务 4　配置证书服务器实现 HTTPS

任务描述

天驿公司的 Web 站点已建立完成，但在应用时发现有些用户信息在通信过程中被泄露。因此，网络管理员决定采用更加可靠的 HTTPS 方式进行通信，并利用证书服务在一定程度上保证访问 Web 站点的安全性。

任务分析

针对天驿公司的需求，网络管理员决定使用证书服务建立认证体系。在通常情况下，证书需要向客户端信任的权威证书颁发机构申请（如 Verisign），但这种方式的成本比较高。为降低使用成本，网络管理员可以建立公司内部的证书颁发机构（Certificate Authority，CA），利用公司内部的 CA 为 Web 服务器颁发"Web 服务器证书"，从而认证 Web 站点。

在本任务中，使用服务器 S1 作为 CA，在服务器 S5 上为 IIS 申请"Web 服务器证书"。

任务实现

1. 安装证书服务

步骤 1：在"选择服务器角色"界面中，使用向导方式安装"Active Directory 证书服务"，然后单击"下一步"按钮，如图 8-4-1 所示。

步骤 2：在"选择角色服务"界面中，除默认已勾选的"证书颁发机构"复选框外，还要勾选"证书颁发机构 Web 注册"复选框，然后按向导完成证书服务安装，如图 8-4-2 所示。

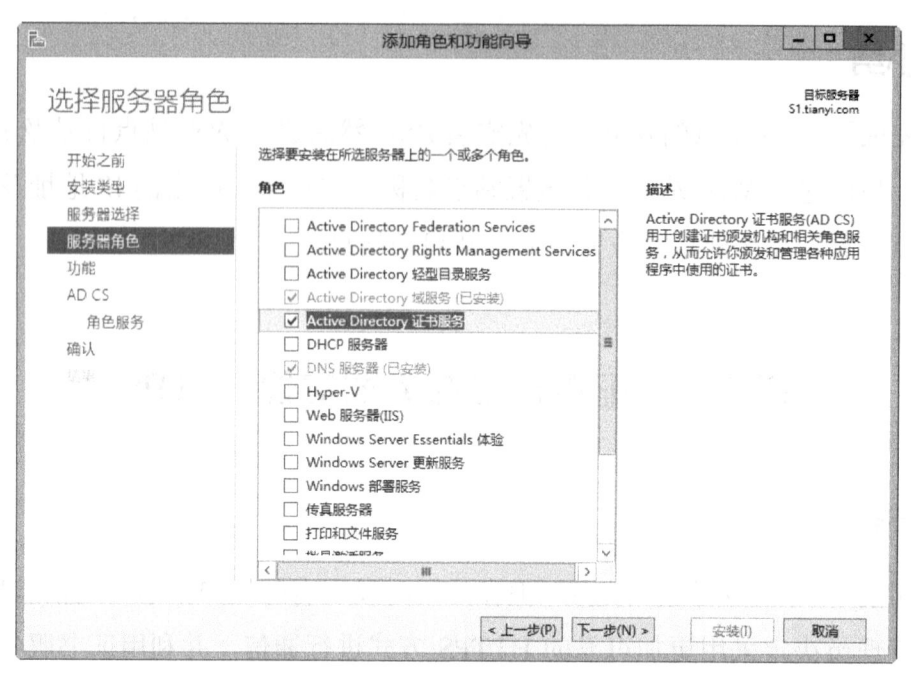

图 8-4-1　选择服务器角色

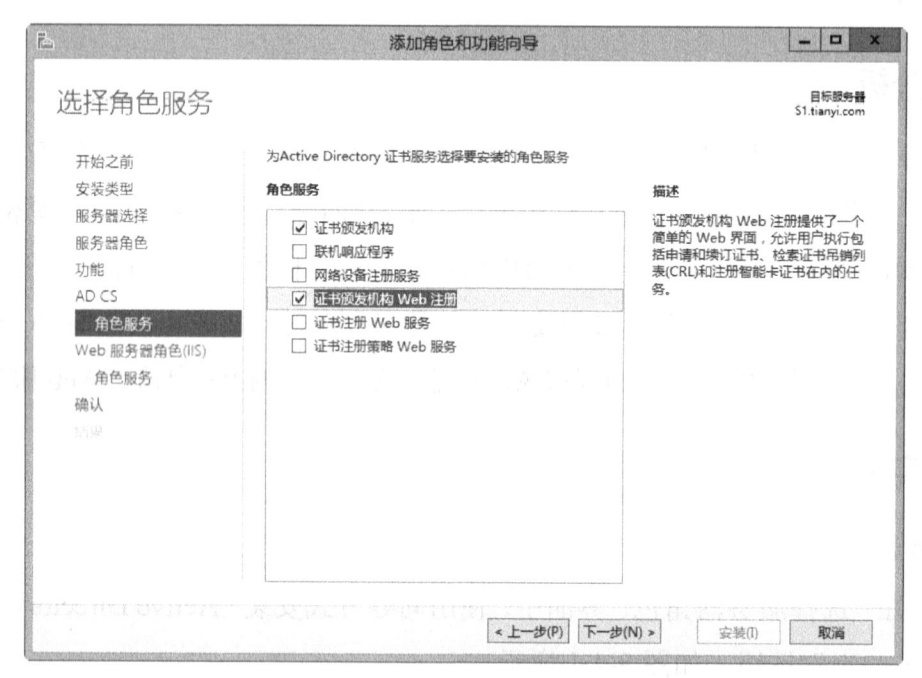

图 8-4-2　选择角色服务

2．配置证书颁发机构

步骤 1：在"服务器管理器"窗口中选择"AD CS"角色，然后单击黄色警告信息后的"更多…"链接，如图 8-4-3 所示。

步骤 2：在"所有服务器 任务详细信息"窗口中，单击"配置目标服务器上的 Active Directory 证书服务"链接，如图 8-4-4 所示。

步骤 3：在"凭据"界面中，单击"下一步"按钮，如图 8-4-5 所示。

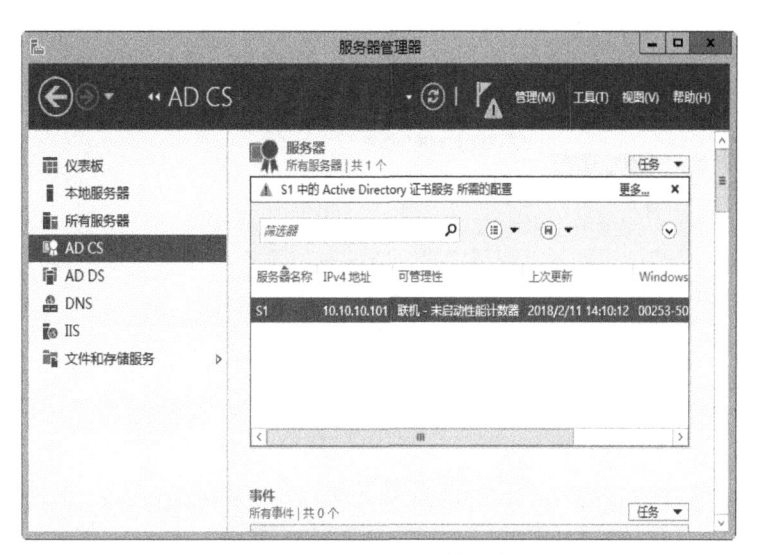

图 8-4-3 AD CS 管理器

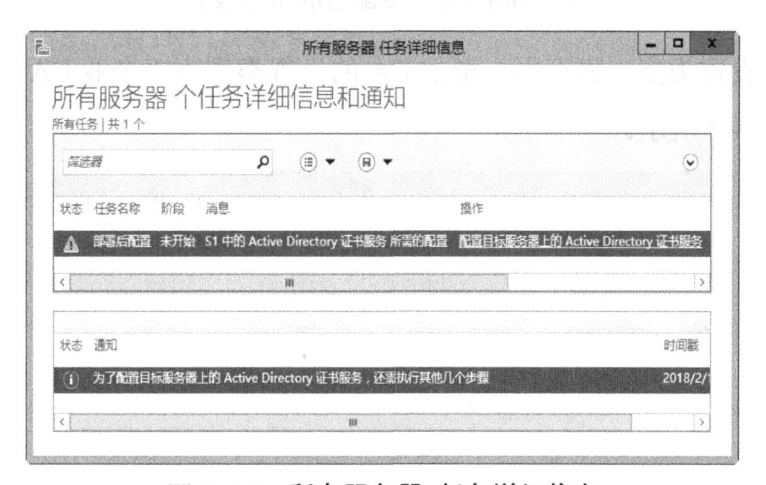

图 8-4-4 所有服务器 任务详细信息

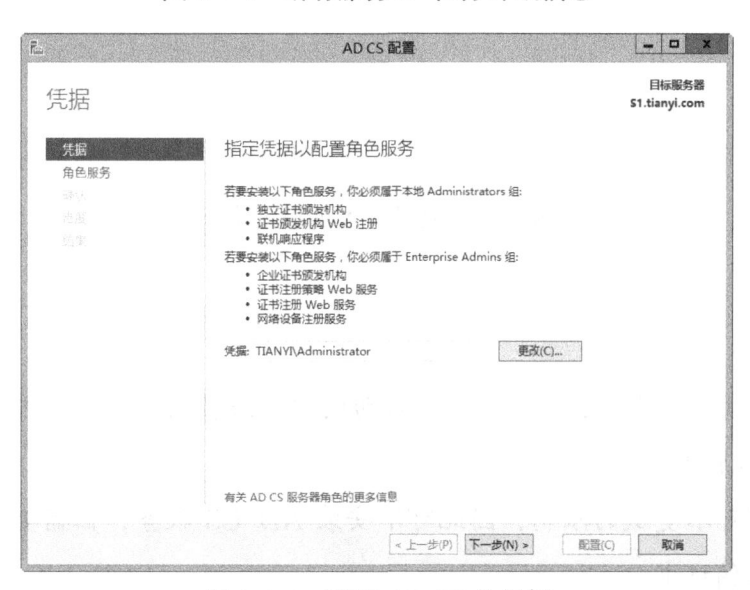

图 8-4-5 配置 AD CS 的凭据

步骤 4：在"角色服务"界面中，勾选"证书颁发机构"和"证书颁发机构 Web 注册"复选框，然后单击"下一步"按钮，如图 8-4-6 所示。

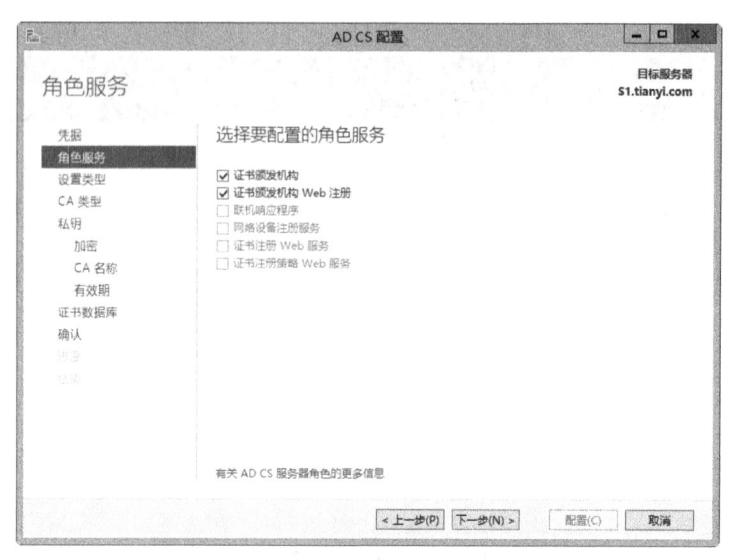

图 8-4-6　选择要配置的角色服务

步骤 5：在"设置类型"界面中，指定 CA 的设置类型为"企业 CA"，然后单击"下一步"按钮，如图 8-4-7 所示。

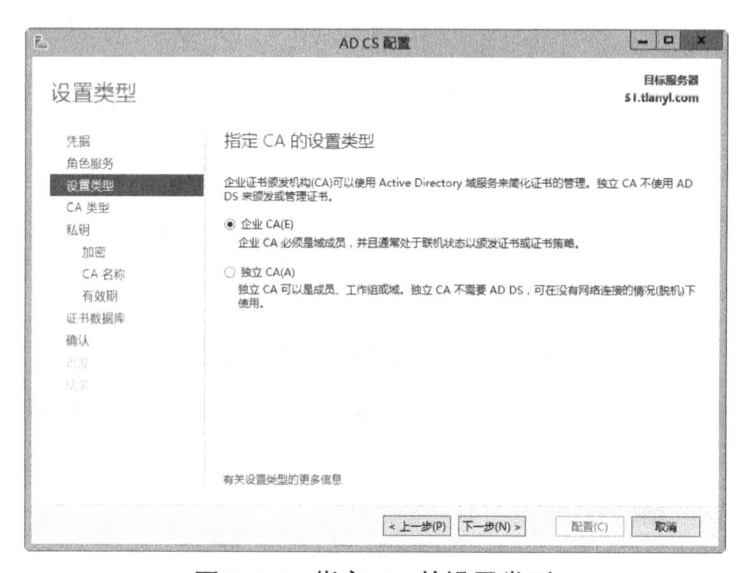

图 8-4-7　指定 CA 的设置类型

小贴士

　　企业 CA 必须是域成员，企业 CA 会自动处理域成员的证书申请并颁发证书，因此需要安装 AD CS 服务。
　　独立 CA 则可不受域的限制，因此可不安装 AD CS 服务，但需要手动处理证书申请，如颁发、吊销证书。

步骤 6：在"CA 类型"界面中，指定 CA 类型为"根 CA"，然后单击"下一步"按钮，如图 8-4-8 所示。

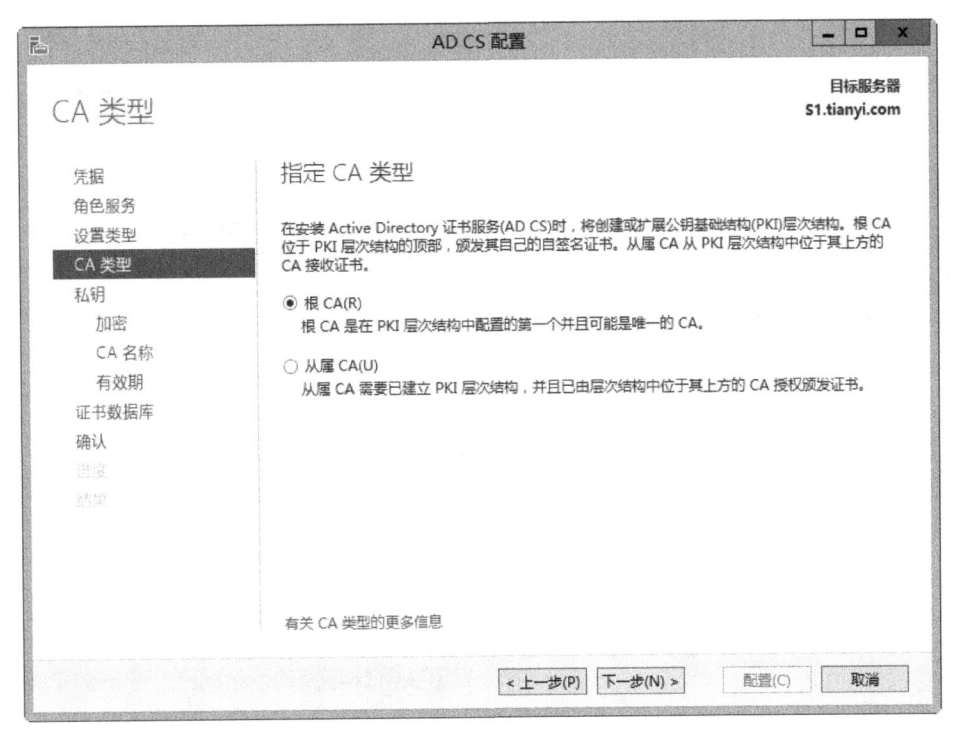

图 8-4-8　指定 CA 类型

步骤 7：在"私钥"界面中，指定私钥类型为"创建新的私钥"，然后单击"下一步"按钮，如图 8-4-9 所示。

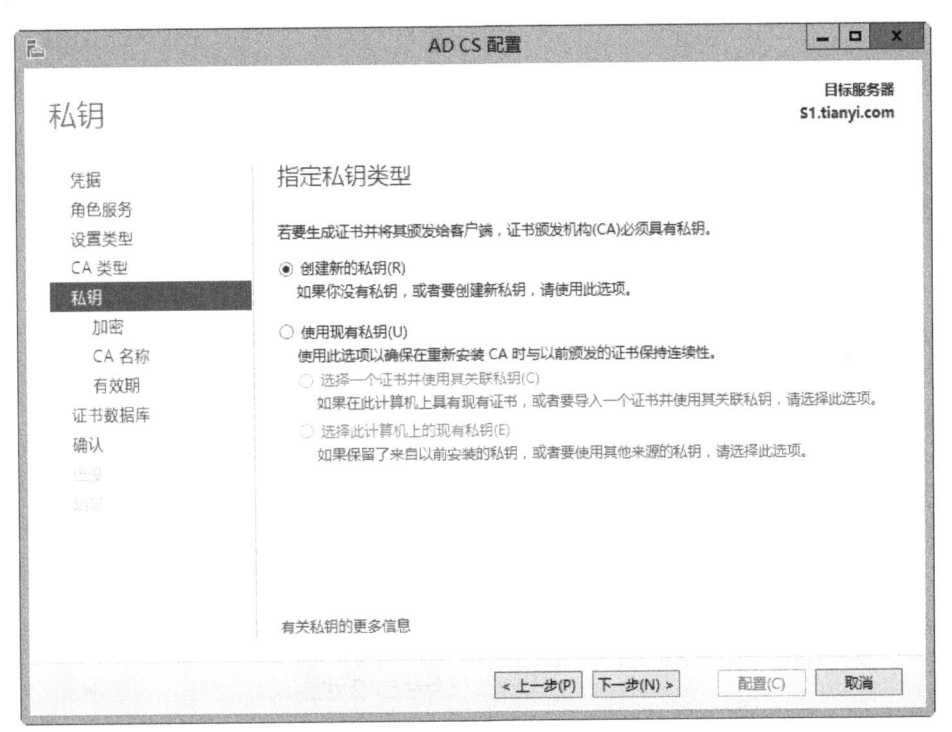

图 8-4-9　指定私钥类型

步骤 8：在"CA 的加密"界面中使用默认的加密选项，直接单击"下一步"按钮，如图 8-4-10 所示。

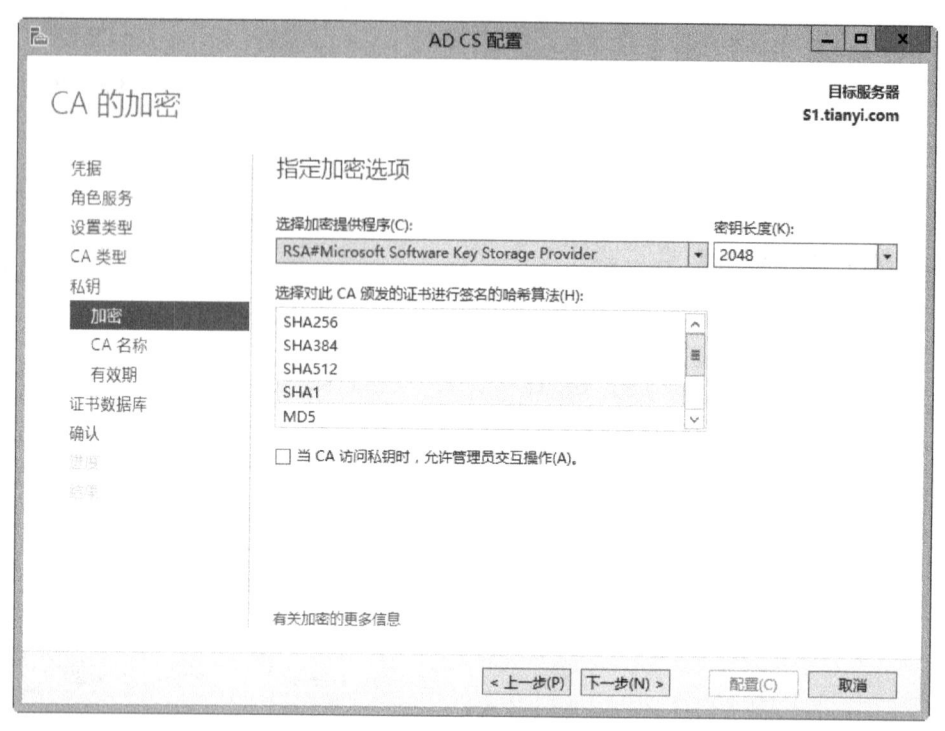

Windows Server 2012 R2 企业级服务器搭建

图 8-4-10 指定加密选项

步骤9：在"CA 名称"界面中指定 CA 名称为"tianyi-root"，然后单击"下一步"按钮，如图 8-4-11 所示。

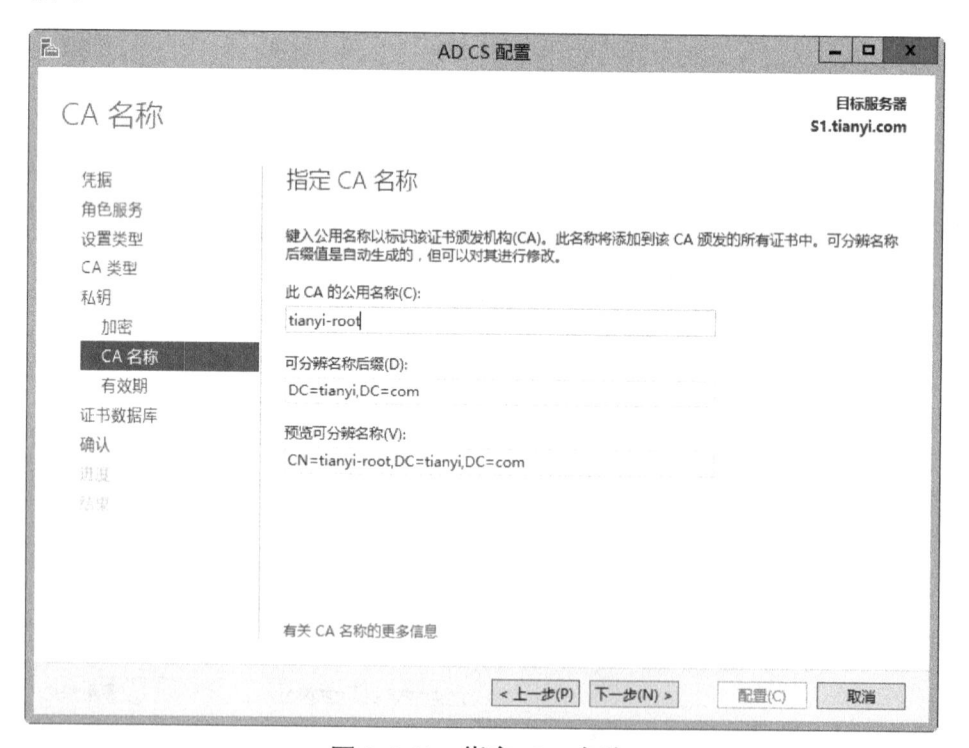

图 8-4-11 指定 CA 名称

步骤10：在"有效期"界面中，指定有效期为"5"，然后单击"下一步"按钮，如图 8-4-12 所示。

项目八 配置 HTTPS 服务器及其故障转移群集

图 8-4-12 指定 CA 生成证书的有效期

步骤 11：在"CA 数据库"界面中使用默认设置，直接单击"下一步"按钮，如图 8-4-13 所示。

图 8-4-13 指定数据库位置

步骤 12：在"确认"界面中，查看汇总信息，确认无误后单击"配置"按钮，如图 8-4-14 所示。

图 8-4-14　确认 CA 信息

步骤 13：在"结果"界面中，单击"关闭"按钮，如图 8-4-15 所示。

图 8-4-15　角色服务配置完成

3. 申请和下载 Web 服务器证书

步骤 1：在 Web 服务器 S5 上打开"Internet Information Services（IIS）管理器"窗口，双击服务器"S5"选项，然后在"S5 主页"工作区中双击"服务器证书"选项，Web 服务器设置项如图 8-4-16 所示。

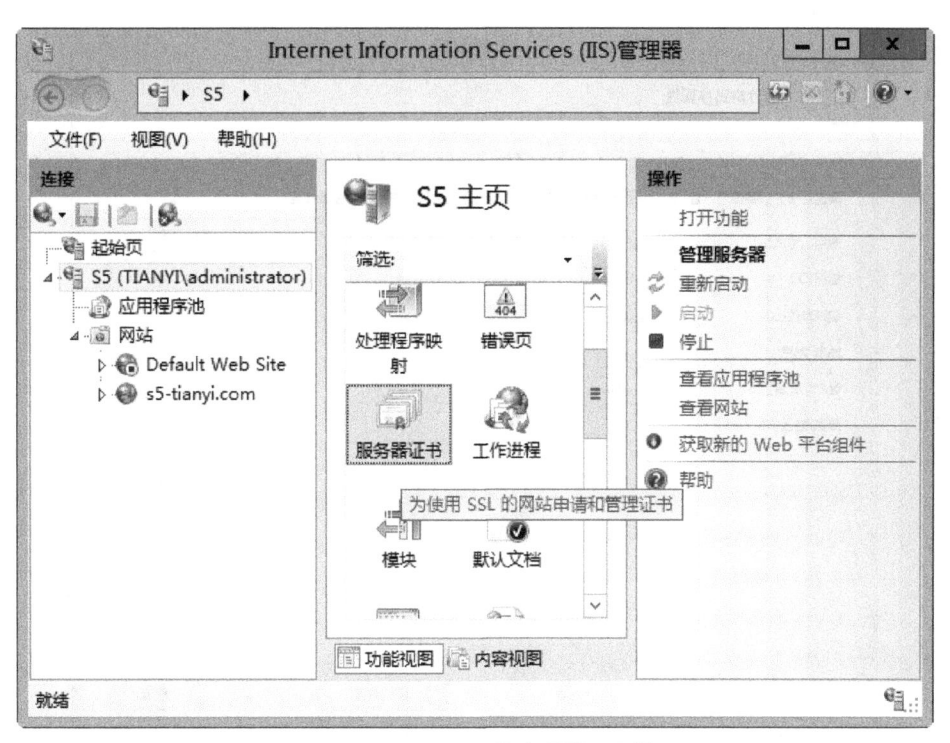

图 8-4-16　Web 服务器设置项

步骤 2：在"服务器证书"工作区中，单击右侧的"创建证书申请"操作项，如图 8-4-17 所示。

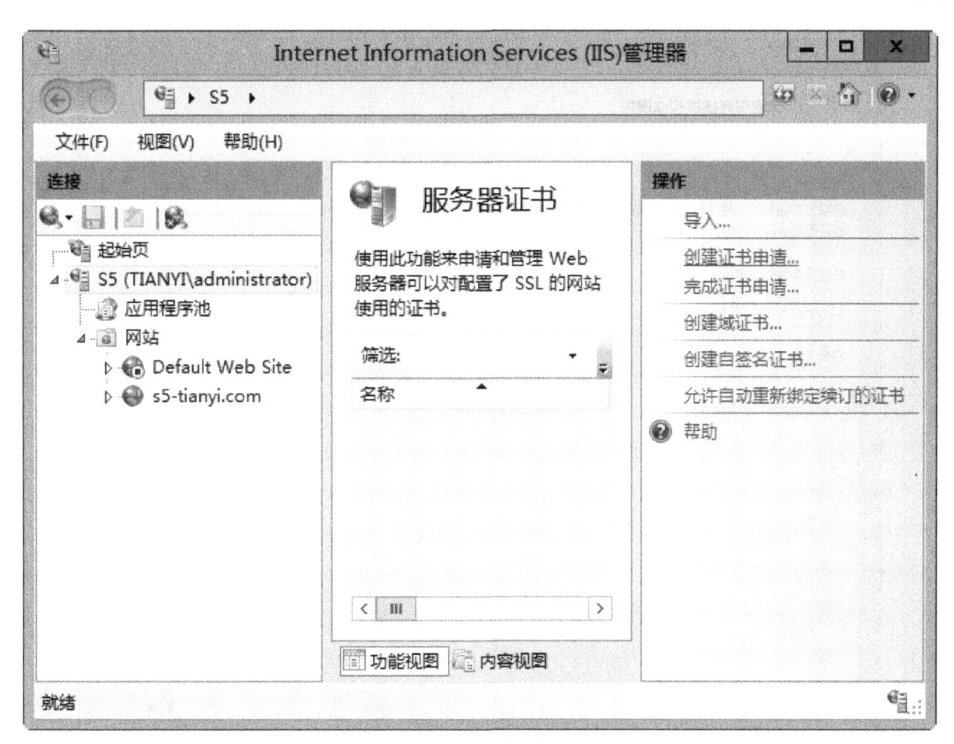

图 8-4-17　创建证书申请

步骤 3：在"可分辨名称属性"对话框中，输入证书的必要信息，可按天驿公司的实际情况填写，填写完毕后单击"下一步"按钮，如图 8-4-18 所示。

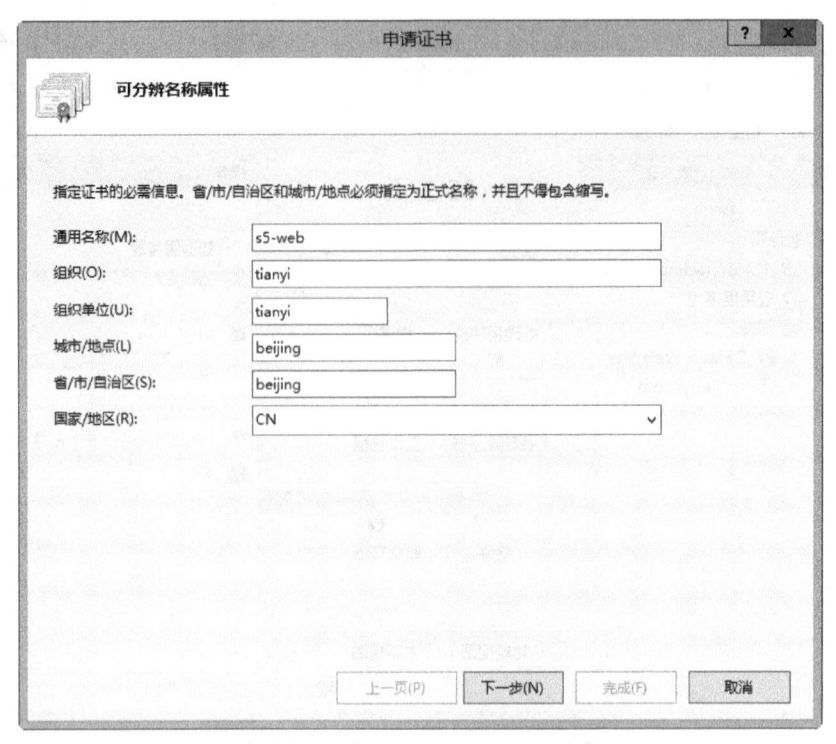

图 8-4-18 设置证书可分辨名称属性

步骤 4：在"加密服务提供程序属性"对话框中，直接单击"下一步"按钮，如图 8-4-19 所示。

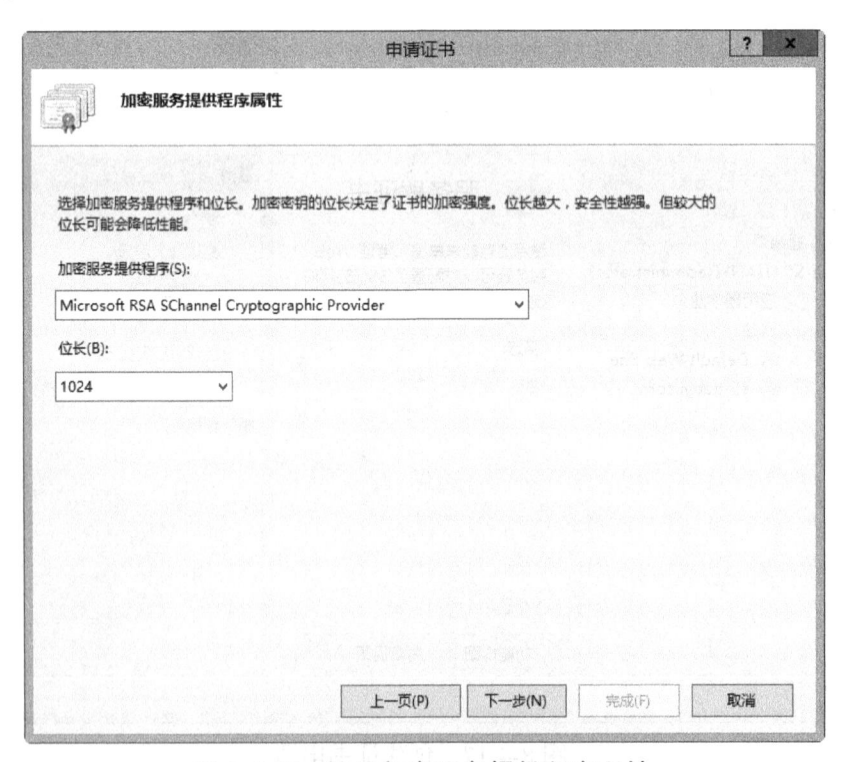

图 8-4-19 设置加密服务提供程序属性

步骤 5：在"文件名"对话框中输入申请文件的名称和存储路径，本任务使用"C:\shenqing.txt"，设置完毕后，单击"下一步"按钮，如图 8-4-20 所示。

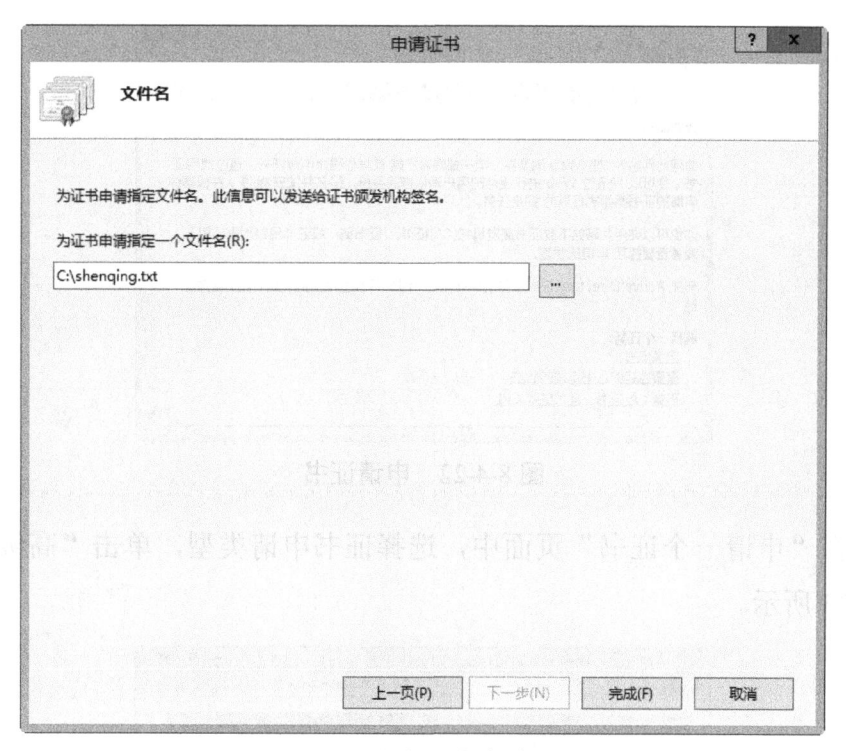

图 8-4-20　指定证书申请文件名

步骤 6：在 IE 浏览器的地址栏中输入网址"http://10.10.10.101/certsrv"，打开证书颁发机构（证书服务器）的 Web 注册页面，在弹出的"Windows 安全"对话框中输入凭据的账户信息，此处使用"administrator"账户，输入完毕后单击"确定"按钮，如图 8-4-21 所示。

图 8-4-21　输入访问证书 Web 注册页面的凭据

步骤 7：在证书服务的"欢迎使用"页面中，单击"申请证书"链接，如图 8-4-22 所示。

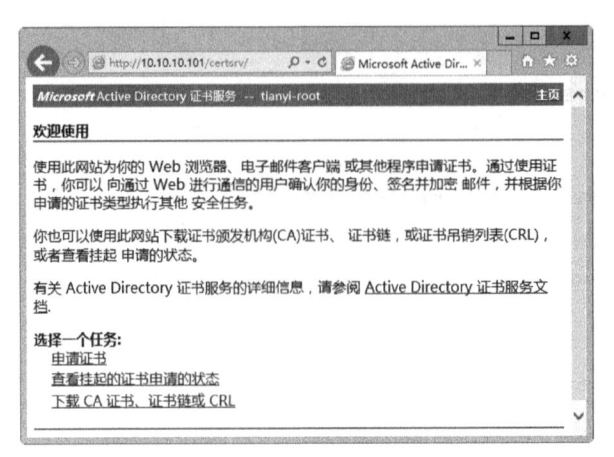

图 8-4-22　申请证书

步骤 8：在"申请一个证书"页面中，选择证书申请类型，单击"高级证书申请"链接，如图 8-4-23 所示。

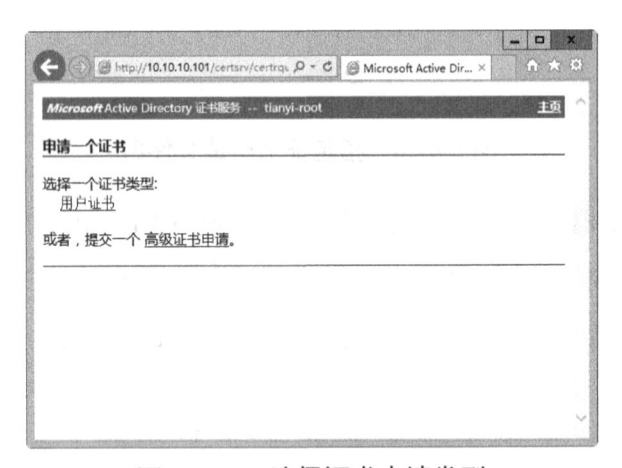

图 8-4-23　选择证书申请类型

步骤 9：在"高级证书申请"页面中，选择证书申请策略，单击"使用 base64 编码的 CMC 或 PKCS #10 文件提交一个证书申请，或使用 base64 编码的 PKCS #7 文件续订证书申请。"链接，如图 8-4-24 所示。

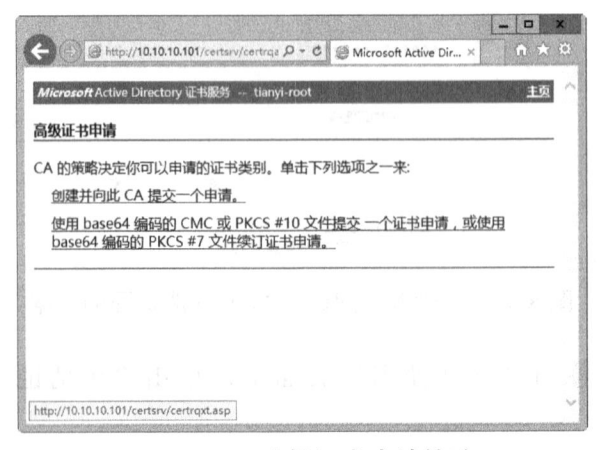

图 8-4-24　选择证书申请策略

步骤 10：打开之前的证书申请文件，复制文件的全部内容，如图 8-4-25 所示。

步骤 11：将申请文件中的全部内容粘贴到申请页面的"Base-64 编码的证书申请"后的文本框中，选择证书模板的类型为"Web 服务器"，然后单击"提交"按钮，如图 8-4-26 所示。

图 8-4-25　复制证书申请文件内容

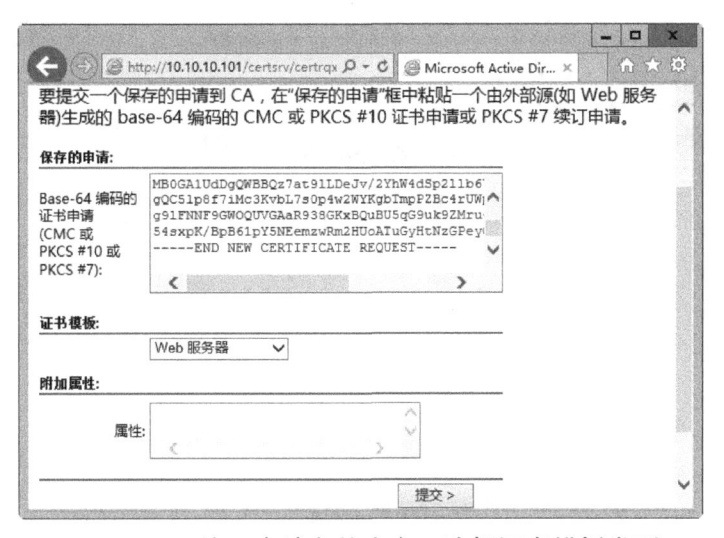

图 8-4-26　输入申请文件内容、选择证书模板类型

小贴士

Web 服务器证书是用来证明 Web 服务器的身份和进行通信加密的，一般用来实现 Web 服务器的 SSL 访问，即实现 HTTPS，因此也称为 SSL 证书。大多数操作系统默认信任根证书机构 VeriSign，该机构也是 Web 服务器证书的主要认证机构。

步骤 12：在"证书已颁发"页面中，单击"下载证书"链接，如图 8-4-27 所示。

步骤 13：在下载方式提示框中，单击"保存"按钮，如图 8-4-28 所示。

步骤 14：打开保存证书的位置后，可看到证书文件 certnew.cer，如图 8-4-29 所示。

图 8-4-27　选择已颁发证书的处理方式

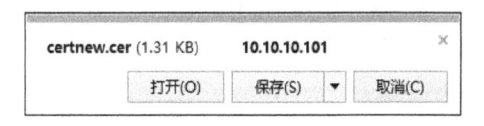

图 8-4-28　下载方式

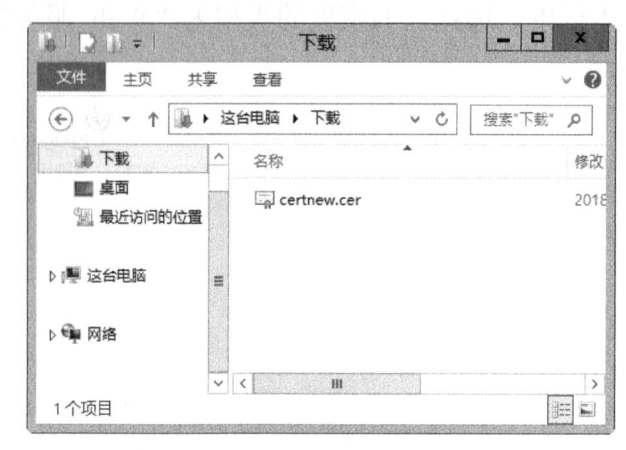

图 8-4-29　查看已下载的证书文件

4．完成 Web 服务器证书申请

步骤 1：在服务器 S5 的"服务器证书"工作区中，单击右侧的"完成证书申请"操作项，如图 8-4-30 所示。

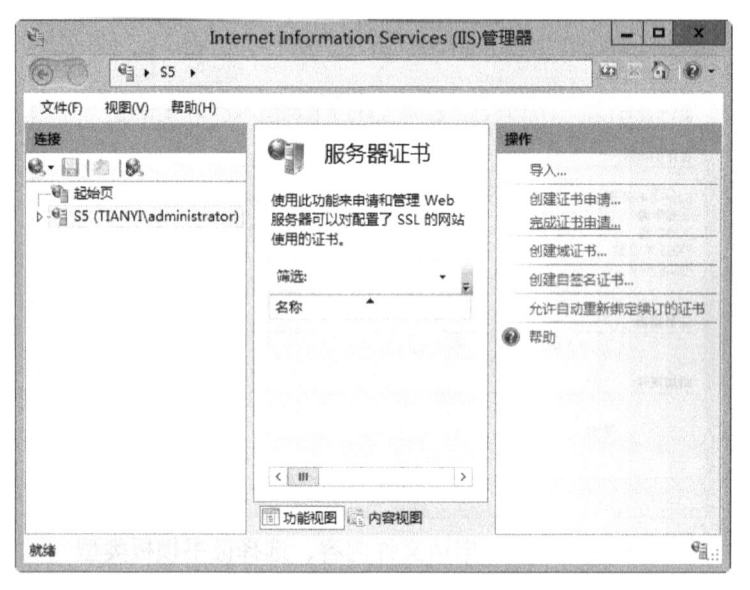

图 8-4-30　完成证书申请

步骤 2：在"指定证书颁发机构响应"对话框中的"包含证书颁发机构响应的文件名"下的文本框中，指定已下载 Web 服务器证书的完整路径，并在"好记名称"下的文本框中输入"s5-web"，然后单击"确定"按钮，如图 8-4-31 所示。

步骤 3：返回"服务器证书"工作区，可看到该服务器已经获得了 Web 服务器证书 s5-web，如图 8-4-32 所示。

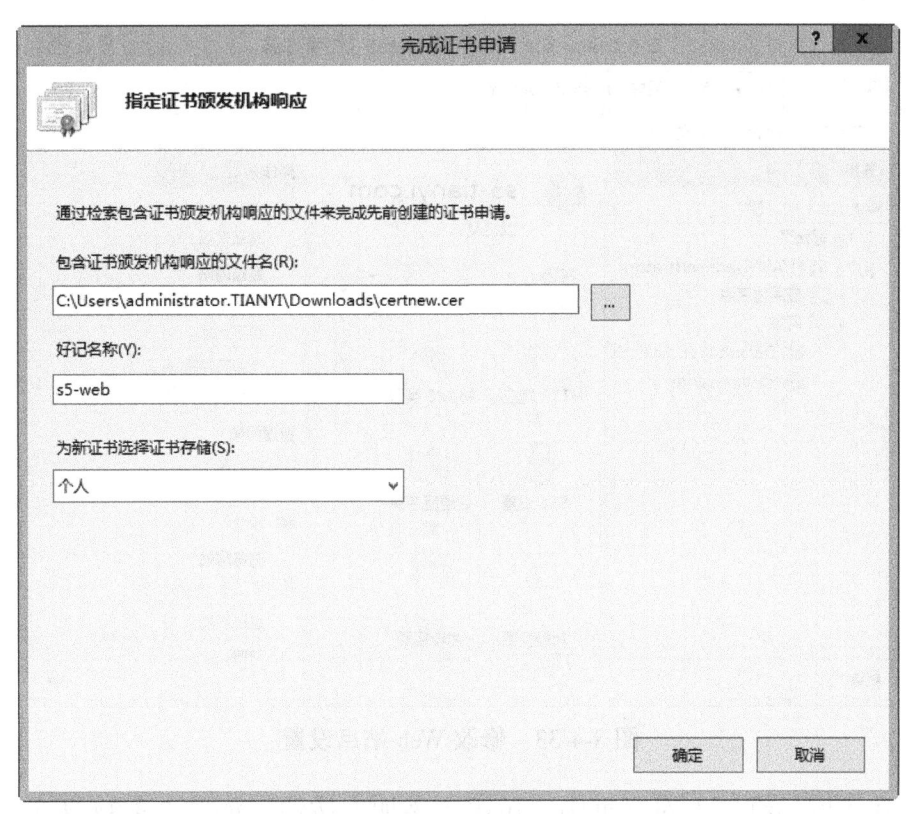

图 8-4-31　指定证书位置

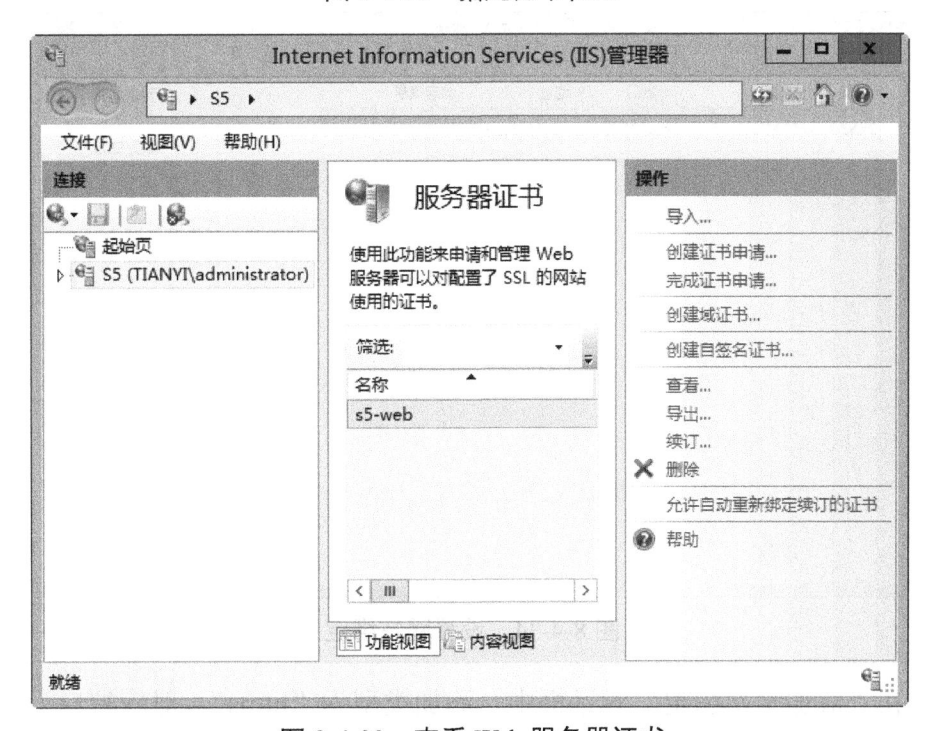

图 8-4-32　查看 Web 服务器证书

5．在 Web 站点上绑定证书

步骤 1：双击需绑定证书的 Web 站点"s5-tianyi.com"选项，然后单击右侧的"绑定"操作项，修改 Web 站点设置如图 8-4-33 所示。

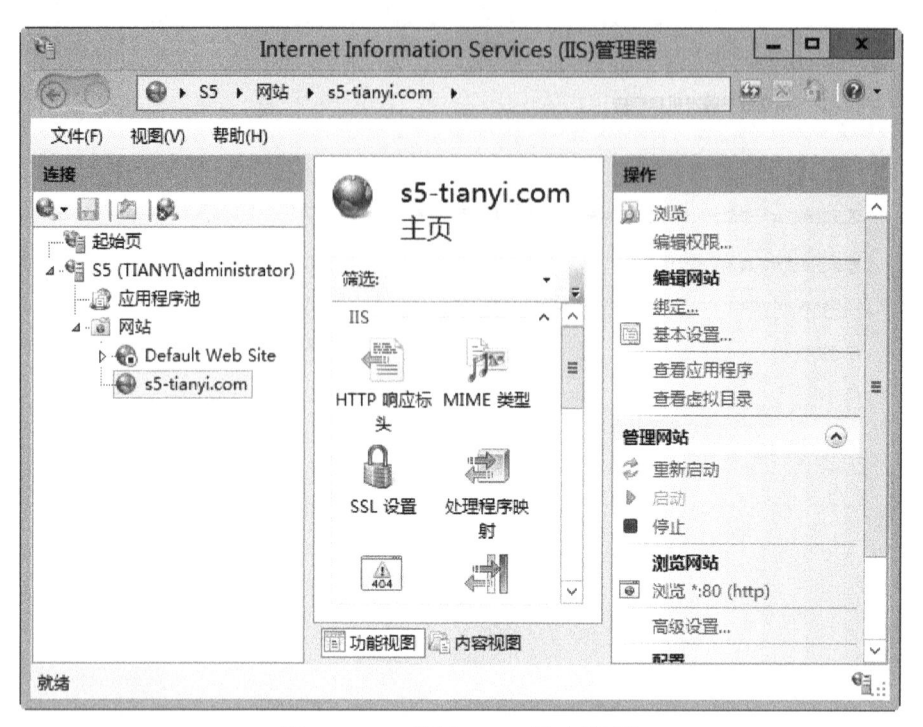

图 8-4-33　修改 Web 站点设置

步骤 2：在"网站绑定"对话框中，单击"添加"按钮，如图 8-4-34 所示。

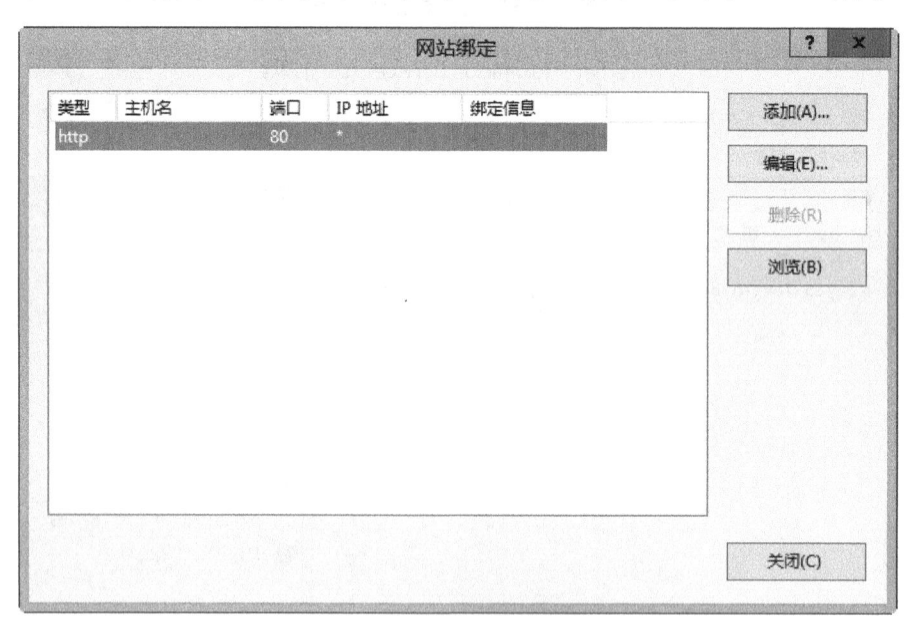

图 8-4-34　设置网站绑定

步骤 3：在"添加网站绑定"对话框中，添加类型为"https"、对应端口为"443"的绑定条目，选择 SSL 证书为"s5-web"，然后单击"确定"按钮，如图 8-4-35 所示。

步骤 4：若要禁止该站点的非安全访问，则可选择类型为"http"的绑定，然后单击"删除"按钮，如图 8-4-36 所示。

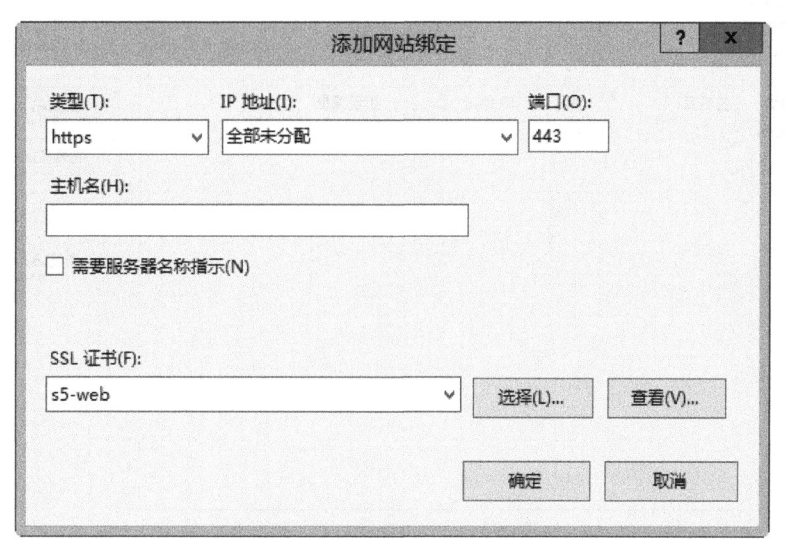

图 8-4-35　添加 https 绑定

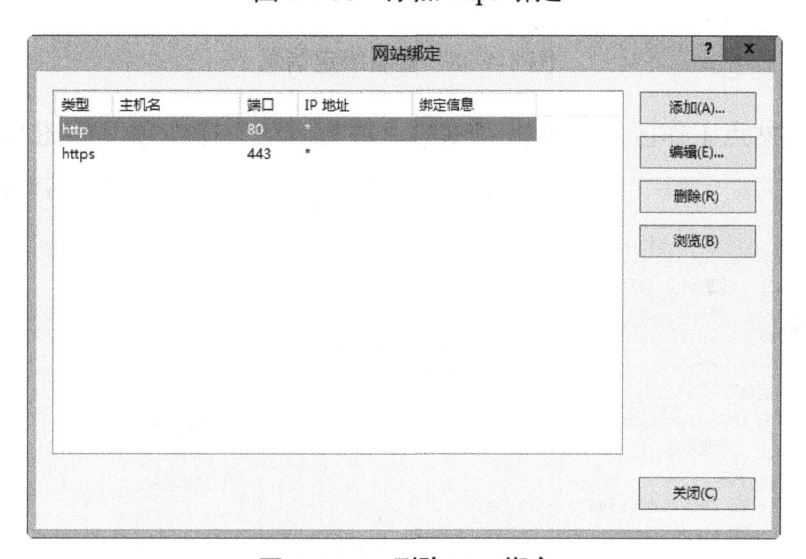

图 8-4-36　删除 http 绑定

步骤 5：在删除提示框中，单击"是"按钮，如图 8-4-37 所示。

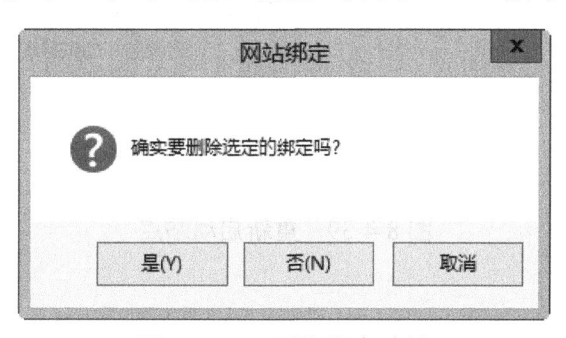

图 8-4-37　删除绑定确认

步骤 6：返回"网站绑定"对话框后，可看到只有一个 https 绑定，然后单击"关闭"按钮，如图 8-4-38 所示。

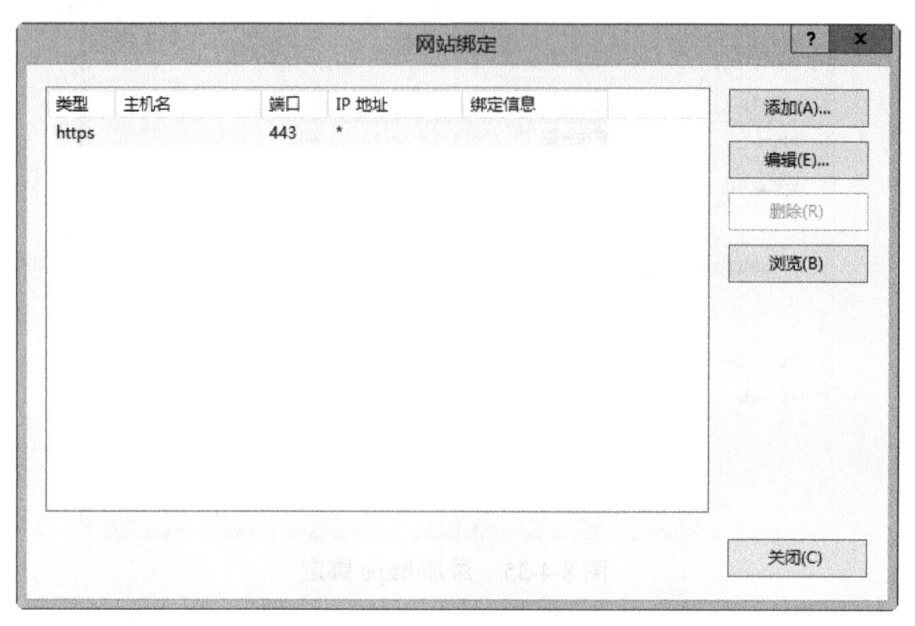

图 8-4-38　查看绑定信息

步骤 7：返回站点工作区后，单击右侧的"重新启动"操作项，如图 8-4-39 所示。

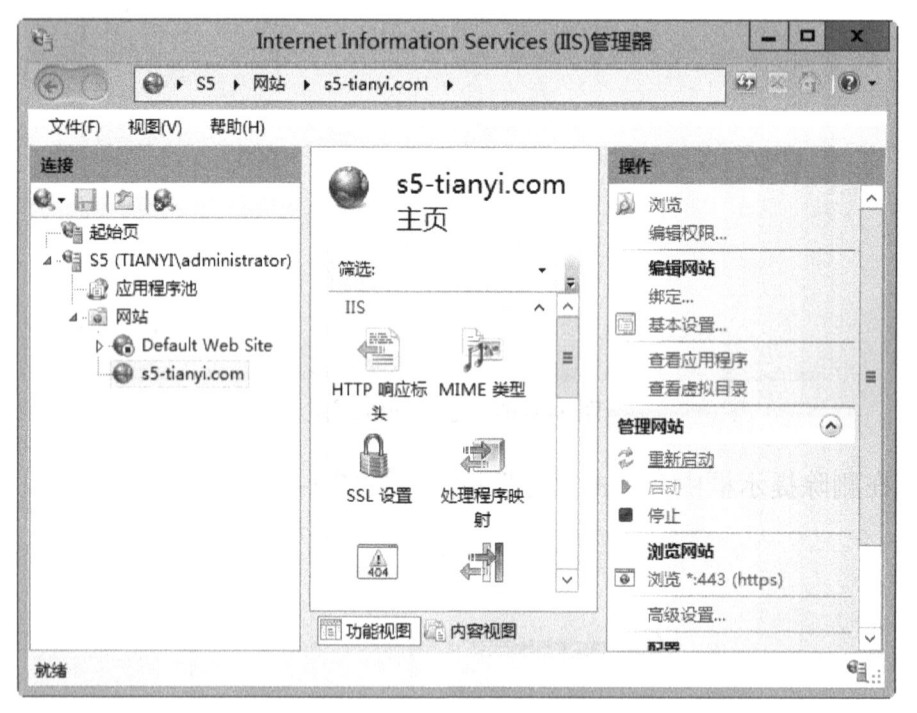

图 8-4-39　重新启动站点

6. 测试 HTTPS

步骤 1：使用 HTTP 方式访问网站，出现"无法显示此页"提示，如图 8-4-40 所示。

步骤 2：使用 HTTPS 方式访问网站，由于访问的客户端中并未安装客户端证书，因此页面会出现"此网站的安全证书存在问题。"提示，单击"继续浏览此网站（不推荐）。"链接，如图 8-4-41 所示。

图 8-4-40　使用 HTTP 方式打开页面　　　　图 8-4-41　证书提示

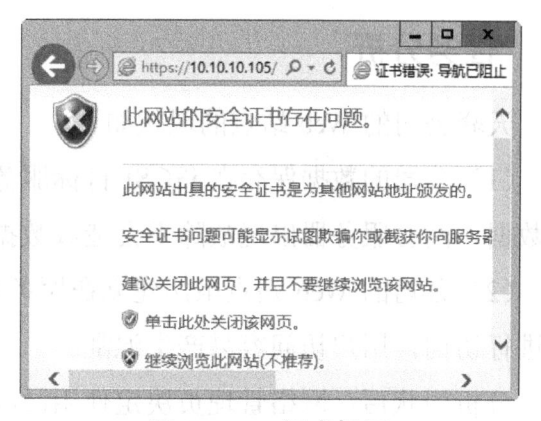

步骤 3：打开后的 HTTPS 页面如图 8-4-42 所示，可看到通过证书访问 Web 站点能正常显示。

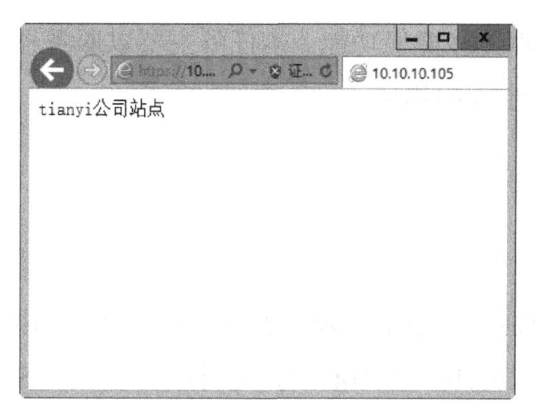

图 8-4-42　使用 HTTPS 方式打开页面

任务小结

本任务以为一个 Web 站点实现 HTTPS 为例，完成了公司内部证书服务体系的构建。首先，需要在一台服务器中安装证书服务并配置证书颁发机构；然后，在 Web 服务器上申请证书，获得申请文件，进而使用 Base-64 编码的方式申请证书并下载；最后，在 Web 站点上绑定证书并测试 HTTPS。

任务 5　配置 HTTPS 故障转移群集

任务描述

天驿公司的 Web 站点已经建立完毕，并且绑定了 Web 服务器证书。为了防止 Web 服务器出现单点故障，需要使用适当的热备技术来保障其能够持续提供服务。

任务分析

天驿公司的 Web 站点的现状如下。

（1）公司的数据保存在 iSCSI 目标服务器上，服务器 S5、S6 只是调用了 iSCSI 上存储的数据，两台服务器出现故障不会造成数据丢失。

（2）公司的 Web 站点虽然建立在服务器 S5、S6 上，但两台服务器需使用不同的 IP 地址进行访问，用户访问容易产生混乱。

分析现状后，网络管理员决定使用故障转移群集功能，即建立一个包含两台 Web 服务器的群集，当一台服务器出现故障时，另一台服务器承担 Web 服务器角色，既统一了访问方式，又考虑了服务的可靠性。

在服务器 S5、S6 上除建立群集操作外，还需要分别建立 Web 站点、申请 Web 服务器证书实现 HTTPS、安装故障转移群集功能。本任务主要以服务器 S5 的操作步骤为例进行讲解，服务器 S6 只涉及关键步骤的描述。

任务实现

1．添加心跳网卡

在服务器 S5、S6 上分别添加用于故障转移群集心跳通信的网络适配器，并设置 IP 地址分别是 192.168.99.105/24、192.168.99.106/24，此时服务器 S5、S6 上分别包含 3 个网络适配器，如图 8-5-1 和图 8-5-2 所示。

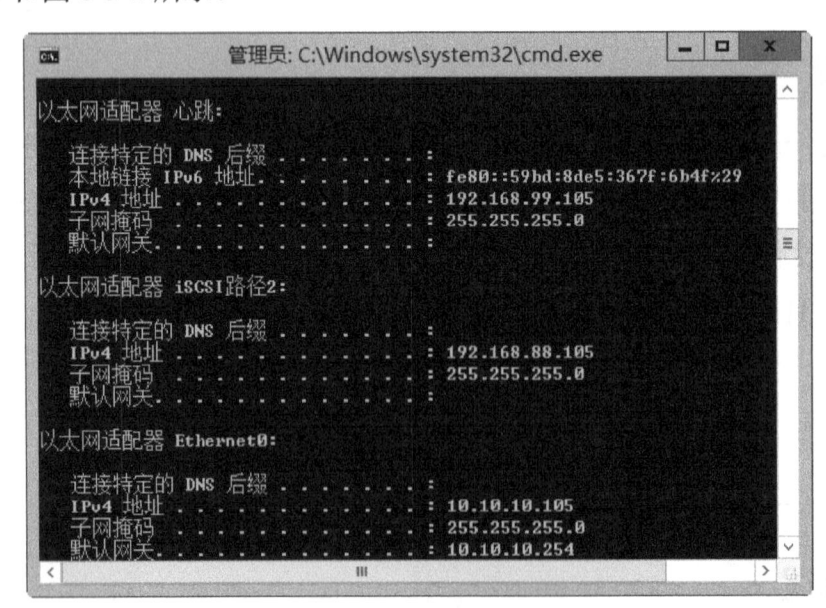

图 8-5-1　S5 网络设置

图 8-5-2　S6 网络设置

2. 安装故障转移群集功能

在服务器 S5、S6 上安装故障转移群集功能，如图 8-5-3 所示，详细安装步骤略。

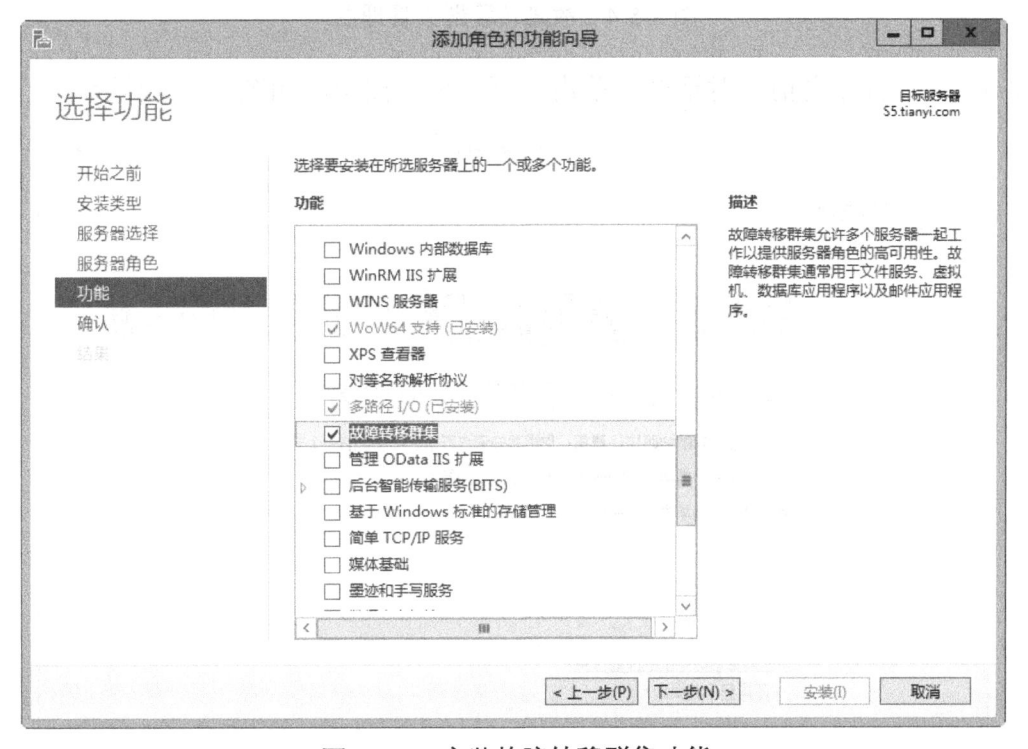

图 8-5-3　安装故障转移群集功能

3. 验证群集节点配置

步骤 1：在服务器 S5、S6 的"服务器管理器"窗口中，单击"工具"菜单，然后选择"故障转移群集管理器"命令。

步骤 2：在"故障转移群集管理器"窗口右侧单击"验证配置"操作项，如图 8-5-4 所示。

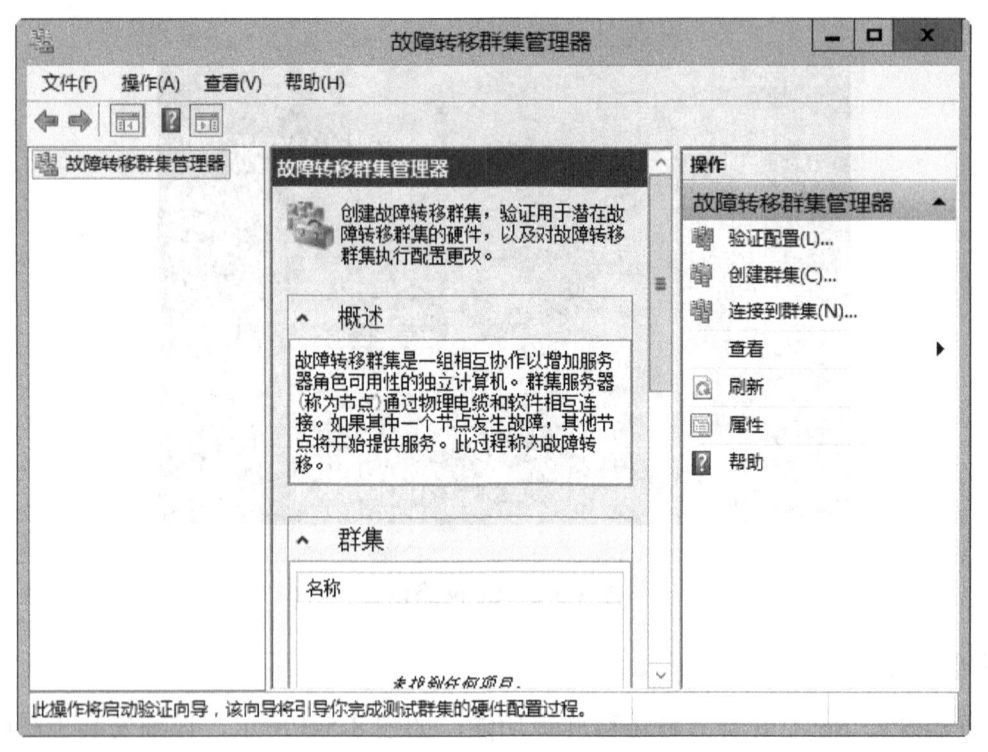

Windows Server 2012 R2 企业级服务器搭建

图 8-5-4　故障转移群集管理器

步骤 3：在"开始之前"对话框中单击"下一步"按钮，如图 8-5-5 所示。

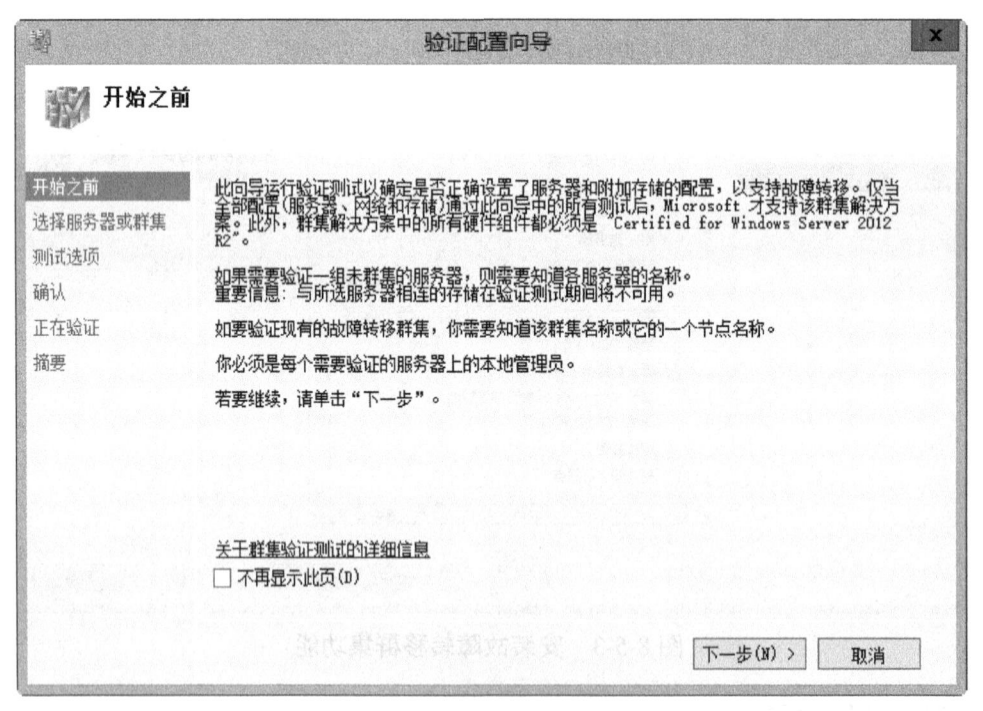

图 8-5-5　查看故障转移配置要求

步骤 4：在"选择服务器或群集"对话框中，单击"浏览"按钮，分别添加服务器"S5.tianyi.com"和"S6.tianyi.com"，添加完毕后单击"下一步"按钮，如图 8-5-6 所示。

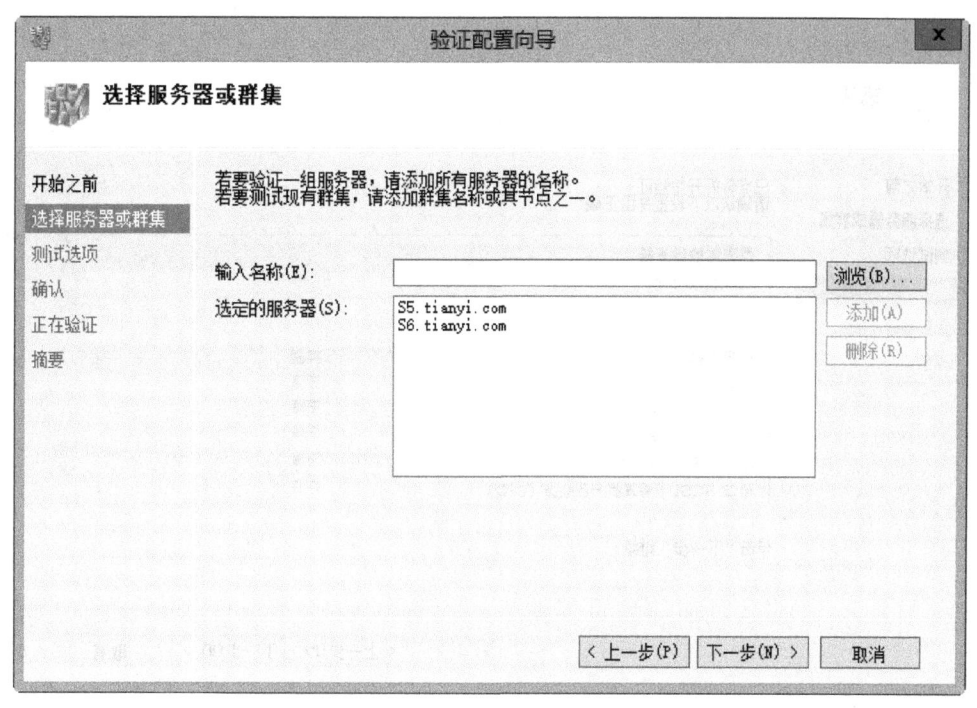

图 8-5-6 选择服务器

步骤 5：在"测试选项"对话框中选中"运行所有测试（推荐）"单选按钮，然后单击"下一步"按钮，如图 8-5-7 所示。

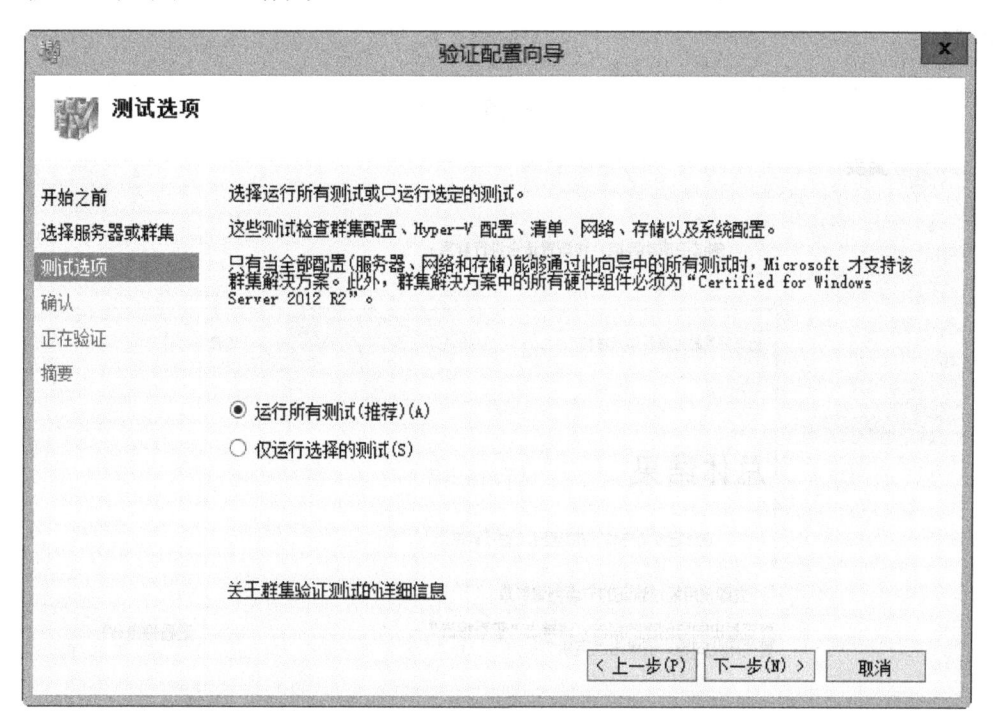

图 8-5-7 选择测试方式

步骤 6：在"确认"对话框中单击"下一步"按钮，如图 8-5-8 所示。

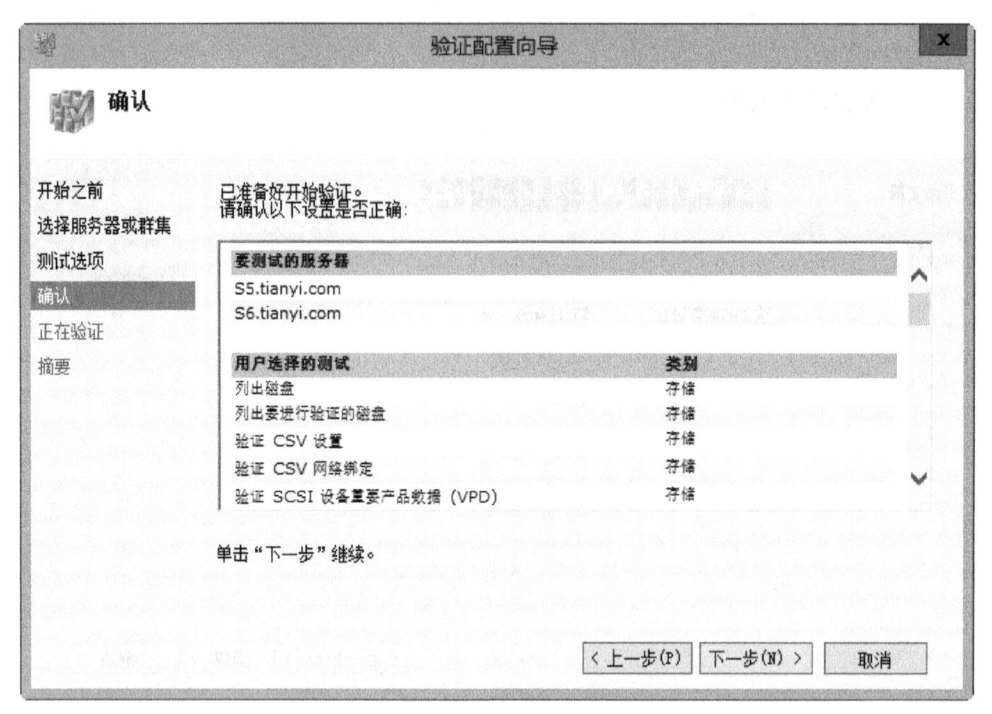

图 8-5-8 确认测试项

步骤 7：由于服务器性能的差异，因此测试过程是需要一段时间的，全部测试通过后的总体结果应为"测试已成功完成，该配置适合进行群集。"，单击"完成"按钮以创建群集，如图 8-5-9 所示。

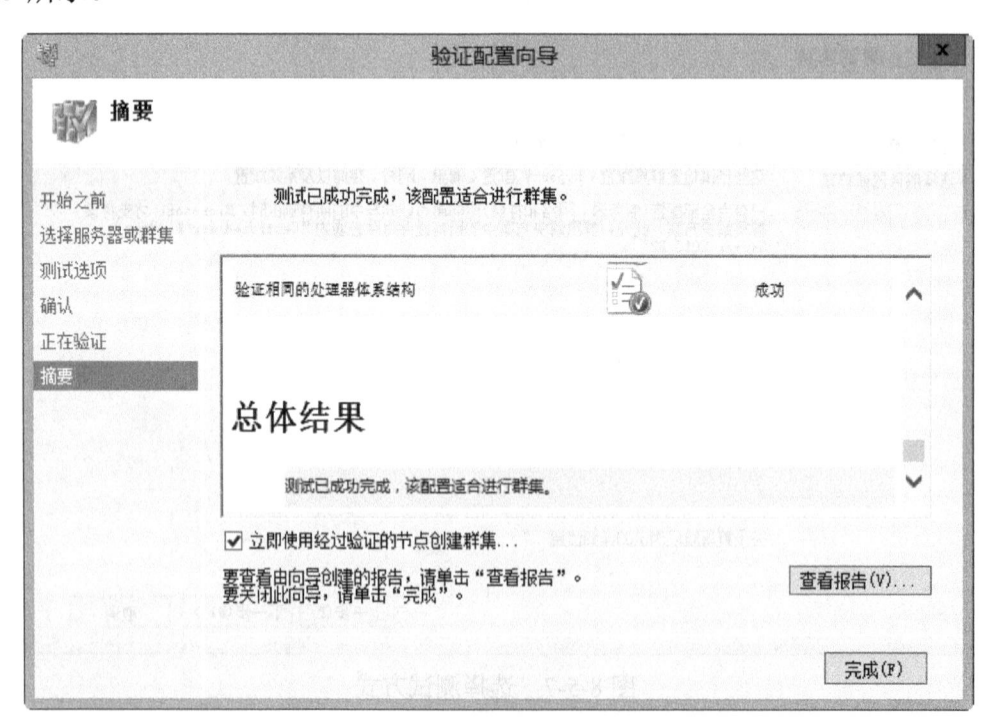

图 8-5-9 测试通过

4．创建故障转移群集

步骤 1：在"开始之前"对话框中单击"下一步"按钮，如图 8-5-10 所示。

项目八 配置 HTTPS 服务器及其故障转移群集

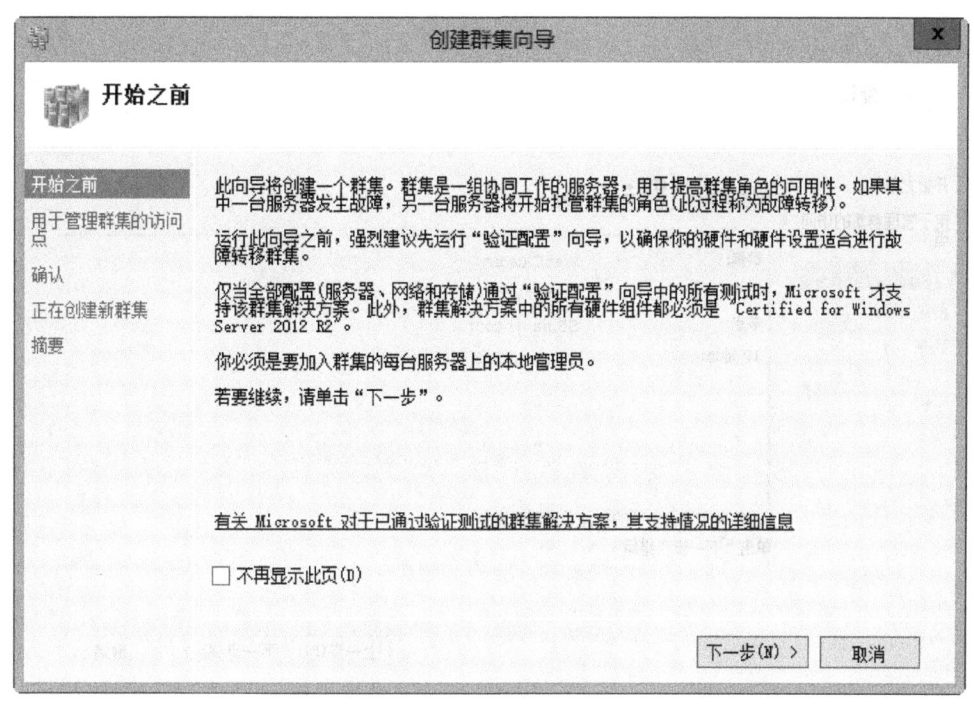

图 8-5-10 创建群集提示

步骤 2：在"用于管理群集的访问点"对话框中输入群集名称，本任务使用"WebCluster"，然后在"地址"下面的文本框中设置新建群集的 IP 地址为"10.10.10.218"，设置完毕后单击"下一步"按钮，如图 8-5-11 所示。

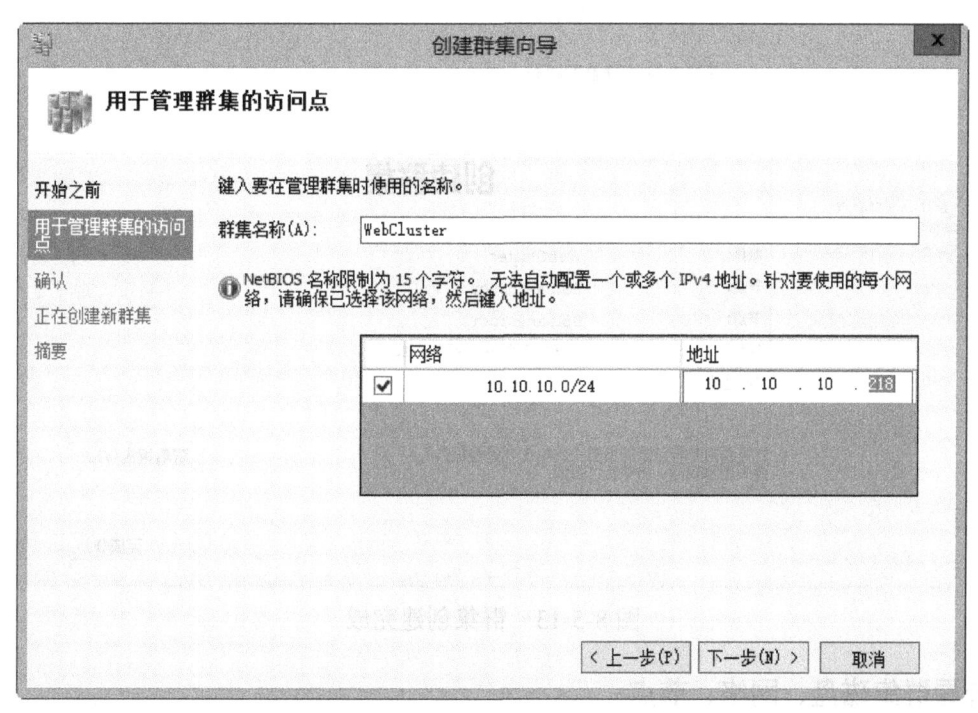

图 8-5-11 设置群集名称及 IP 地址

步骤 3：在"确认"对话框中查看群集的相关信息，确认无误后单击"下一步"按钮，如图 8-5-12 所示。

图 8-5-12　群集信息

步骤 4：在"摘要"对话框中单击"完成"按钮完成群集的创建，如图 8-5-13 所示。

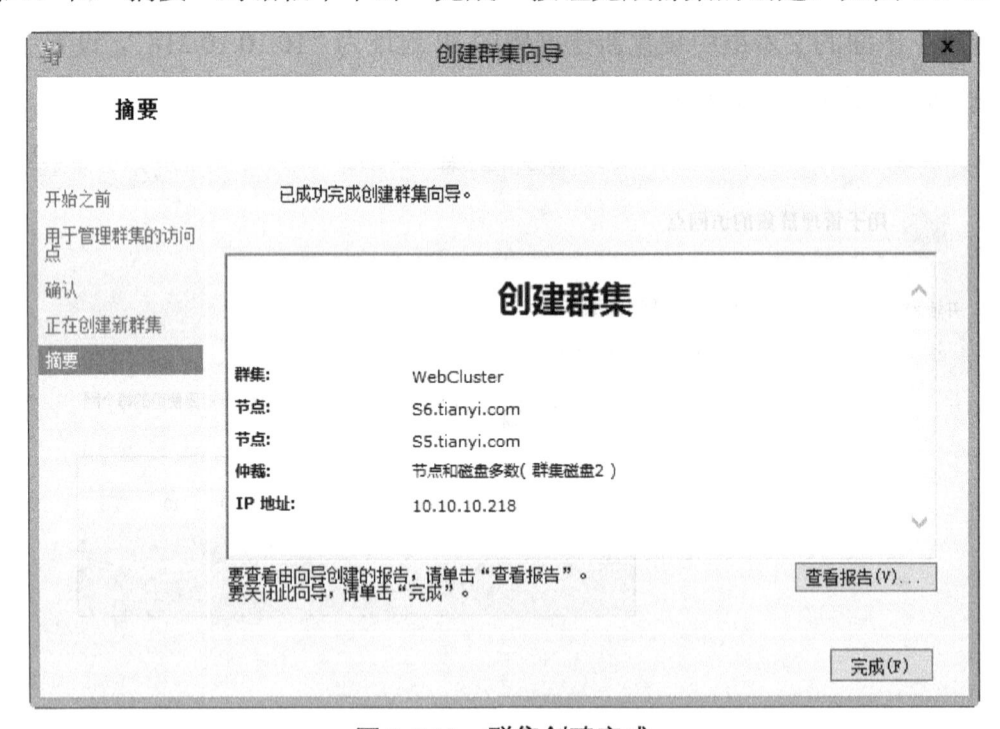

图 8-5-13　群集创建完成

5. 查看群集磁盘、网络、节点

步骤 1：在"故障转移群集管理器"窗口中，展开群集"WebCluster.tianyi.com"→"存储"选项，然后双击"磁盘"选项，可看到用于群集的两个 iSCSI 磁盘为服务器 S5 节点所有，群集磁盘 1（即 F:）用于数据存储，群集磁盘 2（即 Q:）用于仲裁见证，如图 8-5-14 所示。

图 8-5-14　查看群集磁盘

步骤 2：双击"网络"选项，选择"群集网络 1"，然后单击窗口下方的"网络连接"选项卡，可看到用于心跳的两个网络适配器，如图 8-5-15 所示。

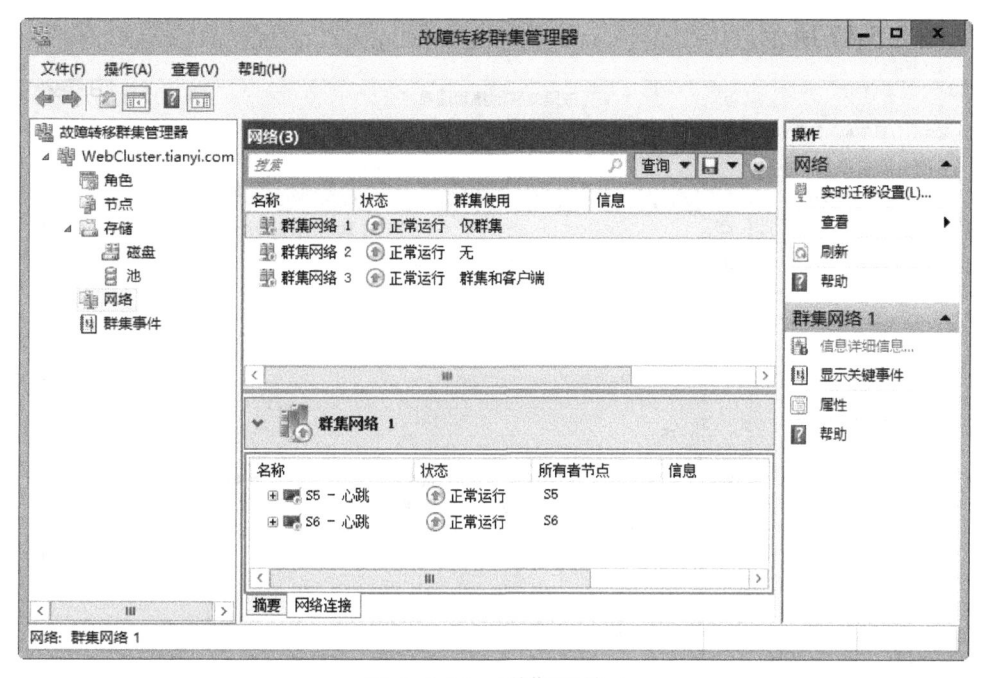

图 8-5-15　群集网络 1

步骤 3：选择"群集网络 3"，然后单击窗口下方的"网络连接"选项卡，可看到群集对外提供服务的网络适配器（即 IP 地址段设置为 10.10.10.0/24 的网络适配器），如图 8-5-16 所示。

图 8-5-16　群集网络 3

步骤 4：双击窗口右侧的"节点"设置项，可看到群集中的节点 S5、S6，它们的投票均为"1"，选择节点"S5"，可看到仲裁见证磁盘位于服务器 S5 上，则可计算出群集的活跃节点为 S5，如图 8-5-17 所示。

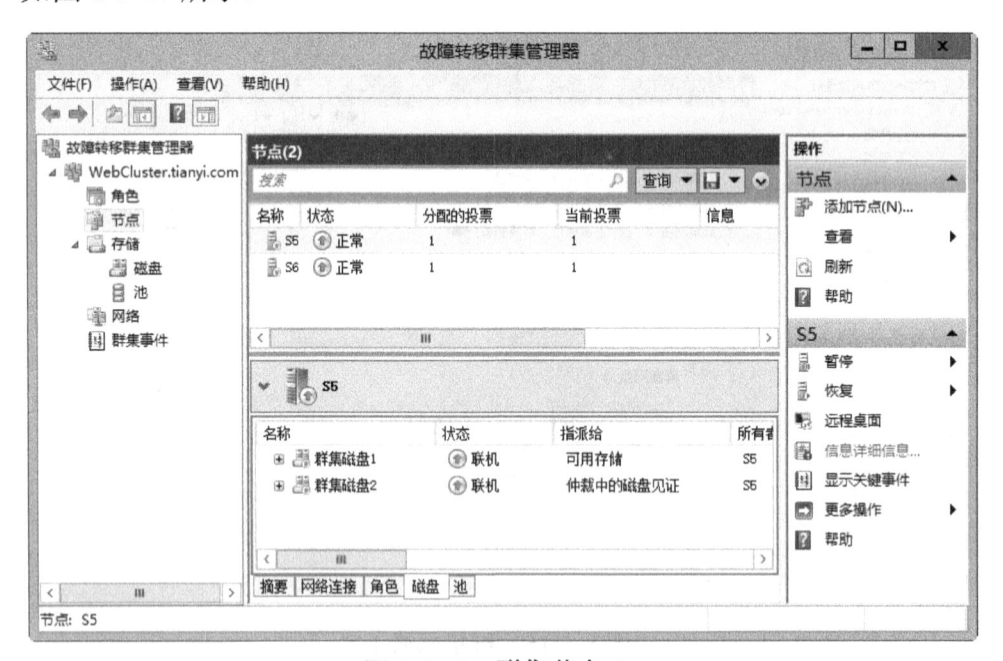

图 8-5-17　群集节点 S5

步骤 5：选择节点"S6"，可看到并无群集磁盘，如图 8-5-18 所示。

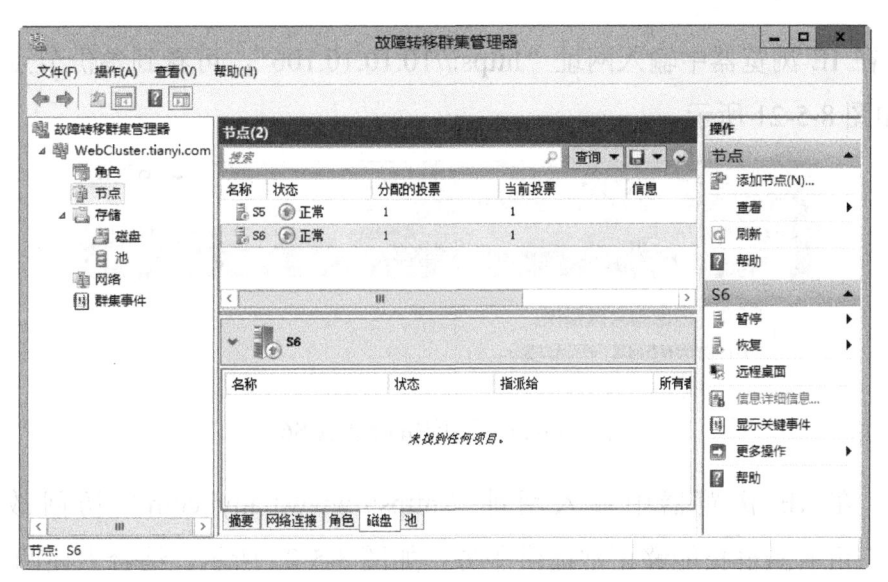

图 8-5-18　群集节点 S6

6. 为群集添加 DNS 记录

在 DNS 服务器 S1 上查看正向查找区域"tianyi.com"的解析记录，可看到群集"WebCluster"对应的主机记录已自动创建，再新建一条别名记录，将"www"（其 FQDN 为"www.tianyi.com"）指向"WebCluster.tianyi.com"，如图 8-5-19 所示。

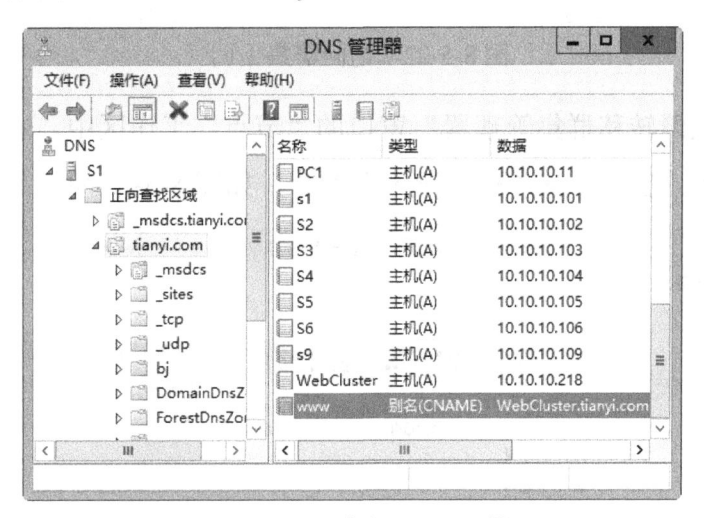

图 8-5-19　建立 DNS 记录

7. 测试故障转移群集

步骤 1：在 IE 浏览器中输入网址"https://10.10.10.105"，可看到活跃节点 S5 上的 Web 服务器工作正常，如图 8-5-20 所示。

图 8-5-20　访问活跃节点 S5

步骤 2：在 IE 浏览器中输入网址"https://10.10.10.106"，可看到备份节点 S6 并未提供 Web 服务，如图 8-5-21 所示。

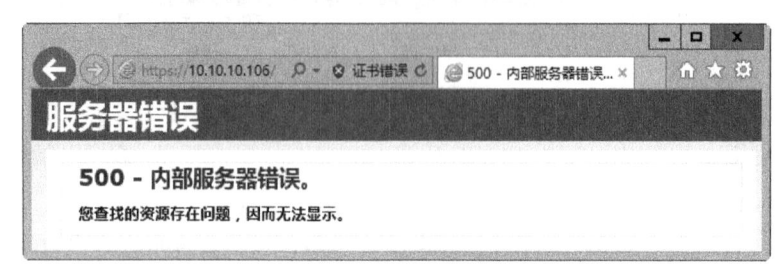

图 8-5-21　访问备份节点 S6

步骤 3：在 IE 浏览器中输入网址"https://www.tianyi.com"访问故障转移群集"WebCluster"，可看到群集能够正常提供服务，如图 8-5-22 所示。结合上述两节点测试，可确定节点 S5 承担了群集的 Web 服务器角色。

图 8-5-22　访问群集（1）

步骤 4：在"故障转移群集管理器"窗口的"节点"工作区中，右击节点"S5"，在弹出的快捷菜单中选择"暂停"→"排出角色"命令，如图 8-5-23 所示。

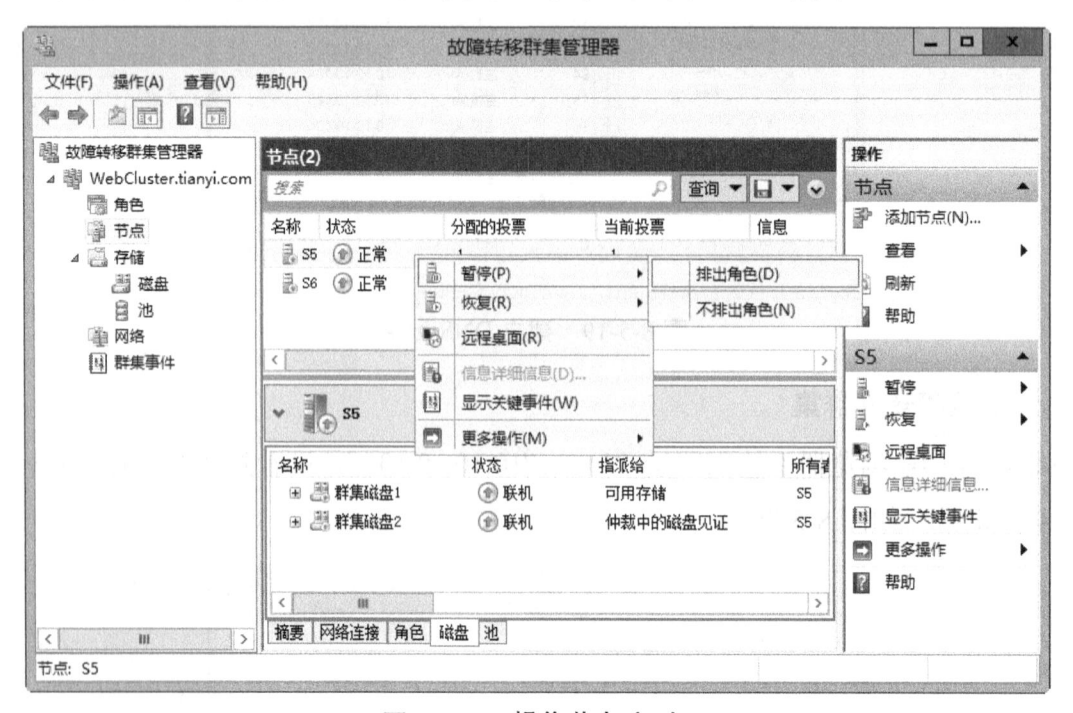

图 8-5-23　操作节点（1）

步骤 5：双击节点"S6"，可看到群集中的数据磁盘、仲裁见证磁盘均已转移到了节点 S6 上，则当前活跃节点为 S6，如图 8-5-24 所示。

步骤 6：在 IE 浏览器中输入网址"https://10.10.10.105"，可看到备份节点 S5 并未提供 Web 服务，如图 8-5-25 所示。

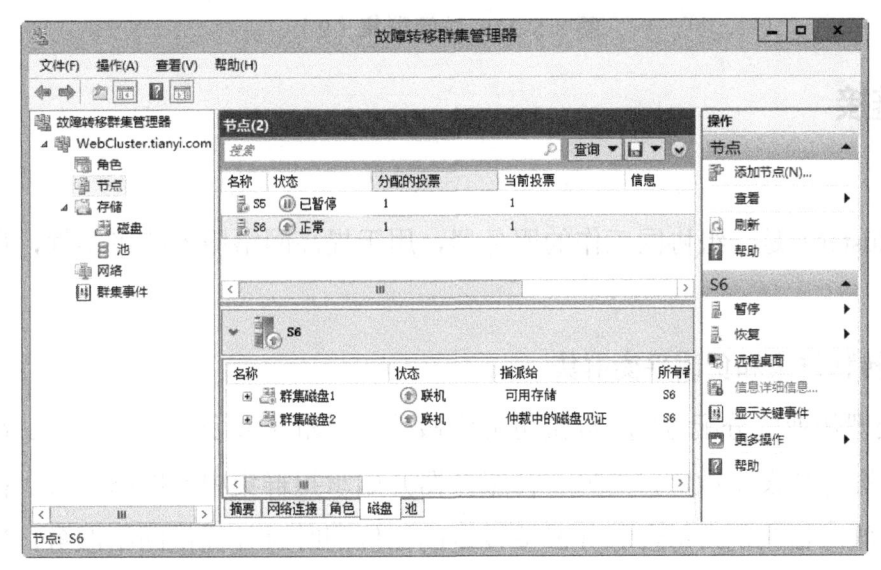

图 8-5-24　操作节点（2）

图 8-5-25　访问备份节点 S5

步骤 7：在 IE 浏览器中输入网址"https://10.10.10.106"，可看到活跃节点 S6 上的 Web 服务器工作正常，如图 8-5-26 所示。

图 8-5-26　访问活跃节点 S6

步骤 8：在 IE 浏览器中输入网址"https://www.tianyi.com"访问故障转移群集"WebCluster"，可看到群集能够正常提供服务，如图 8-5-27 所示。结合上述两节点测试，可确定节点 S6 承担了群集的 Web 服务器角色。

图 8-5-27　访问群集（2）

知识链接

1. 群集

群集（Cluster）是一组协同工作的服务器，用于提高网络服务的可用性，群集中的服务器称为节点。

2. 故障转移群集和负载平衡群集

按成员处理作业的分配方式，群集可分为故障转移群集和负载平衡群集。在故障转移群集中，若一台服务器发生故障，则另一台服务器开始承担群集中的网络服务。在负载平衡群集中，以两台服务器为例，每台服务器按设定的比例同时对外提供网络服务，当一台服务器发生故障时，另一台服务器承担原两台服务器的工作量。

任务小结

本任务完成了故障转移群集的创建与使用。故障转移群集一般用于为 Web、DHCP、文件等服务器角色提供多服务器环境。

配置故障转移群集需要服务器具备心跳网络适配器，并且能够进行心跳通信，以监测服务器节点的实时状态。此外，为保证服务的一致性，群集中的节点要进行相同的服务配置，可通过"验证配置"操作来测试，测试通过方能建立故障转移群集。建立故障转移群集需要输入群集的名称及 IP 地址，在与 Active Directory 集成的 DNS 服务器中会自动添加这个对应关系的主机记录，可依据实际情况创建所需的别名记录。

项 目 实 训

腾达公司的 Active Directory 域名为 rise-go.cn，现准备在公司的服务器上配置故障转移群集，具体要求如下。

（1）建立公司内部使用的证书体系，建立证书颁发机构，建立根证书 rise-go-root。

（2）在两台安装 Windows Server 2008 R2 系统的 Web 服务器上分别建立站点，站点内容使用 iSCSI 技术存放到一台已安装 Windows Server 2012 R2 系统的服务器上。

（3）结合证书技术实现 HTTPS 访问，拒绝 HTTP 访问。

（4）为确保 iSCSI 存储的可靠性，启用 MPIO。

（5）针对 Web 服务器建立故障转移群集，使用户能够通过"https://www.rise-go.cn"访问公司站点资源。

（6）建立文件服务器的故障转移群集，使用户能够通过"\\文件服务器 IP 地址"访问群集中的共享资源。

参 考 文 献

[1] 戴有炜．Windows Server 2012 R2 网络管理与架站[M]．北京：清华大学出版社，2017.

[2] 戴有炜．Windows Server 2012 R2 系统配置指南[M]．北京：清华大学出版社，2017.

[3] 戴有炜．Windows Server 2012 R2 Active Directory 配置指南[M]．北京：清华大学出版社，2014.

[4] 王淑江．Windows Server 2012 活动目录管理实践[M]．北京：人民邮电出版社，2014.